环境公共治理与公共政策译丛
化学品风险与环境健康安全(EHS)管理丛书子系列
“十三五”国家重点图书

全球环境政治：
概念、理论与案例研究

［美］加布里埃拉·库廷　编
李　琼　杨　洁　译

華東理工大學出版社
EAST CHINA UNIVERSITY OF SCIENCE AND TECHNOLOGY PRESS
·上海·

图书在版编目(CIP)数据

全球环境政治：概念、理论与案例研究 /(美) 加布里埃拉·库廷(Gabriela Kütting)编；李琼，杨洁译. —上海：华东理工大学出版社，2020.4

(环境公共治理与公共政策译丛)

书名原文：Global Environmental Politics：Concepts，Theories and Case Studies

ISBN 978-7-5628-5727-3

Ⅰ. ①全… Ⅱ. ①加… ②李… ③杨… Ⅲ. ①全球环境—环境保护—关系—国际政治—研究 Ⅳ. ①X21②D5

中国版本图书馆 CIP 数据核字(2020)第 043515 号

上海市版权局著作权合同登记　图字：09-2018-131 号

策划编辑 / 刘　军
责任编辑 / 孟媛利
装帧设计 / 靳天宇
出版发行 / 华东理工大学出版社有限公司
地址：上海市梅陇路 130 号，200237
电话：021-64250306
网址：www.ecustpress.cn
邮箱：zongbianban@ecustpress.cn
印　刷 / 江苏凤凰数码印务有限公司
开　本 / 787 mm×1092 mm　1/16
印　张 / 15
字　数 / 250 千字
版　次 / 2020 年 4 月第 1 版
印　次 / 2020 年 4 月第 1 次
定　价 / 92.00 元

学术委员会

“环境公共治理与公共政策译丛”总序

环境问题已然成为21世纪人类社会关心的重大议题，也是未来若干年我国经济社会发展中需要面对的突出问题。

改革开放以来，经过40年的高速发展，我国经济建设取得了举世瞩目的巨大成就。然而，在“唯GDP”论英雄、唯发展速度论成败的思维导向下，“重发展，轻环保；重生产，轻生态”的情况较为普遍，我国的生态环境受到各种生产活动及城乡生活等造成的复合性污染的不利影响，长期积累的大气、水、土壤等污染的问题日益突出，成为制约我国经济社会可持续发展的瓶颈。社会大众对改善生态环境的呼声不断高涨，加强环境治理的任务已经迫在眉睫。

建设生态文明，关系人民福祉，关乎民族未来。党的十八大把生态文明建设纳入中国特色社会主义事业“五位一体”总体布局，明确提出大力推进生态文明建设，努力建设美丽中国，实现中华民族永续发展。党的十八届五中全会通过的《中共中央关于制定国民经济和社会发展第十三个五年规划的建议》提出了“创新、协调、绿色、开放、共享”五大发展理念，完整构成了我国发展战略的新图景，充分体现了国家治理现代化的新要求。五大发展理念是一个有机联系的整体，其中“绿色”是对我国未来发展的最为“底色”的要求，倡导绿色发展是传统的环境保护观念向环境治理理念的升华，也是加快环境治理体制机制改革创新的契机。

环境是人类生存和发展所必需的物质条件的综合体，既是生态系统的有机组成部分，也可以被视为资源的价值利用过程；而环境污染则是资源利用不当而造成的对环境的消极影响或不利于人类生存和发展的状况，在某些条件下，它会进一步引发公共安全问题。因此，我们必须站在系统性的视角，在环境治理体制机制的改革创新中纳入资源利用、公共安全等因素。进入21世纪以来，国际社会积极探寻环境治理的新模式和新路径，公共治理作为一种新兴的公共管理潮流，呼唤着有关方面探索和走向新的环境公共治理模式。环境公共治理的关键点在于突出环境治理的整体性、系统性特点和要求，推动实现政府、市场和社会之间的协同互动，实现制度、政策和技术之间的功能耦合。

华东理工大学经过60多年的发展，在资源与环境领域的基础科学和应用科学研究及学科建设方面具有显著的优势。为顺应时代发展的迫切需要，在服务社会经济发展的同时加快公共管理学科的发展，并形成我校公共管理学科及公共管理硕士（MPA）教育的亮点和特色，根据校内外专家的建议，学校决定将“资源、环境与公共安全管理”作为我校公共管理学科新的特色发展方向，围绕资源环境公共治理的制度创新和政策创新整合学科资源，实现现实状况调研与基础理论研究同步推进，力图在构建我国资源、环境与公共安全管理的理论体系方面取得实质性业绩，刻下“华理”探索的印迹。

作为“资源、环境与公共安全管理”特色方向建设起步阶段的重要步骤，华东理工大学MPA教育中心组织了“环境公共治理与公共政策译丛”的翻译工作。本译丛选择的是近年来国际上在环境公共治理和公共政策领域颇具影响力的著作，这些著作体现了该领域最新的国际研究进展和研究成果。希望本译丛的翻译出版能为我国资源、环境与公共安全管理领域的学术研究和学科建设提供有益的借鉴。

本译丛作为“十三五”国家重点图书出版规划项目“化学品风险与环境健康安全（EHS）管理丛书”的子系列，得到了华东理工大学资源与环境工程学院于建国教授、刘勇弟教授、汪华林教授、林匡飞教授等的关心和帮助，特别是得到了修光利教授的鼎力支持，体现了环境公共治理所追求的制度、政策和技术整合贯通的理想状态，也体现了全球学科发展综合性、融合性的新趋向。

华东理工大学社会与公共管理学院MPA教育中心主任

张　良

2018年7月

撰 稿 人

弗雷德里克·波尔(Frederike Boll)是德国明斯特大学(Westfälische Wilhelms-Universität Münster)的博士。

安杰·布朗(Antje Brown)是斯特林大学(Stirling University)的研究员和阿伯丁大学(Aberdeen University)的教授。她的研究领域包括国际关系、欧盟政治、多层次治理和环境政治。

詹妮弗·克拉普(Jennifer Clapp)是加拿大安大略省滑铁卢大学(University of Waterloo)国际环境治理专业的教授和CIGI主席。她也是众多文章和著作的作者,如《通向绿色世界之路》[*Paths to a Green World*,与彼得·道弗涅(Peter Dauvergne)合著;麻省理工学院出版社,2005]。她主要研究环境、发展和全球治理。

施洛米·第纳尔(Shlomi Dinar)是佛罗里达国际大学(Florida International University)的助理教授,写过几篇关于环境安全的文章。他也是《国际水资源条约:跨界河流的谈判与合作》(*International Water Treaties: Negotiation and Cooperation along Transboundary Rivers*, Routledge, 2008)的作者,最近他编写了一本关于资源稀缺、冲突与合作的书,将由麻省理工学院出版社出版。

蒂莫西·艾瑞斯曼(Timothy Ehresman)是科罗拉多州立大学(Colorado State University)政治学系的博士。

露西·福特(Lucy Ford)是牛津布鲁克斯大学(Oxford Brookes University)的高级讲师,也是有关环境背景下的全球公民社会的几篇文章的作者。

多丽丝·福克斯(Doris Fuchs)是德国明斯特大学(Westfälische Wilhelms-Universität Münster, Germany)国际关系与发展专业的教授。她是《全球治理中的商业权力》(*Business Power in Global Governance*, Lynne Rinner, 2007)的作者。她也针对国际政治经济、环境和消费领域的相关议题发表了大量文章。

保罗·G. 哈里斯(Paul G. Harris)是中国香港教育学院(Hong Kong Institute of Education)全球及环境研究的讲座教授、社会科学系系主任和社会及政策研究小组主任。他出版了许多关于全球环境政治的书籍和文章。

彼得·霍夫(Peter Hough)是米德塞克斯大学(Middlesex University)的高级讲师，也是《全球农药政治》(*The Global Politics of Pesticides*, Earthscan, 1998)和《理解全球安全(第二版)》(*Understanding Global Security*, 2nd ed., Routledge, 2008)的作者。

大卫·汉弗莱斯(David Humphreys)是开放大学(Open University)环境政策专业的高级讲师。他撰写了不少关于森林砍伐和森林认证问题的书籍和文章。2008年，他获得了国际研究协会的"萌芽奖"。

彼得·雅克(Peter Jacques)是中佛罗里达大学(The University of Central Florida)的政治学副教授，著有《海洋政治与政策：参考手册》(*Ocean Politics and Policy: A Reference Handbook*, ABC-Clio, 2003)、《全球化与世界海洋》(*Globalization and the World Ocean*, Rowman & Littlefield, 2006)和《环境怀疑论：生态学、权力与国际关系》(*Environmental Skepticism: Ecology, Power, and International Relations*, Ashgate, 2009)。

加布里埃拉·库廷(Gabriela Kütting)是罗格斯新泽西州立大学纽瓦克分校(Rutgers, the State University of New Jersey, Newark)的政治学副教授。她针对全球环境政治领域的相关议题发表了大量文章。她是《环境与旅游的全球政治经济学》(*The Global Political Economy of the Environment and Tourism*, Palgrave Macmillan, 2010)的作者，也是《地方与全球世界中的权力与知识》[*Power and Knowledge in a Local-Global World*，与R. 利普舒尔茨(R. Lipschutz)合著，2009]的联合编者。

迪米特里斯·斯特维斯(Dimitris Stevis)是科罗拉多州立大学(Colorado State University)的政治学教授。他是《帕尔格雷夫国际环境政治的进步》(*Palgrave Advances in International Environmental Politics*, Palgrave Macmillan, 2006)的联合编者。他针对劳工政治和环境政治领域的相关议题发表了大量文章。

约翰·沃格勒(John Vogler)是英国基尔大学(Keele University)国际关系专业的教授，BISA环境工作组主席。他针对国际环境政治和欧盟方面的相关议题发表了大量文章。他也是ESRC气候变化经济与政策中心的成员。

马克·威廉姆斯(Marc Williams)是新南威尔士大学(The University of New South Wales)的国际关系教授,他针对国际政治经济和环境领域的相关议题发表了大量著作。他最近出版的一本书《全球政治经济学:进化与动力(第三版)》(*Global Political Economy: Evolution and Dynamic*, 3rd ed., Palgrave Macmillan, 2010)是与罗伯特·奥布莱恩(Robert O'Brien)合著的。

前　　言

Gabriela Kütting

近 20 年来，与全球环境政治领域相关联的学科已经成为大学本科课程中的一门重要学科。长久以来，环境研究人员从国际政治制度的角度入手，把国际条约、国际组织以及其他机构作为环境改善的重要主体。传统上，政治科学研究人员对政权理论领域的关注最为集中，近来则更关注全球治理领域。因此，全球环境政治和全球治理领域都主要关注政治行动者与其运作机构之间的关系。他们认为机构是主要的社会力量，既是变革的动因，也是解决问题的方式（Young，2002：3）。但是，最近许多研究人员认为这样的重点已远远不够了。正如彼得·哈斯（Peter Haas）所说：

> 我们需要的是一份更清晰的分工图，来分清政府、非政府组织、私营部门、科学网络和国际机构在发挥各种治理功能方面的实际分工。我们同样需要一份评估表……来评估他们实际执行这些活动时的能力。
>
> （Haas，2004：8）

有一种新兴的观点认为，全球环境政治学作为一个研究领域，它不再重点关注如何改善所研究的其他问题，只关注政治、制度或政策问题。在本书中，"撰稿人"们采取了更广泛的观点来看待全球环境政治，考虑了多种环境挑战，这些挑战并不完全符合现有的制度模式或大多数环境政治学者所关注的机构案例学习的倾向。因此，对全球环境政治背后的概念问题的分析还包括了对消费、社会正义和南北问题的讨论，而案例研究则是一些案例的集合，这些案例侧重于关注机构或环境行动者，却忽略了将主要问题或机构分析扩大到其他问题上。

无论是理论形式还是跨国形式的传统新自由主义政权制度，大多数与环境有关的国际关系都以治理概念为中心。全球治理是一个总括术语，涵盖不同类型的国际、跨国监管或制度化内容。因此，政权被视为全球治理的传统形式，如世界贸易组织（WTO，以下简称“世贸组织”）或联合国等国际机构也是如此。最近，跨国治理形式也被纳入这一定义的范畴中，如跨国公司所遵循的全球行为守则或全球公民社会制定的准则。全球政治和经济治理也由此产生，其重点虽不在于环境，却对环境问题产生了决定性的影响。过去30多年来，全球治理机构的数量急剧增加，并随着贸易和金融监管的发展而日益增多，各个地区对全球制度开放的同时，全球治理机构也逐步迈出国内市场。正如罗西瑙和泽皮尔（Rosenau and Czempiel，1992：12）所说：

> 治理是一个比政府更为全面的概念。它（的主体）既包括政府机构，也包括非政府机构，它使其职权范围内的人员和组织进一步向前，满足了人们的需求。因此，治理是一个既依赖于主观内涵，又依赖于正式批准的宪法和宪章的规则体系。我们可以设想，没有政府的治理的话——如活动领域的监管机制——即使没有正式的权力，其也能有效运作。

在环境领域，国际协议和自愿协议不计其数，其内容涵盖从气候变化公约到森林管理委员会（的协议）等各种区域性和全球性的问题。这些内容构成了国际政治环境研究的主要议题。

在全球治理领域，各类参与者、机构和法规相融合，且需要出于启发式目的而被区分开来，尽管它们早已形成了一个连贯的（或不那么连贯的）整体。有许多全球治理组织与全球环境治理密切相关。联合国的环境机构，甚至是很多非环境组织，如世贸组织、国际货币基金组织和世界银行等，皆通过其经济、贸易、投资和发展政策对环境治理产生巨大影响。

对国家政策和国际组织的失望使得跨国抗议运动、民间社会和公司领域的非政府行为体蓬勃兴起（虽然“民间社会”严格来说包括公司部门，但该术语的现代用法暗示了它们之间存在某种区别）。这些公民社会的行动者一直忙于创建更多可替代的全球治理模式，且这些模式已成为全球监管网络、规范和道德的一部分。在某些情况下，它们有助于形成国际治理（格局）；在另一些情况下，除了国际治理之外，还存在跨国治理（Keck，Sikkink，1998；Princen，Finger，1994）。

全球公司治理分两个层次进行。首先，跨国公司的崛起使得其已通过国际组织吸引了越来越多的机构化贸易和金融自由化贸易（Newell，2001）。这些结构性变化导致企业氛围发生了变化，甚至形成了一种公司治理，尽管公司本身显然不是这种治理的支配者。其次，跨国公司在其内部建立了一系列规则，并将其作为一种自治方式来遵循。这种自治涵盖多层次的基本原理。第一，它延缓或避免了（公司不得不遵守的）其他可能会更严格、更具强制性或对其没有益处的规则。第二，它有助于实现标准化，这对公司的扩大和形成垄断来说皆有裨益。第三，它对形象有好处。国际标准组织（ISO）就是一个典型的自治形式的且非政府性的组织，它制定了自愿性标准，如 ISO 9001 和 ISO 14001（两者分别是程序性标准和环境性程序标准）。在服装行业中实行的企业行为准则是另一种自我管理形式。随着服装公司越来越多地受到严苛的服装生产条件的限制，这些工作逐步改由分包商负责。这些由公司自行设计的自愿性守则致力于在制造服装的工厂中检视工作条件，并由公司自己负责实施。全球公司治理因此促进了全球市场的建立，却避免了对社会和环境退化负责任。

全球公民社会组织对这种日益增长的全球企业环境和基于市场准则的治理形式给予了强有力的回应（Lipschutz, 2001）。全球公民社会对其他形式的治理做出了贡献，并试图对其进行改革。据了解，北方或西方国家已逐渐放弃其社会福利（提供者）的角色，并成为全球市场利益的代表者或守护者，而之前由各国履行的“警察角色”已逐渐被非国家行动者所取代。因此，这些行动者在国际舞台上占有一定地位。非政府组织（NGO）在制定和商讨国际环境协议时担任咨询者的角色，其角色越来越多地被纳入世界银行或联合国等组织的咨询决策过程中。它们还在国家层面发挥作用，并通过向外事、发展和环境部门提供建议来推进政策进程。加入这种正式渠道的非政府组织的通常是改革主义者而非激进主义者。激进组织不参与全球治理，因为它们认为目前存在根本性的系统缺陷，这种缺陷无法通过改革现有的全球治理形式来解决。激进运动可以在政策过程之外以无地运动的形式进行，如在世贸组织部长级会议外开展抗议活动等（Goldman, 2009）。日益激烈的声音和参与这种运动的人越来越多，导致人们开始质疑某些形式的全球治理的合法性。这些问题将在本书中详细讨论。

政治行动很重要，但我们不能忽略这样一个事实：也有一些挑战需要以自己的权利为基准进行研究。其中一个重要的挑战是，我们在这个星球上所面对的资源和储量并不是不断增加的，甚至数量也不是稳定的。有些资源是可再生的，有些则不是。显然，为了未来的可持续发展，我们需要缓解资源和储量的压力。与此同时，我们需要对资源和获取这些资源的渠道进行不同的规划，以为那些被排除在全球化利益之外的人提供主权。显然，现代技术或生态现代化可以为我们提供实现这一目标的工具，但它并不能提供更平等地获取资源和资源储量的分配机制。这些是关乎消费和公平（甚至是社会正义）的问题。最近的技术发展表明，仅靠更多的可持续技术不足以实现更多的公平性和可持续性，也不足以消除贫穷，因为获得这些技术的成本和渠道是大多数最需要它们的人无法接触到的。有些研究人员进行了更为深入的探讨，如大卫·哈维（David Harvey，2003：137），他认为目前的国际或全球体系只能被描述为"通过剥夺累积资源"。因此，现存的解决某一特定问题的方案并不能解决另一问题。不平等的分配机制、缺乏社会正义或结构不平等的观点在历史上不断被提起，尽管可能不是在环境背景下提出的，但它们仍然是社会研究中屡见不鲜的和难以回答的问题。同样，即使在商品化、过度累积和过度生产的情况下，环境衰退也是一个值得被广泛研究的问题，甚至分配不均和环境概念也经常被放在一起分析。但是，面对21世纪的环境挑战，这些问题都需要放在全球环境政治经常关注的理论框架中被重新审视。这正是本书的主旨。

章节概述

本书从理论角度开篇，将全球环境政治置于国际关系领域之中（考察）。起初这是一个相对边缘的关注点，但"现实世界"的要求迫使环境进入学术议程。现有的理论和方法被不可避免地运用到跨界污染和全球环境变化的新问题中，但环境专家很快就做出了自己独特的贡献。为了弄清这一点，我们需要了解理论的目的及基本假设。例如，专家们所讨论的许多理论都有不同的起点和焦点，这将导致他们优先考虑不同的问题、价值观和构造，并将引导他们得出不同的结论。由此，我们只能关注关于各种行动者（最显著的是国家）的作用和意义的基本问题，这也促使我们确定我们试图解决的具体问题是什么。我们是否主要对像国家或公民社会这样的行动者感兴趣？我们是否相信带来改善的变革会由它们发起并推动？我们是否更加怀疑，是否更专注于消费或公平问题？我们是否认为环境问题属于安全问题，现有的方式是不是解决它的最好方法？约翰·沃格勒（John Vogler）在理论背景下讨论了这些问题，并在接下来的章节中进行了详细讨论。

露西·福特（Lucy Ford）解释并讨论了全球环境政治中的跨国行动者。跨国行动者跨越国界参与国际活动，但这样的行为并不代表任何一个国家或国际组织。事实上，有许多非国家行为体将这一集中的全球权力交给政治和经济精英。一些支持如环境这样特定问题的非国家行为体正在向国家（及国际组织）发起挑战，声称它们未能解决全球性问题。它们的目标是，通过指出这些机构的失败之处，促使它们（国家或国际组织）发起变革，以重新界定事件、议程和问题。与它们的合作有时会绕过民族国家，有时它们甚至会呼吁废除这些机构，如“世贸组织缩水”运动，这一运动由不同种类的跨国网络、协会和自定义为跨国公民社会的非政府组织组建和签署。因此，在界定跨国行动者时，我们指的是那些在全球范围内运作并构成全球政治一部分的非国家行动者——跨国公司、非政府组织或社会运动。它们既不是国家也不是国际组织，但它们与国家和国际组织一起行动，有时与其合作，有时向其发起挑战，而在其他时候则完全忽视它们。非政府组织强调的许多问题都与南北问题有关。

在有关全球政治经济和发展问题的章节中，詹尼弗·克拉普（Jennifer Clapp）关注全球化、环境和发展之间的联系。她分析了全球背景下经济与环境之间的关系，特别关注金融与贸易的作用及其与环境退化的关系。一方面，她倡导以全球化经济作为解放力量，强调这一过程对环境产生的积极影响，并建议制定进一步推动国际经济一体化的政策，以作为促进全球可持续发展的手段；另一方面，全球化的批评者们认为，大多数的环境负面影响都是由不断发展的国际经济一体化造成的，他们也在推动制定控制全球经济贸易的环境政策。许多人认为这场辩论过于两极化，且侧重于对事实的单方面表述，由此第三种观点开始出现。这一“中间立场”的观点点明了前两种观点的优缺点，同时承认，在某些情况下，全球经济联系会造成环境破坏。但这同样表明，通过适当的管理，全球经济可以成为改善环境的力量。

施洛米·第纳尔（Shlomi Dinar）在其关于环境安全的章节中没有从经济角度，而是从把环境视为一个安全问题以及由此产生的政策后果的角度来看待环境的改善。环境安全是一个有争议的概念。支持将环境与安全联系起来的人指出，资源稀缺和环境退化是加速州内和州际暴力冲突与战争的根源。对安全的传统定义局限于对国家主权的争论、国家之间的军事事务，以及领土完整受到威胁的国家内战等问题。但对安全的定义如今应该扩大到环境层面上。有些学者还认为，将环境问题提升到国家安全事务的高度至关重要，这为解决环境问题创造了政治紧迫感。然而，也有一些人批判环境与安全概念之间的关系，并以若干理由来驳斥这种关系。首先，这些思想家们（被认为是传统主义者）认为，扩大安全的定义，如传统定义中所认为的那样，将这个概念降低到某种含糊不清的含义，将无法对其进行严格分析。其他人则批评这一关系，声称环境概念与社会中普遍意义上的安全的概念是对立的。为此，这两个概念的结合将妨碍我们批判性地思考如何处理环境问题。确切地说，这一章指出，如果安全通常在战争、冲突、主权和传统权力动态的话语体系中出现，那么将它与环境联系在一起不仅会误导人们，还容易让人产生误解。但是，如果这个术语与和平、合作、非军事战略（讨价还价）和相互依存的信条相联系，那么将它与环境联系起来将是非常有用的。

第五章介绍了全球环境政治中的一个相当新颖的概念——可持续消费，它已成为近年来的一个关键性话题。由消费水平和消费模式（特别是工业化国家的）造成的资源消耗和环境退化趋势，以及印度等高增长国家消费需求的急剧增长，凸显了人类今天面临的最根本问题。消费涉及家庭层面，并反映了消费者和公民行为如何影响政治和经济治理。因此，它是全球政治经济学方法的一部分，但它本身也是一个独立的子领域。本章描述了消费研究的重要性，并确定了全球可持续消费治理的参与者。

第一部分的最后一章将环境和生态正义置于全球环境政治考虑的概念前沿。环境和生态正义的话题在这一领域占据了独特和重要的地位。一些法律学者在他们参与制定的国际环境法中最早提出尝试研究与国际环境有关的司法问题。然而，国际关系领域早已开始将环境正义问题当作更广泛的国际正义和国际话语体系的核心，并将其当作全球环境政治研究的一部分。一段时间以来，国际关系领域的学者对全球环境政治问题的公平性和道德紧迫性提出了关切。而随着时间的推移，有关全球环境问题、倡议和机构的学术研究得到不断推进，正义概念已成为更广泛的环境政策辩论的核心。随着全球环境政治正义与公平的重要性的日益提升，这一章提供了对国际环境正义的历史分析，涵盖了正义问题的概念以及适用范围。

第二部分提供了案例和政策研究，这些案例和政策研究都应用了本书第一部分中所讨论的概念。案例研究在概念上并非完全相同，本书的案例研究仅反映了“全球社区”面临的一部分环境问题，且这些问题也并不完全与分析类别相融。如对气候变化或持久性有机污染物等的案例研究，它们的时间框架与粮食、农业或海洋环境的时间框架不同，前者在体制方面只占很小的一部分。存在上述差别的一个简单的原因是，环境问题是多种多样的，无论是事件还是过程，都无法使其保持整齐划一。环境与案例研究的结合强调了研究全球环境政治的多面性和复杂性。

案例研究从最突出和最迫切的问题——气候变化——开始。它反映了全球环境政治的多个面向：从古典政权分析到批判方法，从以国家为中心的分析到跨国网络，及解决政治经济领域中的冲突与合作、环境正义和消费困境。第七章从《气候变化公约》与《京都议定书》和各种缔约方会议追溯了气候变化行动的历史轨迹。然后，从公平困境、南北分裂、公民社会行动主义、经济制约因素和科学共识等角度出发，在更广泛的框架中理解这一问题。读者们将了解全球合作面临的多重挑战的全面复杂性以及全球社会在21世纪所面临的各种问题。

海洋污染虽然不像气候变化一样是环境问题的焦点，但同样具有挑战性。世界海洋——遍布全球的海洋——充斥着复杂而持久的污染物，其中大部分来自内陆。这些污染物包括有毒化学物质、肥料、垃圾、碳氢化合物和二氧化碳。然而，大多数海洋污染主要集中在海洋倾倒——从船舶或陆地结构向海洋中排放污染物。第八章解释了大多数海洋的污染现状与国际社会制定的防止海洋生态系统环境遭受破坏的政策之间的脱节。彼得·雅克(Peter Jacques)强调了处理海洋污染的体制框架与海洋环境问题的社会、经济和结构起源之间的中心矛盾，从而准确地说明了全球环境政治的不一致性和全球环境政治面临的真正挑战在哪里。

安杰·布朗(Antje Brown)提出了另一个重要问题，即物种保护问题。“生物多样性”一词虽然被研究人员和从业人员广泛而宽泛地使用，但其所指的是一个复杂且研究不足的环境政策领域。森林砍伐、栖息地被破坏、野生动物难以得到有效保护、过度捕捞、物种灭绝以及引入转基因生物，都迫使我们采用联合国级别的生物多样性制度，如《1992年生物多样性公约》和后续的《2000年生物安全议定书》。第十章探讨了生物多样性辩论中涉及的不同方面，并确定了主要参与者及其动机；这一章还概述了当时的联合国政策，并强调了在不久的将来可能影响利益相关方的未解决的问题。最终，生物多样性被定位在政策边缘，并没有适当地融入社会的政治和经济范式。

虽然生物多样性的概念是由一个在政治和经济生活边缘运作的弱势机构提出的，但农业仍是一个在环境背景下尚未被制度化的部门。农业以各种方式在全球环境政治中发挥重要作用。它显示了一种地方—全球联系，即北方的消费(主义)与其在依赖农产品出口的发展中国家带来的社会和环境问题之间的联系。全球贸易政策对粮食安全和环境安全以及公平性考虑都有重要影响。全球政治经济结构背后的社会和权力关系在农业中表现得尤其明显，第十一章评估了农业案例给全球环境政治概念化提供了什么样的教训，反之也为其指出了哪些概念对捕捉农业问题的复杂性特别有用。

森林问题是一个政治经济问题，除了发挥至关重要的生态作用外，它还站在努力创新体制的前沿迫使研究者发展更具包容性政策的方法。由于森林砍伐的主题是经济需求与科学建议相冲突的一个显而易见的例子，所以它是探究这种模糊关系中确切问题的理想型研究，它将目前在全球环境政治和全球化方面相关的所有问题列为首要问题：治理问题、跨国行动者的作用、可持续发展的意义、南北关系、发展与贫穷问题、贫穷与环境退化之间的关系以及西方科学与本土知识之间的关系等。第九章将对这些复杂的关系进行解释、分析。

农业是一个案例，它以各种形式阐明了粮食生产与环境之间的联系，这些联系太复杂，不适合作为一个治理体系来研究。农业涉及粮食安全、全球政治经济问题和消费问题，以及各种环境正义问题。马克・威廉姆斯(Marc Williams)在不同的政策背景下研究了不同的农业问题需要的不同解决方案。

最后一个案例研究是持久性有机污染物——通过食物链进行生物积累，对人类健康和环境造成不利影响，并持续存在于环境的化学物质中。有证据表明，这些(有害)物质可被远距离地运输到它们从未被使用过或从未被生产过的地区，并因此威胁到整个地球的环境。国际社会多次呼吁采取紧急全球行动以减少和消除这些化学品的释放，并因此形成了国际环境协议。第十二章探讨了这一新的、相对未知但至关重要的环境问题，以及它如何适用于全球环境政治的研究。

参考文献[①]

Goldman, M. (2009) “Water for all! The phenomenal rise of transnational knowledge and policy networks,” in G. Kütting and R. Lipschutz (eds), *Environmental Governance: Power and Knowledge in a Local–Global World*, London: Routledge.

Haas, P. (2004) “Addressing the global governance deficit,” *Global Environmental Politics*, 4(4): 1–15.

Harvey, D. (2003) *The New Imperialism*, Oxford: Oxford University Press.

Keck, M., and Sikkink, K. (1998) *Activists beyond Borders*, Ithaca, NY: Cornell University Press.

Lipschutz, R. (2001) “Environmental history, political economy and change: frameworks and tools for research and analysis,” *Global Environmental Politics*, 1(3): 72–91.

Newell, P. (2001) “Environmental NGOs, TNCs, and the question of governance,” in D. Stevis and V. Assetto (eds), *The International Political Economy of the Environment: Critical Perspectives*, Boulder, CO: Lynne Rienner.

Princen, T., and Finger, M. (1994) *Environmental NGOs in World Politics*, London: Routledge.

Rosenau, J., and Czempiel, E.-O. (1992) *Governance without Government: Order and Change in World Government*, Cambridge: Cambridge University Press.

Young, O. (2002) *The Institutional Dimensions of Environmental Change*, Cambridge, MA: MIT Press.

① 为方便读者查阅，此处及其后各章后的参考文献均复制自原版书。

目　录

第一部分

第 一 部 分

第一章　国际关系理论和环境

John Vogler

本章旨在将环境问题置于更广泛的国际关系(International Relations, IR)理论背景之中进行研究。本章将简要回顾国际关系理论中关于环境的主要理论基础,包括国际合作与体制形成的制度主义研究、全球环境治理理念的出现以及它们遭受的激进批判。本章在最后将讨论 IR 作为一门学科的基础安全问题,以及安全与环境退化之间关系的理论方法。

第一节　古典国际关系理论

作为一门独特的学科,国际关系理论研究本质上是 1914—1918 年第一次世界大战的产物,其研究经验引发了一个迫切的问题,即如何改革旧的欧洲国际体系以提供新的安全基础。欧洲的历史进程被武装冲突所打破,但史无前例的工业化战争使得人们难以想象任何战争会再次出现。到 19 世纪末,诸如铁路、电报、邮政业等领域的国际公法和功能性国际合作已经被建立起来,但随之而来的安全问题和避免战争却占据了主导地位。在通常被认为是一个无政府主义体系的、易发生冲突的民族国家中,如何实现和平与维持秩序?当时主流的自由国际主义学派(有时也被称为理想主义者)则提出加快制定国际法和建立新的国际合作机构。如果不是为世界政府提供服务,它至少可以通过在新成立的国际联盟中制定集体安全措施来避免第一次世界大战的重现。这个"实验"的条件可能不是准确的,或者这个想法本身可能存在致命的缺陷(Claude, 1962),但由于联盟的失败和另一次世界大战(第二次世界大战)的爆发,人们的希望幻灭,进而催生了一个对立的"现实主义"思想学派并迅速占据支配地位。这在很大程度上归因于欧洲的现实政治传统,卡尔(E.H. Carr, 1939)在第二次世界大战前夕提出了这一著名思想：现实主义作为一种标签，用于强调战前“理想主义”思想家思想的不足之处，并成为20世纪50年代的主流思想。可以说，卡尔与基辛格（Kissinger，1970）、华尔兹（Waltz，1979）、米尔斯海默（Mearsheimer，2001）等思想家以及一大群有相同思想倾向的从业者和评论家们的思想共存，直到今天仍然如此。现实主义与其“理想主义”领导者都赞同由主权国家构成世界体系的观点，它（现实主义）的不同之处在于，其强调国家利益、强权政治的首要地位和武装力量的最终意义。如果有安全需求，它将通过威慑和权力平衡，而不是通过国际合作和追求共同利益来实现。

即使是在20年前，也可以在没有特别提到环境的情况下编写国际关系理论的教科书。而在现在，这种情况则是不可能出现的！[①] 在更传统的文章中，自然资源是使得国家或国家权力组成部分之间产生竞争和冲突的原因（Morgenthau，1948）。环境提供了国际政治（经常被忽视）的背景。它本身并不构成一个主题，显然它被视作一个“常量”，而不是一个危险或破坏稳定的“变量”。史蒂维斯（Stevis，2006）指出，他在对国际政治环境的学术工作轨迹进行研究时发现，20世纪70年代以前的大部分相关研究是由经济学家、地理学家以及国际关系学家以外的其他研究人员进行的，他们重点关注资源稀缺的地缘政治。[②] 虽然还有一些对资源冲突和跨界法律问题的研究，但直到1972年联合国斯德哥尔摩人类环境会议期间，环境问题才被牢牢置入国际政治的实际议程，越来越多的跨境和全球化问题才引起了大量国际关系理论学者的研究兴趣。

随着国际关系理论学科的发展，这些已确立的方法遭受了大量的批评：从要求理论应有科学证据支持的实证主义者，到受马克思主义启发的批判学者，再到最近挑战这门学科某些核心假设的建构主义者和后现代理论家。自20世纪60年代后期以来，国际关系理论的许多方面的研究已被暂停，如果它们之间没有什么共同之处，那么很有可能大多数学者对安全与和平有一个核心关切，即使他们如今以完全不同的方式定义它们。来自专门从事IR环境影响评估的专业人士的一项主要批评（Smith，1993）是这样说的：他们继续徘徊在这个理论发酵的边缘，没有充分参与到学科理论争论的迂回曲折中。正如我们将在下面的论述中看到的那样，在这方面可能存在一

① 尽管气候变化问题日趋严重，在八国集团等高级别国际会议上环境和资源问题也日益突出，但这些问题在文献中仍然处于相对边缘的地位。

② 主要的不同例子是由哈罗德·斯普劳特和玛格丽特·斯普劳特（Harold Sprout & Margaret Sprout，1971）提供的。

些事实，即在一个基本自由的制度主义观点的启发下，建立国际环境合作一直居于主导地位。然而，正如我们还将看到的那样，也有源于不同假设和传统的作品挑战了以国家为中心的概念，并呼吁采取更为激进的解决办法。考克斯(Cox，1981)提出了一个有益的区分，即“解决问题”和“批判理论”之间的区别。“问题解决者”在国际体系的普遍假设的框架内试图寻找可以推进国际合作的方法，以更好地将科学发现纳入政策制定中，最终使制度在执行中更有效。正如我们将看到的那样，这一描述涵盖了大部分在国际环境政治方面所做的工作。相比之下，“批判理论家”对解决所谓的媒介和技术问题并不感兴趣；他们更关心的是探索主流实践的基本假设，其中可能包括国家与资本之间的关系，或者是接受隐秘语境下让某些群体享有特权而不利于其他人的劣势。国际环境政治评论家也与其他地方的同行分享了对世界政治趋势的反应倾向、事件的并行性以及对规范性问题的不可避免的关注。这往往(但并非总是)会扩展到如何实现全球治理这样一个共同的问题上，甚至扩展到环境安全问题上。

第二节 国际合作与制度研究

当第一次从国际层面认真考虑环境问题时，主流学术界(的学者)才考虑将国际合作当作他们解决问题的主要手段。正如20世纪90年代初的一篇著名的文章中所指出的那样，问题在于：

> 一个由超过170个主权国家和许多其他行动者组成的、既分散又经常高度冲突的政治制度，能够在全球范围内实现管理环境问题所需的(史无前例的)高度合作和政策协调水平吗？
>
> (Hurrell and Kingsbury，1992：1)

值得注意的是，在“管理”全球环境问题方面进行国际合作的必要性，与国家政府在这一事业中占据首要地位通常被认为是理所当然的。同样，这一观点是建立在国际无政府状态的假设之上的，如果要解决跨国和全球性问题，就需要有一个拥有世界政府的功能的“机构”。因此，一种“自由制度主义”的方法开始主导这一领域。

那些研究了快速发展的多边环境协定网络(network of Multilateral

Environmental Agreements，MEAs)的学者，如 1987 年的《蒙特利尔议定书》[①]的作者，从 20 世纪 70 年代开始就受到国际政治经济学领域的成果的启发。这让他们很容易理解新兴的环境问题。他们使用的方法借用了一种制度概念，这种制度概念在鲁吉(Ruggie，1975)的一篇颇具开创性的文章中首次出现，而后，这一概念由克拉斯纳(Krasner，1983)及其合作者共同完善，并逐步成为描述和分析国际制度的手段。值得注意的是，"机构"一词在这里是从社会学意义上——作为一种人类角色和规则的模式——而不是从公认的国际意义上来理解的，它通常指如世界银行这种机构。政权概念也在这个时期首次被用来理解"无政府状态下的合作"是如何在国际经济关系中发生的。20 世纪 70 年代的世界经济的悲剧可以为这一概念提供一个具体的案例：美国霸权的明显丧失表现为 1971 年美元金本位制度的解体，这导致国际货币秩序的永久性解体。有一种争论认为，这样的政权之所以可以在"霸权之后"(Keohane，1984)生存下来，是因为各国之间的合作是在利己主义的前提下进行的。这种在政权术语上理解的合作并不仅仅依赖于国际法律规则和正式组织而存在(自 20 世纪 20 年代以来，其由国际关系理论专家进行了深入的研究)，还取决于一系列无形的原则和规范，这是一种制度，是构成国际一级机构的关键特征。相关专家的中心任务是分析这样一套"围绕行动者的期望，在某一特定的国际关系领域融合的原则、规范、规则和决策程序"(Krasner，1983：3)，然后了解这些制度在哪些情况下可以被创建及被随时更改。

这种以政权为中心的"自由制度主义"方法为理解 20 世纪 80 年代至 90 年代多边环境协定的快速发展提供了一个现成的手段，此时，一百多项谈判已在地区和全球层面上达成协议。全球环境治理遭遇了许多与稳定全球经济相类似的问题。然而，它们有一些显著的差异。虽然利己行为为全球市场的运作提供了动力，但从环境角度来看，它可能导致全球公域的"悲剧"。全球公域是不属于任何国家主权管辖范围的地区和资源：公海、南极、外太空和大气层。在资源有限的情况下，如果使用者为追求自己的短期利益而无限制地进入公域，那么根据哈丁(Hardin，1968)的观点，就有可能造成生态的崩溃。在这一方面，有许多令人警醒的例子——如鲸鱼和鱼类的命运以及肆意被污染的大气环境。对地方公共事务的广泛研究表明，可以通过私有化(哈丁提出的解决方案)或资源使用者之间达成某种形式的集体协议

① 可以发现，为确保满足国际执行的要求，该议定书采用了大量监测和核查工作(的数据)，这一过程与为满足冷战期间军备控制需要而进行的大量监测和核查工作十分相似。

来解决相应的问题(Ostrom，1990)。在全球层面上，“私有化”的适用范围有限(如海上专属经济区的延伸)，当然也没有中央政府控制和规范对公域的使用。正是在这种情况下，制度可以发展出必要的体制，相当于在地方一级以自愿的方式实行共同治理(Vogler，2000)。

同样，虽然其可能起源于其他地方，但制度思想的制定和发展受到那些从事国际环境合作工作的人的严重影响(Underdal，1992；Young，1997)，也有人试图收集有关环境制度特征的累积数据(Breitmeier et al.，2006)。其实可以根据已建立的模型来对环境制度的形成进行调查，特别是可以依靠博弈理论和微观经济分析来解决集体行动问题。在国际关系中，使用这种正式模型分析战略行为并解决合作问题已经有非常悠久的历史了(Schelling，1960；Rapoport，1974)。“囚徒困境”的游戏特别重要，因为它凸显了在怀疑和信息不完善的条件下实现双方都可能受益的合作所存在的困难。如果以“一次性”为基础，合理的策略就是避免合作，但正如阿克塞尔罗德(Axelrod，1990)所述，如果游戏被迭代，那么当事人将从发展的合作模式中受益。可以通过类比的方式来论证这一点，制度就可以提供一个稳定的制度化环境，政府也可以在这个环境中学习合作的优势。这一重要见解包含在扬(Young，1994)的“制度谈判”概念中，且与现实主义的理论化有显著区别，因为它认为机构本身是重要的，且其有助于改变参与其中的政府行为。除了试图解释制度形成之外，人们还需要通过长久的努力来了解制度在解决跨境和全球环境问题方面的有效性(Victor et al.，1998)，虽然很少有人关注制度作为机构是如何改变其生命周期的，但是近来的一些重要研究关注了各种环境和其他制度是如何在所谓的“制度相互作用”中相互影响的(Young，2002)。

第三节　对制度分析的批判

苏珊·斯特兰奇(Susan Strange，1983)在制度思想的起源中提出了一个关键点：在IR理论中，实际上并不存在截然不同的制度理论，有的只是对国际关系理论中现有方法的重新使用和重新定向。被称为“霸权稳定理论”的现实主义记述道，国际合作只能靠霸权的权威和统治地位来维持。对于环境政治学的学生来说，这并不是一个有吸引力的话题，可参考美国从20世纪80年代以来放弃对环境的领导作用(尽管它在讨论气候变化制度是否能在没有美国参与和领导的情况下取得进展时或许仍保留一些合理性)来判断。相反，正如我们所看到的那样，自由制度主义已成为大多数国际环境合作工作的主要方式。机构或环境制度被认为是政府行为和学习来源的重要决定性因素，这也导致所有有关方面都可能获得潜在的绝对收益，并且最重要的是，共同管理环境问题存在普遍的脆弱性。

然而，也有事实证明，近来的一些理论偏差与斯特兰奇的断言并不相符。而且，没有一个研究具体涉及国际环境合作。现实主义者和自由主义者都认同理性的行动者模式，倾向于对国家动机进行固定的假设。事实上，这两种思想之间的差异可能会被缩小到这样一个争论上，即收益是相对的还是绝对的。在现实主义世界观中，只有牺牲别人才能赢得权力斗争，而对那些更倾向于秉持自由主义世界观的国家来说，它们通过合作来追求各自的利益，从而增加共同的利益。博弈论者在“零和”冲突博弈或“正和”合作收益方面表现出了上述两种倾向。其他学者也对那些限制这一经典辩论的不明确的假设提出怀疑。他们指出，利益不是“给予”的，也不能作为理性政策战略的基础。相反，它们受到政治行动者对现实转变观念的束缚。这通常被视作“认知主义者”立场，因为关键变量被认为是知识。因此，制度的变革和发展并不能只用制度背景中权力和利益的演变来解释。这里需要重点关注的是科学家和决策者之间的重要联系，如哈斯(Haas, 1990)在一个有影响力的论述中指出，知识型跨国“认知社区”确定了地中海反污染制度建立的方式；而在另一项重要研究中，利芬(Litfin, 1994)认为，人们对科学建议与政策制定之间的复杂关系的争论不休限制了1987年《蒙特利尔议定书》对保护平流层臭氧层的谈判。

这些“认知主义”方法反映了国际关系理论方面的一个更广泛的趋势：它拒绝严格的实证主义社会科学解释，赞成基于话语和意义分析的理解(Ruggie, 1998)。文特(Wendt, 1992)在其很著名的论点中指出，国际无政府状态不是一个客观条件，而是“由国家构成的”。虽然文特(1999)等评论家试图争论说这可以与国际关系理论中的现有解释相结合，但这种建构主义观点似乎挑战了国家行为的理性选择。[1] 建构主义在研究国际环境合作方面具有很大的潜力，因为它集中关注行为准则的演变、欧盟等行动者的身份及合规问题(Bernstein, 2001; Checkel, 2001; Vogler, 2003)。它也有可能超越制度分析中的一个关键的理论矛盾，简单来说，即制度由一套基本

① 为了处理这个问题和应对文特的驳斥，理性选择和建构主义方法可以与国际关系理论相结合，详见史密斯和欧文斯(Smith & Owens, 2008)的相关研究。

上是社会结构的规范、原则和规则组成，但制度分析者却使用了社会实证方法分析它。更确切地说，制度的本体论地位与研究它们的学者的认识论之间存在冲突。此外，对采用建构主义或“后实证主义”的批评必须抓住这一点才能进行下去，即环境制度是以瑟尔(Searle，1995)所称的“野蛮”的自然物质事实为前提并独立于我们的观察之外，如森林砍伐或气候变化。我们可以用多种方式去构建和解释它们，但是在实现人类生存所依赖的物理变化方面，最权威和最有用的仍然是实证主义自然科学方法。也许研究国际环境政治的一个独特之处在于，与国际关系理论的其他领域相比，它更直白地提出了根本性的问题。

第四节　全球治理

詹妮弗·克拉普在第三章中详细讨论了全球化可能存在许多不同的理解方向，但实际上，它代表了一个从主权国家主导的世界(这个世界分化为明显分离的国家经济和社会)向以经济甚至以超越国界的社会系统为主导的世界的转变，在某种程度上，这一社会系统可在全球范围内运作。最明显的案例是，全球化正将国家和区域金融市场整合到现在似乎是一个紧密相连的世界体系中。生产过程方面已经出现了类似的现象，现在看来，这样的现象已经遍布全球，尽管这样的全球化在诸如农业等领域是零散的，但仍然受到广泛的国家管制和保护。虽然冷战结束加快了全球化进程，但长期以来，全球化进程一直是快速发展的，IR 学者通过研究对盛行的民族国家“威斯特伐利亚”秩序的威胁回应了这种趋势。例如，约翰·伯顿(John Burton，1972)提出了一个“世界社会”模式，这一模式就像一个复杂重叠的人类系统“蜘蛛网”，与国际政治互动的正统国际政治观念截然不同。跨国流程的分析结合了国家和地区以及各种各样的“新行动者”(Keohane & Nye，1972，1977；Mansbach et al.，1976；Rosenau，1980)。这种多元主义的国际政治观点的分析对象包括国际组织、欧盟以及最突出的跨国商业公司和非政府组织。如果这些新型行动者没有取代国家，它们肯定会对国家进行对抗，并提供可取而代之的、适当形式的“全球治理”，而这种“全球治理”的能力似乎是国家所不具备的。这也只是一种猜想。它重新回到了一个理想主义的“世界政府”传统，民族国家将被战争倾向更少的、更合理的政治组织形式所取代。正如露西·福特将在本书第二章中所详细描述的那样，对非政府组织和可能出现的“全球公民社会”的大量讨论都存在于这个规范维度。

虽然(经济)增长、贸易增长与不利的环境影响之间的关系在学术界仍备受争议，但环境退化仍旧具有跨国性，并与经济全球化的进程密切相关。尽管如此，学习国际环境政治的学生有充分的理由去探索上文曾提及的国际关系理论的一些趋势。政府和国际机构对环境治理成效的不满意，尤其表现在对“里约进程”的失望上。1992 年地球首脑会议上做出的许多承诺至今仍未实现，而且事实证明，形成新的气候和生物多样性制度的进程十分缓慢。许多非政府组织已经通过环境行动取得了巨大的成就，它们不仅为实证研究提供了研究重点(Princen & Finger, 1994; Newell, 2000)，也为国家政府自谋私利提供了良性替代。此外，我们也可以通过经验性的观察发现，非国家行动者——无论是欧盟、跨国的非政府组织等区域性实体还是私营企业部门——在环境政治中发挥着越来越明显的重要作用。例如，非政府组织在将地方的环境破坏抗议活动传播到国际层面发挥了重要作用(Wapner, 1996; Willetts, 2008)。研究这种“跨国宣传网络”的人(Keck & Sikkink, 1998)与对“认识论社区”进行研究的制度分析家产生了共鸣。他们都向以国家为中心的国际政治观点发起挑战，但是各国政府在多大程度上继续发挥主导作用仍然是其备受争议的根源。

虽然政府发言人越来越多地认可“多方利益相关者”参与相关事务，但通常情况下，当他们谈到“全球治理”时，往往不过是重新安排现有的国际组织而已。这就为以下长期争论提供了恰当的例子：是应该将环境署从一个联合国项目直接提升至一个独立的专门机构，还是应该组建一个全球性的世界环境组织。这与学术话语中所理解的这个术语相距甚远。使用“治理”这一术语而不是更传统的“统治”的原因，就是要让人们认识到，在日益全球化的体系中，民族国家所保护的许多控制职能已被转移到别处了(Paterson et al., 2003)。因此，全球治理理论打破了制度分析者提出的以国家为中心的观点，其将非政府组织和私人行动者置于分析中心(Pattberg, 2007)。森林产品的私营规则的发展表明，在国家未能参与有效的国际合作的情况下，这些规则可以为可持续发展提供治理方案(Humphreys, 2006)。

第五节　激进的生态政治

现实主义和自由主义从未完全垄断国际关系研究。但总有其他更激进的研究，它们拒绝接受民族国家和市场经济的普遍秩序，而这些秩序提供了在这一领域建立主导方法的公理。20世纪初，学者们对国际关系中的激进研究往往建立在马克思历史唯物主义的基础上，且其对国家本质的理解具有阶级性，列宁称之为“资产阶级执行委员会”。因此，当时的人们认为，国际冲突是由世界资本主义制度的内部矛盾引起的。因而，列宁将第一次世界大战解释为一场冲突，这场冲突并非由国际无政府状态或权力制度平衡的崩溃而引起，而是由资本主义积累的迫在眉睫的现实需要（特别是投资回报率的下降）所引发的帝国主义冲突。马克思主义传统中的其他理论家也是基于资本主义的各种危机（特别是消费不足）提供了类似的解释，各国往往通过采取侵略行为的方式来应对这些危机。在全球政治经济学研究中，马克思主义的国际关系方法得到了进一步发展，其重点关注资本主义积累在世界体系中的潜在动力，以及出现的主导地位和依赖性格局——特别是在南北关系中。这种依赖并不仅仅体现在物质财富的所有权和控制权方面存在差异，还体现在思想领域的运作上。

有充分的证据表明，资本主义世界的增长缘于大量的资源开采和生态破坏。随着环境问题逐渐变得突出，马克思主义学者发现，他们对资本主义积累的根本批判确实为分析世界经济与环境相互联系的危机提供了有力的手段（Paterson，2001）：可以部署各种框架，包括新葛兰西框架，以了解企业是如何在诸如林业、生物多样性和生物安全等问题领域占据主导地位的（Humphreys，1996；Levy & Newell，2005）。在这种情况下，以市场为基础的全球化是环境退化的驱动力，国家（作为资本的代理人）被视为问题的一部分，而不是主流工作中的解决方案（Vogler，2005）。因此，全球生态危机不能被视为国家之间的“集体行动问题”，而且国际制度只是“附带印象”，因为它们给人这样的印象：它们的成就是在不影响全球资本主义根本运作的情况下取得的。

“国家拒绝与企业在解决环境问题上进行合作”是对国际关系主流理论的根本性攻击。持这一观点的也包括那些完全赞同马克思主义思想和历史唯物主义的人。还有许多持其他观点的激进学者坚持认为通过鼓励和发展国际环境合作也无法解决环境问题的根源——此部分内容将在本书第五章和第六章进行进一步讨论。对现有国际关系理论的女性主义批判旨在揭示国家制度中固有的性别偏见，这种偏见甚至存在于那些非政府组织及与全球环境治理相关的其他行动者中。这一根本性批评，既重新定位了问题的根源，又挑战了主流的环境管理方法（Bretherton，1998）。其他学者

(Laferriere & Stoett, 1999; Saurin, 1996)则通过引入源于激进的绿色政治思想的观点进行研究。通过这些方法，全球环境政治的研究已经远离了对国际机构的主流关注。例如，库廷(Kutting, 2004)研究了全球经济中的生产链和供应链，它们在地方和全球层面产生了复杂的相互作用，其将环境与发展联系起来，从而为经济增长和退化提供了动力。这可能有助于我们认识到：全球环境政治不仅有赖于发达国家改革者积极尝试建立保护体系，更重要的是，全球环境政治也关系到发展中国家发展和再分配的迫切要求。

第六节　再谈安全

正如施洛米·第纳尔将在第四章中所述的，一直以来，在无秩序和无政府主义体系中实现安全被视为国际理论的首要关切。虽然国际关系环境理论建立在国际合作研究的传统之上，但它最初并没有涉及战争与和平的问题；它被从环境政治学学生的关注点中分离开来，除非可能涉及核军备竞赛带来的环境后果，以及可能出现的20世纪80年代讨论激烈的“核交换之后的核冬天”。回想起来，在冷战时期的大部分时间里，IR文献中诸如“安全”这样的核心概念并没有受到严格的质疑，这似乎有些奇怪。很可能是因为，两个拥有核武器的超级大国之间的相互碰撞是一种威胁，它们产生碰撞的后果是，很可能会阻止或限制其他暴力冲突的程度，至少在欧洲是如此。因此，“安全”继续被定义为国家的安全，并根据其抵御跨境武装入侵的能力进行评估。

20世纪80年代，这种对安全理论的忽视开始发生变化。布赞(Buzan, 1983)对“安全”的指称对象作了重要的区分。虽然传统意义上“安全”的指称对象是国家，但现在可以指“社会安全”甚至“环境安全”。在一些官方发布的解释中，对国家及其边界安全的关注被“人的安全”(human security)(UNDP, 1994)这一新概念所取代。这种多层面的想法包含了一系列人类应该得到的保护及所受到的威胁，包括饥饿、健康状况欠佳、身体遭受的暴力和物理环境的破坏。在学术界，“关键性安全研究”在安全和解放之间萌生了联系(Booth, 1991)。所谓的哥本哈根学派采用了一种受建构主义启发的方法，其重点在于通过“言语行为”将安全设定为其归属于某一问题(Buzan et al., 1998)。“安全化”这一问题涉及提高国家的政治形象，而在冷战结束之后，出现了许多与环境有关的活动。对行动者来说，从他们与国家安全的关系来描述环境问题，有利于提高他们的政治意识，并增加国家可能给他们提供的公共支出。安全威胁通常被公众认为具有足够的重要性和紧迫性，使政府对其的支出优先于政府的其他支出。与此同时，军事机构中的一些人错误地认为，冷战的结束将产生一个“和平红利”，在这种红利下，军费将会被大幅度削减。有人认为环境保护为军队提供了新的替代性作用，北大西洋公约组织（以下简称“北约”）等发现了包括环境恶化在内的一系列对安全的替代威胁。正如丹尼尔·德德尼（Daniel Deudney，1990）所述，人们对军事设施的方法和思想与对环境运动的方法和思想之间仍然存在着深刻的矛盾。所以那些从事环境安全化和军事化工作的人常常会面临危险。

因此，进行关键区分非常重要。学术界关于环境安全的工作分为两大类。第一类，环境变化和退化是如何与暴力冲突和国家及其领土的完整性有所关联的，这是战略研究和国际关系的传统关注点。就像上面提到的军事机构活动一样，这只是扩大了现有的安全概念，增加了一系列暴力冲突的新触发因素与对军队行动的相应分析。另一类则具有更激进的含义，通过将环境问题纳入考虑，它试图重新界定安全的真正含义。它是对上述讨论的批评，也是人类安全运动的关键部分。因此，“安全”的指称对象不再仅是国家，也包括了生物圈的生存。这里就需要提到气候安全了。虽然第一类工作符合既定的现实主义思想和决策精英的关注点，但只增加了一个国家安全关切的新领域，而第二类工作则牢牢嵌入在国际关系的批判方法中，与上述的激进生态政治相联系。

冷战的结束以及全球范围内环境问题的国际关注度不断上升（如1992年在里约签署的《气候变化和荒漠化公约》），都有助于人们将政策和学术注意力集中到引起冲突的因素上。从长远来看，这可能是一个问题，这一问题可以追溯到19世纪托马斯·马尔萨斯（Thomas Malthus）对人口过剩、资源匮乏和社会崩溃等问题的悲观预测。这也是一个从发达国家的角度出发的观点，在面对这些挑战时，发展中国家的“国家失败”可能会使得发达国家产生各种不良后果（如恐怖袭击、移民压力和中断原材料供应）。因此，从20世纪90年代开始，大量资金充足的持续性学术研究开始对环境恶化和武装冲突之间的关系进行实证调查。这种研究一般是在现实主义国际关系的正统理论框架之内进行的。“环境安全”的定义是某一主体对国家及其领土的完整性以及面对的国际威胁进行管理，以及在对非洲气候变化和荒漠化认识不足的情况下维护国际关系的稳定。

霍默-狄克逊（Homer-Dixon，1991，1999）和他的合作者在这方面做了大量的工作，他们提出了对环境变化、资源稀缺和武装冲突的三个假设，并试图对它们进行检验。战争和起义可能源自人们对日益减少的资源的争夺，而这种争夺将立即被学习国际冲突的现实主义的学生所认可。另外，由生态崩溃所导致的生计丧失可能迫使人口产生大规模的流动，也可能引发领土冲突。因果链是复杂的、不确定的，但是很明显，许多当前的冲突都源自贫穷、不发达、种族仇恨和生态崩溃。然而，研究发现，环境变化与冲突之间并没有明确的直接关系（Barnett, 2001; Gleditsch, 1998）。在贝奇勒（Baechler, 1998）的另一项重要研究中，环境变化被认为是"发展不足"的一个组成部分，而北方发达国家及其实践深受其影响。[①]

这些实证研究所引发的不确定性并不妨碍政策制定者试图为政治和军事精英提供管理方面——实际上是起诉环境引发冲突的实际方面——的指导工作。例如，在20世纪90年代晚期，北约编写了一份研究报告（Lietzmann & Vest, 1999），试图确定一系列综合征和早期预警指标，以提醒决策者注意潜在的冲突。此外，随着21世纪头几年的有关气候变化的科学证据变得越来越有说服力，军事分析家们开始在一个彻底改变的世界中为国家安全政策做准备（Schwartz & Randall, 2003）。环境变化以一种相当正统的方式被概念化为"威胁乘数"。随着冰川的逐渐消融，北冰洋事件为各国对西北航道的领土和控制权的主张提供了一个生动的说明（Solana, 2008）。

更重要的理论意义在于，须重新评估该学科在其他方面所充当的关键安全角色。事实上，正如斯沃塔克（Swatuk, 2006: 216）所述，"只要'环境'在国家安全机构的政策图上出现，就可以听到反对和批评的声音，这些声音质疑将环境问题与国家安全实践联系在一起的适当性"。将这个概念从国家及其领土的指称对象中分离出来，就为研究者们开辟了广阔的空间，可帮助他们考虑：环境问题是否应该不仅仅是安全的延伸，而也是其自身全面重构的一部分。在这里，应把环境问题当作安全问题来思考。这种思维是对自然系统和人类系统的整体认识，并且在考虑到环境的情况下，充分认识到既有的安全辩论是为了赋予强国特权与考虑发达国家的利益。气候变化的可怕之处在于，其系统性后果可能具有破坏性，以至于它们取代了国际战争，成为国际体系面临的主要问题。

这种分析并不局限于激进的学者，其元素已经进入主流话语体系。例如，在2001年世界贸易中心受到袭击之后，美国和欧洲的政策制定界对安全问题

---

① 与霍默-狄克逊的一些其他著作如《小镇的优势》（*The Upside of Down*, 2006）的伟大历史风潮相比，其关于环境冲突中各方联系的研究的观点相当狭隘。

的认识便常常被局限在涉及“恐怖主义、失败的国家和大规模杀伤性武器”方面。然而，这一说法很快就遭到质疑，该主张认为，事实上，就可能造成的破坏和人口损失而言，气候变化是一个比恐怖主义更大的威胁(King，2004)。哥本哈根学派的追随者认识到，这里的安全化行动伴随着利益团体试图将资源从“反恐战争”转移到减缓和适应气候变化的影响上。这其中很大一部分可能只是夸大其词，但确实存在一定的意义，“气候安全”在2007年4月被列入联合国安理会的议事日程。如果它被广泛接受，那么就不是“再谈安全”的问题了，而是彻底重新定义安全问题，且其将对国际关系研究产生深远意义。

结　　论

本章描述了国际环境政治研究在国际关系学科中的演变方式。起初它是一个相对边缘的问题，但“现实世界”的发展迫使环境进入学术议程。在研究跨界污染和全球环境变化的新问题时，研究者们不可避免地会运用现有的理论和方法，但环境专家们很快在制度分析、非国家行动者研究和重新界定安全的核心概念方面做出了自己独特的贡献。

为了理解这一点，并思考各种理论方法结合或对比的方式，探究与所有形式的国际关系理论有关的四个高度相关的问题可能对我们有所帮助。这四个问题是：

- 这个理论的目的是什么？
- 潜在的理论假设——本体论(那些被认为存在的东西)和认识论(我们怎么知道它们)——是什么？
- 国家的作用和意义是什么？
- 我们应该寻求解决什么问题？

根据自然科学(实证主义)的例子，理论可以简单地被视作试图对现象进行的解释性概括。这种理论化经常包括除了自身调查以外的政治议程。科学调查旨在解决问题。这将为国际环境政治研究中的大部分工作提供一个相当准确的描述，以解决建立和发展制度的问题。正如我们所看到的，这个领域的许多其他方法有一种截然不同的批判途径，它们可能是具有颠覆性的，而不是“解决问题”的。激进的生态政治就有这样的特点，但值得注意的是，这种区别有很悠久的历史。因此，第一次世界大战结束后，一些理论家关心的是改革和体制建设，而其他政治左派则通过推翻当时的经济和社会秩序来寻求世界和平。

梳理指导理论工作的假设也是必要的。主流制度分析乃至大部分现实主义和自由主义理论是以人类行为模型为基础的，人们或国家被假定为根据一系列相对固定的利益或偏好在其行动方案中做出理性的选择。正如我们所看到的，现实主义和自由主义思想家之间的一个重要区别是，这些偏好的谈判是否会导致本质上的冲突或合作结果。自由制度主义建立在后一种观点上。采取建构主义方法的人则完全不同，在他们看来，偏好从来不是固定的，它随时会发生变化。也正因为这一点，它不是权力的分配或利益的结合——这为环境问题获得国际合作提出了关键问题。这个关键的问题是，话语或建构主义分析是否可以与理性选择说相结合，或者它们是否存在截然不同的认识论。这里还有一些有趣的环境问题需要环境学者们探讨，即自然科学对决策的重要性是什么，以及作为政权本质特征的行为规范的社会建构性质又是什么。

一般意义上的国际关系，尤其是安全的定义，总把国家放在优先地位。当政权理论家继续关注国际合作时，环境政治领域的许多最具创新性的工作已经对国家至高无上的地位提出了挑战，尤其是全球环境治理的研究集中在非国家实体的宣传和监管活动上。有一种说法是，国家远不是解决全球环境恶化的一部分，因为国家本身就是造成问题的主要部分。持激进生态政治观点的分析人士对上述这种说法没有任何异议。虽然环保活动家和绿色理论家倾向于不信任国家，并寻求其他形式的治理，但他们现在越来越认识到：在与解决紧迫的环境问题相关的任何时间框架内，国家都不可能被排除在外。这其中的关键问题不仅关系到国际环境制度的未来，还关系到能否“绿化”国家（Eckersley，2004），以及国际环境合作是否可以在与生态相关的层面展开（Vogler，2005）。

本章的主旨在于，虽然国际关系理论和相关学科的发展是以战争与不安全的问题为基础的，但是在一个排斥环境问题的概念中，环境问题已成为当代重新定义安全的一个重要组成部分。冷战的结束、全球化的推进以及人们对全球环境变化于人类生存的威胁程度的认识越来越深入，导致了人们对“安全”的定义的明显转变，因此，决策者和 IR 理论家认为这些问题亟须得到解决。环境变化被视为引发当代冲突的一个重要驱动力，它本身与为早期现实主义和自由主义的国际主义评述提供动力的大规模国家间的战争是截然不同的。但是，除此之外，气候的稳定性和生态系统的完整性在某种程度上已经取代了国家的完整性，因为这是世界体系所要保障的，这个世界体系与 20 世纪前半叶国际理论家所面对的相距甚远。

推荐阅读[①]

Barnett, J. (2001) *The Meaning of Environmental Security: Ecological Politics and Policy in the New Security Era*, London: Zed Books.

Betsill, M., Hochstetler, K., and Stevis, D. (eds) (2005) *Palgrave Advances in International Environmental Politics*, Basingstoke: Palgrave Macmillan.

O'Neill, K. (2009) *The Environment and International Relations*, Cambridge: Cambridge University Press.

Vogler, J., and Imber, M. F. (eds) (1996) *The Environment and International Relations*, London: Routledge.

参考文献

Axelrod, R. (1990) *The Evolution of Co-operation*, London: Penguin.

Baechler, G. (1998) *Violence through Environmental Discrimination: Causes, Rwanda Arena, and Conflict Model*, Dordrecht: Kluwer.

Barnett, J. (2001) *The Meaning of Environmental Security: Ecological Politics and Policy in the New Security Era*, London: Zed Books.

Bernstein, S. (2001) *The Compromise of Liberal Environmentalism*, New York: Columbia University Press.

Booth, K. (1991) "Security and emancipation," *Review of International Studies*, 17(4): 313–26.

Breitmeier, H., Young, O. R., and Zürn, M. (2006) "The international regimes database: designing and using a sophisticated tool for institutional analysis," *Global Environmental Politics*, 6(3): 121–41.

Bretherton, C. (1998) "Global environmental politics: putting gender on the agenda," *Review of International Studies*, 24(1): 85–100.

Burton, J. W. (1972) *World Society*, Cambridge: Cambridge University Press.

Buzan, B. (1983) *People States and Fear: The National Security Problem in International Relations*, Brighton: Wheatsheaf.

Buzan, B., Waever, O., and de Wilde, J. (1998) *Security: A New Framework for Analysis*, Boulder, CO: Lynne Rienner.

Carr, E. H. (1939) *The Twenty Years' Crisis, 1919–1939: An Introduction to the Study of International Relations*, London: Macmillan.

Checkel, J. T. (2001) "Why comply? Social learning and European identity change," *International Organization*, 55(3): 553–88.

Claude, I. L. (1962) *Power and International Relations*, New York: Random House.

Cox, R. (1981) "Social forces, states and world orders: beyond international relations theory," *Millennium: Journal of International Studies*, 10(2): 126–55.

Deudney, D. (1990) "The case against linking environmental degradation and national security," *Millennium: Journal of International Studies*, 19(3): 461–76.

Eckersley, R. (2004) *The Green State: Rethinking Democracy and Sovereignty*, Cambridge, MA: MIT Press.

Gleditsch, N. P. (1998) "Armed conflict and the environment: a critique of the literature," *Journal of Peace Research*, 35(3): 381–400.

Haas, P. M. (1990) "Obtaining environmental protection through epistemic consensus," *Millennium: Journal of International Studies*, 19(3): 347–63.

---

① 为方便读者查阅，本书各章后的推荐阅读均复制自原版书。

Hardin, G. (1968) "The tragedy of the commons," *Science*, 162: 1243–8.
Homer-Dixon, T. (1991) "On the threshold: environmental changes as causes of acute conflict," *International Security*, 16(2): 76–116.
—— (1999) *The Environment, Scarcity and Violence*, Princeton, NJ: Princeton University Press.
—— (2006) *The Upside of Down: Catastrophe, Creativity, and the Renewal of Civilisation*, London: Souvenir Press.
Humphreys, D. (1996) "Hegemonic ideology and the International Tropical Timber Organisation," in J. Vogler and M. F. Imber (eds), *The Environment and International Relations*, London: Routledge.
—— (2006) *Logjam: Deforestation and the Crisis of Global Governance*, London: Earthscan.
Hurrell, A., and Kingsbury, B. (eds) (1992) *The International Politics of the Environment: Actors, Interests and Institutions*, Oxford: Clarendon Press.
Keck, M. E., and Sikkink, K. (1998) *Activists beyond Borders: Advocacy Networks in International Politics*, Ithaca, NY: Cornell University Press.
Keohane, R. (1984) *After Hegemony: Cooperation and Discord in the World Political Economy*, Princeton, NJ: Princeton University Press.
Keohane, R., and Nye, J. S. (eds) (1972) *Transnational Relations and World Politics*, Cambridge, MA: Harvard University Press.
—— (1977) *Power and Interdependence: World Politics in Transition*, Boston: Little, Brown.
King, D. A. (2004) "Climate change science: adapt, mitigate or ignore?," *Science*, 303 (9 January): 176–7.
Kissinger, H. (1970) *The White House Years*, Boston: Little, Brown.
Krasner, S. D. (ed.) (1983) *International Regimes*, Ithaca, NY: Cornell University Press.
Kütting, G. (2004) *Globalization and the Environment: Greening Global Political Economy*, Albany: State University of New York Press.
Laferrière, E., and Stoett, P. J. (1999) *International Relations Theory and Ecological Thought: Towards a Synthesis*, London: Routledge.
Lenin, V. I. ([1916] 1965) *Imperialism, the Highest Stage of Capitalism: A Popular Outline*, Peking: Foreign Languages Press.
Levy, D., and Newell, P. J. (eds) (2005) *The Business of Global Environmental Governance*, Cambridge, MA: MIT Press.
Lietzmann, K. M., and Vest, G. (eds) (1999) *Environment and Security in an International Context*, Brussels: NATO Committee on the Challenges of Modern Society.
Litfin, K. (1994) *Ozone Discourses: Science and Politics in Global Environmental Co-operation*, New York: Columbia University Press.
Mansbach, R., Ferguson, Y., and Lampert, D. (1976) *The Web of World Politics*, Englewood Cliffs, NJ: Prentice-Hall.
Mearsheimer, J. (2001) *The Tragedy of Great Power Politics*, New York: W. W. Norton.
Morgenthau, H. J. (1948) *Politics among Nations: The Struggle for Power and Peace*, New York: A. A. Knopf.
Newell, P. (2000) *Climate for Change: Non-State Actors and the Global Politics of the Greenhouse*, Cambridge: Cambridge University Press.
Ostrom, O. (1990) *Governing the Commons: The Evolution of Institutions for Collective Action*, Cambridge: Cambridge University Press.
Paterson, M. (2001) *Understanding Global Environmental Politics: Domination, Accumulation, Resistance*, Basingstoke: Palgrave.
Paterson, M., Humphreys, D., and Pettiford, L. (2003) "Conceptualizing global environmental governance: from interstate regimes to counter-hegemonic struggles," *Global Environmental Politics*, 3(2): 1–10.
Pattberg, P. H. (2007) *Private Institutions and Global Governance: The New Politics of Environmental Sustainability*, Cheltenham: Edward Elgar.
Princen, T., and Finger, M. (eds) (1994) *Environmental NGOs in World Politics*, London: Routledge.
Rapoport, A. (1974) *Fights, Games, and Debates*, Ann Arbor: University of Michigan Press.
Rosenau, J. N. (1980) *The Study of Global Interdependence: Essays on the Transnationalisation of World Affairs*, London: Frances Pinter.

Ruggie, J. G. (1975) "International responses to technology: concepts and trends," *International Organization*, 29(3): 557–83.
—— (1998) *Constructing the World Polity: Essays on international Institutionalization*, London: Routledge.
Saurin, J. (1996) "International relations, social ecology and the globalisation of environmental change," in J. Vogler and M. F. Imber (eds), *The Environment and International Relations*, London: Routledge.
Schelling, T. (1960) *The Strategy of Conflict*, New York: Oxford University Press.
Schwartz, P., and Randall, D. (2003) *An Abrupt Climate Change Scenario and its Implications for National Security*, San Francisco: Global Business Network. Available: www.gbn.com/consulting/article_details.php?id = 53 (accessed 18 October 2009).
Searle, J. R. (1995) *The Construction of Social Reality*, Harmondsworth: Penguin.
Smith, S. (1993) "The environment on the periphery of international relations: an explanation," *Environmental Politics*, 2(4): 28–45.
Smith, S., and Owens, P. (2008) "Alternative approaches to international theory," in B. Bayliss, S. Smith, and P. Owens (eds), *The Globalization of World Politics: An Introduction to International Relations*, 4th ed., Oxford: Oxford University Press.
Solana, P. (2008) *Climate Change and International Security: Paper from the High Representative and the European Commission to the European Council*, S113/08, Brussels: Council of the European Union.
Sprout, H., and Sprout, M. (1971) *Toward a Politics of the Planet Earth*, New York: Van Nostrand Reinhold.
Stevis, D. (2006) "The trajectory of the study of international environmental politics," in M. M. Betsill, K. Hochstetler, and D. Stevis (eds), *Palgrave Advances in International Environmental Politics*, Basingstoke: Palgrave Macmillan.
Strange, S. (1983) *"Cave! Hic dragones*: a critique of regime analysis," in S. D. Krasner (ed.), *International Regimes*, Ithaca, NY: Cornell University Press.
Swatuk, L. A. (2006) "Environmental security," in M. M. Betsill, K. Hochstetler, and D. Stevis (eds), *Palgrave Advances in International Environmental Politics*, Basingstoke: Palgrave Macmillan.
Underdal, A. (1992) "The study of international regimes," *Journal of Peace Research*, 32: 227–40.
UNDP (United Nations Development Programme) (1994) *Human Development Report 1994*, Oxford: Oxford University Press.
Victor, D., Raustiala, K., and Skolnikoff, E. (eds) (1998) *The Implementation and Effectiveness of Environmental Commitments*, Cambridge, MA: MIT Press.
Vogler, J. (2000) *The Global Commons: Environmental and Technological Governance*, Chichester: John Wiley.
—— (2003) "Taking institutions seriously: how regime analysis can be relevant to multilevel environmental governance," *Global Environmental Politics*, 3(2): 25–39.
—— (2005) "In defense of international environmental cooperation," in J. Barry and R. Eckersley (eds), *The State and the Global Ecological Crisis*, Cambridge, MA: MIT Press.
Waltz, K. (1979) *Theory of International Politics*, Reading, MA: Addison-Wesley.
Wapner, P. (1996) *Environmental Activism and World Civic Politics*, Albany: State University of New York Press.
Wendt, A. (1992) "Anarchy is what states make of it: the social construction of power politics," *International Organization*, 46(2): 391–425.
—— (1999) *A Social Theory of International Politics*, Cambridge: Cambridge University Press.
Willetts, P. (2008) "Transnational actors and international organizations in global politics," in B. Bayliss, S. Smith, and P. Owens (eds), *The Globalization of World Politics: An Introduction to International Relations*, 4th ed., Oxford: Oxford University Press.
Young, O. R. (1994) *International Governance: Protecting the Environment in a Stateless Society*, Ithaca, NY: Cornell University Press.
—— (ed.) (1997) *Global Governance: Drawing Insights form the Environmental Experience*, Cambridge, MA: MIT Press.
—— (2002) *The Institutional Dimensions of Environmental Change: Fit, Interplay and Scale*, Cambridge, MA: MIT Press.

第二章 全球环境政治中的跨国行动者

Lucy Ford

引 言

传统上,是“谁”参与国际政治的问题已经有了答案:“当然是国家!”一方面,在传统的现实主义国际关系理论中,民族国家被视作涉及国际政治——包括环境政治——的分析单位和关键行动者;另一方面,对国际关系采取自由和批判的方法则是在强调,除了跨国政治之外,还有跨国社会运动、非政府组织(NGO)和跨国公司(TNC)等一系列行为体——有时统称为非国家、跨国或公民社会行为体——对政治和政治结果产生影响。关于“谁的行动和如何行动”的问题,从根本上来说就是什么构成了全球环境政治中的“政治”。

本章[①]涉及全球环境政治中的跨国行动者。第一节至第三节首先将跨国参与者置于国际关系中,以更清楚地界定一些关键概念,探究这些概念如何随着时间的推移而演变,以及它们如何与国际关系学科的发展相联系。之后,前三节内容为分析跨国行动者在全球环境政治中的作用提供了一些概念,包括备受争议的理论方法和解释其重要性的挑战。此外,前三节还特别审查了全球公民社会领域,跨国行动者就身处这个领域。第四节至第八节着重介绍各种跨国行动主体,其中包括跨国环境运动、非政府组织和跨国公司主体,并进一步探究是什么激励了它们,以及它们是如何行动和参与全球环境政治的。

---

① 感谢彼得·多兰、珍妮丝·帕克、斯蒂芬·赫特和尼尔·斯坦默斯(Peter Doran, Jenneth Parker, Stephen Hurt & Neil Stammers)对本章的贡献。

第一节　跨国行动者在国际关系中的定位

国际关系学科因各种各样的概念而令人费解，这些概念有时互换使用，有时意味着不同的事物。因此，虽然其起源于关于分析民族国家之间的国际关系以及它们与联合国或北约等国际组织的互动关系，但现在有更多的学者常常将它理解为关于全球社会、经济、文化或政治的相互作用。他们想谈论的可能是跨国政治、世界政治、全球政治甚至全球政治经济。同样，“非国家行动者”这个词可能会令人困惑。严格来说，尽管它似乎是指任何不是国家或政府的行动者，但是国家和非国家的界限并不总是清楚明了。例如，联合国可以被视作一个非国家行动者，因为它是一个独立的机构。然而，它显然是一个国际——甚至是政府间——的组织，因为它为国家提供了一个和其他行动者进行合作的渠道。联合国声称拥有对世界政治的道德权威。可以说，它是与世界政府最接近的机构。有人认为，联合国、世界银行、国际货币基金组织（IMF）或世贸组织等国际组织是一个“准世界大国”，拥有大量指导世界事务的权力（Shaw，2000）。

但是，有很多非国家行动者对这种集中的全球权力展开竞争。对于“支持环境保护”这样的特定问题，非国家行动者正在挑战着民族国家，甚至是国际组织，声称它们没有解决全球性问题。非国家行动者的目标是争夺议程，指出这些机构的失败之处，促进改革，与机构进行合作（有时绕过民族国家），有时甚至又要求废除这些机构，如由跨国公司、不同类型的网络组织、协会和非政府组织自行定义的跨国公民社会（见第三世界网络等）组织和开展的“世贸组织缩水”运动。因此，在界定跨国行动者时，我们指的是跨国公司、非政府组织等所有非国家行为体，这些行为体在全球范围内运作，并构成全球政治的一部分。它们既不是国家也不是国际组织，但是它们一起行动、一起合作，有时又互相挑战，甚至会被完全忽略。

一些关于理解跨国行动者的关键概念的演变，可以有效地与国际关系学科（特别是全球环境政治学）的历史发展相联系。在国际关系研究中，对跨国行动者的研究在20世纪70年代脱颖而出，具有多元化、复杂且相互依赖的理论发展前景（Keohane & Nye，1977）。在这之外，还发展出了国际制度理论研究，这一理论侧重于制度的重要性和参与者之间的共同规范（见本书第一章）。这类文献的重点是国际机构在处理跨国问题上具有有效性，其可有助于或限制国际合作的机构设置和安排。在环境领域，这些文献特别关注国际环境制度——多边环境协议（MEAs），因为它最常被提及。尽管大部分政权理论都被指责是国家中心主义，但这种思想学派却承认了非国家行动者的角色，即认知社区。它们是来自科学界、非政府组织或企业的知识型跨国专家网络，为特定问题领域（如环境、贸易或安全）的决策过程提供专业知识，从而促进更广泛的机构学习（Vogler，2003）。

第二节　从国际制度到全球治理

国际制度的分析框架往往被全球治理的分析框架所取代。自冷战结束以来，治理概念在国际关系中发展得尤为突出。世界不再是维持国际秩序的简单两极体系。许多文献集中讨论了全球化过程是如何产生一个更加复杂的多层次的世界政治体系的，这种体系隐含地挑战了有关民族国家的旧威斯特伐利亚的假设。如何治理世界新秩序的问题已经凸显出来，且这不仅仅与环境退化等跨国问题相关。作为一个概念，治理与管理不同：一方面，管理有正式的权力支持，由警察的权力来保证政策的执行；另一方面，治理（主体）比管理更为广泛，包括机构和非政府机制。赫尔登和麦格鲁（Held & McGrew，2003：8）将治理描述为：

> “治理结构和过程超越了最高或单一的政治权威的国家……它是在全球化条件下构建一个广泛的分析方法来解决政治生活的核心问题：由谁掌控？以谁的利益为出发点？用什么机制来达成什么目的？”

因此，这是一个多层次、多元化和结构复杂的全球制度架构的愿景，理性的政府仍然是全球治理的战略场所。在全球环境政治中，政权向治理的转变也是显而易见的，现在，许多文献都将全球环境治理放在全球环境政治的领域内进行讨论（Lipschutz et al.，1996；Paterson et al.，2003）。另外，还出现了不同于以国家为中心的分析，其侧重于分析跨国环境运动、非政府组织以及跨国公司作为全球环境政治的参与者（所做的贡献）（Princen & Finger，1994；Lipschutz et al.，1996；Wapner，1996；Keck & Sikkink，1998；Betsill et al.，2006）。

全球治理理论丰富多样。全球治理的普遍化自由主义语言，如联合国全球治理委员会的报告《天涯成比邻》（*Our Global Neighbourhood*）宣称，我们正进入一个民主化、经济转型、多边主义和集体责任的新时代(UNCGG, 1995: 1)。虽然国际治理曾在政府间关系中发挥过作用,但《天涯成比邻》声称,这个新的全球时代的特点是非政府组织、公民运动、跨国公司、全球市场以及各国和政府间组织共同参与(治理)(UNCGG, 1995: 3)。在自由主义的学术文献中,跨国行动者参与决策的过程也被认为是全球治理的新内容(Young, 1997)。

越来越多的跨国活动的产生被人们归因于国家在全球化世界中无能为力,特别是在涉及所谓的全球性问题如环境恶化时。除了全球化的力量之外,来自基层运动的压力也被视为对国家权力和权威的挑战(UNCGG, 1995: 10-11)。报告指出,这个答复是针对围绕着重新振兴的联合国而组织的国家体系,以扩大的全球治理形式迎接这些挑战而给出的。据报道,非政府行为体带来了"全球性的联合革命"(UNCGG, 1995: 253),其中包括"众多机构、志愿协会和网络,它们代表了政府以外的从商业到专业再到个人的许多社区的利益"(UNCGG, 1995: 32)。

全球经济组织与非政府组织一起被视作"在全球治理中明确发挥作用的部门"(UNCGG, 1995: 255)。在可持续发展工商业理事会(Business Council for Sustainable Development, BCSD)的领导下,经济被视为"处于'未来'研究的前沿,需绘制出长期的全球图景并评估其对企业责任的影响",这是"对这个新角色的描述"(UNCGG, 1995)。在这种自由主义和多元主义的论述中,这种广泛的非政府行为体与国家站在了一起。而且,它使全球治理更加民主化了。

自由主义话语的批评者提醒到,过分强调国家权力的扩散或丧失是有危险的。国家主权的重要性和中心地位并未消失。主要机构仍然是政府间机构。尽管环境问题因其全球性而挑战了主权和国家间体系,尽管自由主义主张创造一些全球性的公民空间,但是,自由主义的全球政治经济的政治框架并没有发生根本性的改变。虽然国家似乎失去了自治权,但从法律上来说,它们的主权要求不会受到损害(Paterson, 1997: 175)。全球治理辩论中的批评声音使其与福柯和新葛兰西话语联系在了一起。在这里,全球治理不是国家的退缩,而是政府理性的最终形式,或者像福柯所说的那样,是"政府性",即"新自由主义全球化的隐性理性"(Douglas, 2000: 116)。新葛兰西主义同样将全球治理比作全球资本主义霸权的战略,这是一个稳定的、维持世界秩序的制度化进程(Cox, 1981: 136; Ford, 2003: 122)。在这些观点中,全球环境治理并不完全是关于管理全球环境的问题,而是持续占主导地位的资本主义结构和实践。

第三节　全球公民社会的空间

在全球治理的文献中，跨国行动者通常被置于全球公民社会的范畴内。公民社会本身就是一个古老而复杂的概念，随着时间的推移，它与国家和市场的界限发生了变化，理论归属上也从自由派到批判派不断变化。但是，正如一些学者所指出的那样，由于社会关系的跨国维度（Shaw，1994），构建有限领域存在问题。公民社会对全球公民社会的推断有不同的解释。一种主导性的观点声称，在全球化条件下不断变化的环境影响到了非国家行为体及其组织方式，以及它们的目标对象和内容。据说，其所运作的领域也已经实现了全球化。如果国家社会运动存在于公民社会，那么，现在跨国和全球的社会运动激进主义正在全球公民社会范围内不断发展（Shaw，1994；Lipschutz et al.，1996）。

"全球公民社会"一词在社会运动、非政府组织和企业界以及政府代表与全球治理机构中得到广泛应用。它正在积极塑造一个政治领域，创造新的跨国政治身份和主题(Drainville，2004)。利普舒茨(Lipschutz)认为它包括"知识和行动网络的自我意识建构，由非中心的本地行动者穿越空间的虚化边界，就像边界不存在一样"，目的是"重建、重新想象或重新绘制世界政治地图"（Lipschutz，1992：390）。利普舒茨认为，全球公民社会是一个平行的领域，这个领域试图绕过国家体系，建设"新的政治空间"(Lipschutz，1992：393)。

这导致了有人质疑全球公民社会范围的扩大给我们对跨国行动者的分析增加了什么。不同的理论观点对全球治理和全球公民社会的意义和重要性有不同的看法。

一方面，以《天涯成比邻》为例的研究成果所描述的主流自由主义观点设想了一个多元的、相对和谐的、解放的政治领域（Lipschutz et al.，1996；Wapner，1996；Kaldor，2003）。自由主义者把它称为"存在于个人之上、国家之下，而且跨越国界的领域。在这个领域里，人们自愿组织起来追求各种目标"（Wapner，1996：66）。从这个角度来看，全球治理是在国际社会的基础上，增加了由非政府组织和企业组成的全球公民社会。它被描绘成一个"文明"的空间，而不是一个潜在的利益冲突处。

另一方面，传统的国际关系理论家对全球治理或全球公民社会的重要性持怀疑态度(如 Grieco & Ikenberry, 2003)。他们认为,任何高于国家层面的体制和机制都不可避免地会受到最强大的民族国家的歪曲和滥用,这些民族国家将通过这些机构进一步扩大自己的利益,或者忽视和绕过这些机构。

一些批评者们虽然只部分地赞同现实主义者有关强大的国家会滥用这种体制和机制的分析,但是他们把整个场景放在了全球资本主义范围内,认为强大的国家试图扩大对全球资本主义的控制,而不仅仅是对政治权力本身的控制。例如,新葛兰西主义强调意识形态的作用以及机构在维护资本主义霸权方面的作用。在这里,全球公民社会的范围有可能创造一个让全球治理合法化的精英空间,从而造成全球公共领域的封闭。然而,新葛兰西主义也把全球公民社会视为潜在的进行霸权争夺的场所,以及进行斗争和抵抗的场所。他们认为,全球公民社会是进步力量挑战资本日益增长的力量的推力,目的是寻求创造跨国联系和开创全球问题(如社会不公正和环境退化)的新政治空间(Gill, 2003)。

随着全球公民社会潜在的变革力量逐步增长,开展社会运动的各个部门(特别是非政府组织)自觉援引民主化和参与的语言,将自己界定为全球公民社会的一员。它们将全球公民社会领域视为与全球治理机构相接触的政治空间,以弥补这些不透明和不负责任的机构所创造的民主赤字。

此外,制度化程度较低的具有激进议程的基层运动则被怀疑是一种交往政治,有人认为这是一种合作形式(Ford, 2003)。新葛兰西主义认为,建立一个扩大的全球公民社会自由领域,可以使人们参与环境管理,这与公民社会是一种霸权机制的观点相一致。这意味着公民社会的参与和对决策的贡献是对人民的让步,以回报他们默认的对占统治地位的社会、政治和资本主义经济模式的维护。而且,他们将全球公民社会的话语视作吸收和消除潜在的反霸权主义思想的策略(Cox, 1993: 55)。但是,他们也强调,公民社会是变革的空间,也是霸权受到挑战的空间。这是环境政策发生争论的地方。因此,全球公民社会不仅是一个行动领域,而且也是一个机构,这一领域中的跨国环境运动、跨国公司或跨国商业网络也同样如此。

我们发现,人们对全球公民社会的现象及其民主化潜力有不同的解读。虽然人们可以主张跨国行动者在全球公民社会的活动确实有所增加,因此这些行动者更多地参与了全球治理,但这并不一定转化为民主——还有些人认为这可能会增强全球治理中的民主(如 Held & McGrew, 2003)。诸如《天涯成比邻》等研究成果可能会稍微夸大民主化的主张,因为“参与”并不一定具有同等的代表性。在这里,非政府组织与商业参与者处于同一个领域，竞相成立全球机构。此前，联合国《21 世纪议程》首次呼吁全世界人民共同参与拯救地球（联合国，1992）。然而，“权力”仍然在国际体系中根深蒂固，且人们越来越认识到企业——作为迄今为止这个所谓的全球公民社会的主要组成部分——所发挥的作用。批判主义学者认为，环境问题的非政治化是通过在自由的全球政治经济中建立全球环境治理的正统话语形成的（如 Paterson，2000）。也就是说，环境问题与经济和政治问题是分开的，它被看作可以通过以机构、市场为基础的机制或改变的行为来固定下来而不会挑战现行制度的离散问题。

本质上，关于跨国行动者在全球环境政治中的作用的研究关乎权力关系。如上所述，全球环境治理是全球环境政治的舞台，跨界环境问题的全球管理就是在这里进行的。全球公民社会现在最容易被当作跨国行动者运作的空间。在主流的自由主义文学中，全球公民社会被描绘为全球治理的民主化力量。然而，批判主义学者想要解构这个空间，并明确其中的权力关系。最终，我们可能会问：跨国行动者的分析如何以挑战传统的方法来理解全球环境政治的政治结果？为此，我们将举例说明各种跨国行动者。

第四节　全球环境政治中的跨国行动者

上述内容已经说明了跨国行为主义的背景和空间。从传统意义上讲，跨国行动者在决策过程中的作用如同在广泛的国际关系学科中一样，并不是分析的核心。尽管制度理论在分析环境制度和多边环境协议的过程中承认认知社群是全球环境政治的贡献者，但却重点关注科学家和技术专家在理解环境问题方面的专业贡献（Vogler，2003）。在讨论争议和不确定性的情况下，特别是在气候变化等问题上，专家们的贡献尤其重要。然而，认知社群的存在并没有彻底动摇政权分析以国家为中心的特点。虽然它引入了行动者而不是国家，但这些行动者只限于精英专家。这些类型的精英行动者不能与更广泛的跨国环境运动相混淆，可能的话，他们最好被描述为更广泛的宣传网络的一部分（Keck & Sikkink，1998）。

本节将重点讨论跨国环境运动，以及非政府组织和作为全球环境政治的行动者的跨国企业/跨国公司。在本节中，我们将普遍使用非政府组织这一概念，尽管它们有时也被称为国际非政府组织（INGOs）或跨国非政府组织（TNGOs）。虽然本书的重点是全球环境政治，本节的重点是全球环境政治中的跨国行动者，但这并不意味着环境问题可以被孤立地看待。事实上，把重点放在单一问题上可能会适得其反，因为它可能无法挑战分散的、规范的技术理性话语，这也是导致环境恶化和走向全球环境治理的一个关键因素。如果环境问题被从社会、政治和经济背景中分离出来，那么我们就无从发掘其根本原因，这会导致技术解决方案的使用，从而可能加剧环境问题(Ford，2003)。事实上，跨国行动者们的关注很少局限于单一的环境问题。对全球环境变化和可持续性问题的分析主要是在一个更为广泛的框架内展开，进而来考察环境与人类经济、社会、文化、政治发展的关系。

第五节　跨国环境运动和非政府组织

自20世纪60年代以来，随着环境的恶化和政治化，以及它在经济、政治和文化方面与现代社会组织更广泛的关系，全球环境运动日益活跃。人们对全球化与环境恶化之间的关系的认识日益提高，这导致环境运动逐渐从纯粹的国家背景中分离出来。1992年的联合国环境与发展会议(UN Conference on Environment and Development，UNCED)通常被视为跨国行动者参与全球环境政治的分水岭。当时将近1 500个非政府组织举办了一个平行会议，全球范围内更多的非政府组织聚集起来开展了越来越多的运动。10年后，6 000多个已经注册的非政府组织聚集在约翰内斯堡，参加了2002年的可持续发展国际峰会，同时还有无数的非官方团体和运动也随之活跃起来。2009年12月，在哥本哈根举行联合国气候变化大会之前，全球各地的非官方组织和开展的运动已就气候变化问题进行了宣传。

社会运动理论家很难就社会运动如何界定达成共识。学者们质疑了那些倾向于以民族国家作为社会运动的界线或从地理上将社会运动局限于某一地区或文化的论述，特别是在北方(Walker，1994；Stammers & Eschle，2005)。从广义上讲，包括环境运动在内的社会运动是具有集体身份、共同目标且团结一致的异类群体(组织的)(Diani，2000)。它们的规模、问题和策略各不相同，环境运动本身也跨越了各种深浅不一的绿色。尽管身份和经验千差万别，这些运动确实在晚期资本主义现代性的经验中明确了共同点，有时也在空间和地点之间形成连接。

那么，跨国运动就是围绕共同的目标和宗旨建立跨国合作的运动(Smith et al.，1997：59－60)。悉尼·塔罗(Sydney Tarrow)将其定义为："社会动员群体至少在两个国家有其成员，与除本国之外至少一个国家的权力持有者、国际机构或跨国经济行为体进行持续的有争议的互动。”(Tarrow，1994：11)

因此，跨国环境运动就是一种创造联系且在全球范围内运作的运动，因为环境恶化的根源是与全球化的力量联系在一起的，如资本日益全球化以及随之而来的治理结构的全球化。也就是说，有许多运动只是在国家、地区或地方的层面上进行。但是，越来越多的人意识到地方和全球的关系。事实上，“全球化思维、本土化行动”已经成为绿色运动中的一个重要口号，它将全球意识与连通地方和扎根行动的重要性联系在一起，如在过渡运动中就可以看到这一点(Griffiths，2009)。

虽然许多运动都针对具体问题进行宣传，但值得注意的是，问题之间的界限不一定都是严格的。针对侵犯人权、性别不平等或劳工问题的跨国运动往往与环境运动有着类似的关注点和目标，因为它们在某种程度上可能都因当前的全球经济和政治制度的性质而产生。事实上，许多环境运动都不想把环境和人类的发展分隔开来，而且它们认为可持续发展和社会正义应该齐头并进。

描述跨国运动的术语千差万别，如国际非政府组织、国际社会运动组织、国际压力团体或利益集团、跨国宣传团体或网络都可能使用不同的术语(Keck & Sikkink，1998；Stammers & Eschle，2005)。在环境领域，这些主体具体地被描述为环境跨国联盟(Princen & Finger，1994)。从更广泛的意义上讲，它们被定义为世界公民政治(Wapner，1996)、全球公民行动(Edwards & Gaventa，2001)或人民运动(Shiva，2005)。许多运动把全球化的资本主义结构和遥远的、不负责任的治理结构视作问题的一部分，并将自己界定为反全球化运动、反资本主义运动、民主运动、全球正义运动，或者更为大胆地说是“运动的运动”(Mertes，2004)。

将组织与运动混淆在一起存在一定的危险(Stammers & Eschle，2005)。广义上的环境运动包含各种各样的分组。虽然有些非政府组织可被归属于环境运动，但并非所有的非政府组织都是这项运动的一部分。世界自然保护联盟(International Union for the Conservation of Nature，IUCN)或世界自然基金会(World-Wild Fund for Nature，WWF)等一些大型的非政府组织与既有的治理机构之间有着紧密的渗透和联系。这些大型、官僚、专业的民间环保组织远离基层环境运动，尽管它们可能有着同样的关切。

其他非政府组织，如地球之友或绿色和平组织等压力团体，它们在财政上独立于政府机构，有时在国家和国际层面采取反国家立场进行游说。因此，它们有双管齐下的做法。一方面，在维护国际环境制度的背景下，在联合国内部及国内政府或欧盟这一层面，它们与世界自然保护联盟和世界自然基金会等组织一起参与制定制度，并监测制度性回应的执行情况；另一方面，它们不断声援基层环境运动，有时甚至直接采取行动（Young，1999；Ford，2003）。

在很大程度上，基层运动经常因经过选择而被体制过程边缘化。它们可能并不适合被归入“跨国”类别，因为它们可能在某个特定的地方问题上开展活动，而且可能缺乏跨国网络资源。但是，它们明确指出跨国结构是环境破坏的根源。“农民之路”“气候营”或“地球第一！”等运动通过采取直接行动向自上而下的治理过程发起了挑战，它们高度批判现有的机构渠道和这些机构对环境问题的反应。它们也批判制度化的民间环保组织，认为这些组织已经被全球治理的统治权力所收编了。这些基层的行为运动，认为自己正在为争取主权话语的自由而进行解放斗争，在寻求替代性的、公平的、可持续的生活方式，并且为权力的再分配和开拓政治空间而努力。它们的战略不一定是影响全球治理进程的议程，而是直接采取行动增强人们对问题的认识，并挑战与直面国家权力和经济大国。虽然它们可能在特定的地方和地区比较活跃，但它们通过“人民全球行动”或“世界社会论坛”（Williams & Ford，1999；Ford，2003；Mertes，2004）等网络建立了跨国联系。“运动的运动”可以被视作全球各种各样的团体和运动的跨国心脏。在这一过程中，不同的团体在为维护经济、政治、文化和生态的多样性而开展活动，它们认为这种多元化正受到全球化单一文化的威胁（Shiva，1993；Grill，2003）。

这里的目的不是要衡量哪些运动在如游说全球治理机构或企图关闭这些机构方面最为成功。相反，其重点在于行动主义的政治和文化过程，这些过程可能会阻碍成功的因素，也会影响描述这些推动变革的运动。事实上，与大型商业游说团体相比，这些运动在游说手段上可能相对无力。然而，社会变革运动中存在着强大的文化元素，这些元素通过全球行动和全球媒体挑战现有的话语体系并传播新的话语体系。

重要的是，运动不仅仅是一种达成目的的手段，它还积极参与到社会文化变革的过程中，带来另外的认知和行为方式。因此，渐进式的运动不仅是对全球政治经济组织的挑战，而且正在积极地展示一种替代性的方案。社会运动的这种文化面向在社会运动理论中基本被忽略了，社会运动理论主要关注动员集体行为的原因。阿尔伯托·梅卢奇（Alberto Melucci，1996：2）警告说，社会运动不能单纯地归结到政治层面，因为这样会否定它们所扮演的交际角色。他的研究项目的重点是分析行动者自身行为的构建（Alberto Melucci，1996：16），这是文化变革的实际过程。然而，这种研究方法决不能忽视其全球政治经济的背景。社会运动需要反思自己在这个霸权世界中的位置以及合作的危险。如上所述，它们需要能够将自己的机构置于这种背景之中。

第六节　跨国公司和商业宣传团体

与跨国环境运动和非政府组织一样，跨国公司在过去的30年中如雨后春笋般成长，在现代资本主义世界经济中扮演着重要角色，并负责大量的投资和贸易。跨国公司是在两个以上国家开展活跃的经营活动的公司，也就是说，它可能有一个东道国，但它在其他地方也建立了子公司，涉及资本、资源和人员的跨国流动，如壳牌（Shell）石油公司或英国石油（BP）公司，或联合利华（Unilever）及雀巢（Nestle）等食品业巨头。除跨国公司外，还有一些为跨国公司服务的商业宣传团体，如国际商会（International Chamber of Commerce，ICC）、世界可持续发展工商理事会（World Business Council for Sustainable Development，WBCSD）和欧洲化学工业委员会（European Chemical Industry Council，CEFIC）。

由于全球经济体系与全球环境退化之间的密切联系，跨国公司和商业宣传团体显然是全球环境政治中的重要跨国行动者。与跨国运动和非政府组织不同，它们追求的是工具性目标，而不是依据原则性信念行事（Keck & Sikkink，1998；Clapp，2005a）。因为很多跨国公司在自然资源开采等环境敏感领域开展业务，它们受到利益的驱使，就必然会导致自身的不断扩张，从而使资源需求量增加，直接造成环境退化。虽然一些跨国公司投资、生产和提供对环境无害的商品和服务，但一般而言，资本主义全球经济中的贸易和投资模式由于必然的扩张，只会加剧而不会减轻环境恶化。全球资本主义的分裂进程，包括跨国公司的活动，直接和间接地加速了环境退化的进程。这导致了通过多边环境协定追求全球环境治理与开展业务的自由之间的紧张关系。跨国公司和代表它们的跨国企业宣传团体迫切希望减少旨在限制环境（和社会）退化的监管。因此从根本上说，它们的目标与全球环境政策的目标之间存在利益冲突。和非政府组织一样，它们也对全球环境决策过程进行了游说，尽管它们往往追求与非政府组织截然不同的目标。虽然非政府组织和社会运动可能试图挑战系统地造成环境退化和社会不公正的资本主义关系的文化，但跨国公司正试图通过影响议程来防止可能对企业不利的措施的实施。我们不能轻视跨国公司的力量，因为有些跨国公司拥有的资产比某些国家还多。然而,并不是所有的评论家都认为这些公司必然会阻碍可持续发展。有人认为,这些资产可以用来为可持续发展做出积极贡献(如通过转让创新和清洁技术、投资基础设施和创造就业机会的方式)(Murphy & Bendell, 1997)。这样看来,一些企业已经实现了“绿化”。

第七节 商业“绿化”或“漂绿”

除了反对全球环境政策的官方游说之外,企业一直忙于将自身重新塑造成可持续发展的先锋(Schmidheiny, 1992; ICC, 1991)。可持续发展概念的制度化不仅限于政府和国际组织。除联合国文件和政府政策外,可持续发展的概念也已进入企业界。然而,企业并不是对环境运动的批评视而不见,它们在可持续发展的概念里已经找到了一种方式,即在小幅度改变自身社会和物质生产实践的情况下分散整合环境问题。尽管企业在某种程度上促进了可持续发展,但经济增长与环境退化之间的联系依然牢固(ICC, 1991)。

在1992年召开的联合国儿童基金大会上,企业登上了舞台,世界可持续发展工商业理事会(前身为可持续发展工商业理事会)诞生了。这个游说团体设法在正式谈判过程中淡化企业对环境退化的影响。在联合国环境发展会议上签署的《21世纪议程》是全球可持续发展行动的综合蓝图(United Nations, 1992),该议程提到了公司,但只是为了强调它们在可持续发展中的作用,而并没有提及需要对企业进行管理的任何事项。更根本的是,在联合国环境发展会议召开的同时,联合国正在进行改革,解散了联合国跨国公司中心(Clamp, 2005b: 25)。联合国跨国公司中心试图在《21世纪议程》中纳入企业问责措施的做法在筹备会议上被工业化国家驳回。《21世纪议程》中缺乏对企业的规定这一点一直存在争议,甚至像ICI和ARCO这样的企业,以及有资助反环境游说团体记录的主要环境污染者,皆被发现会为环境发展会议提供资金,由此,这一争议愈演愈烈(Doran, 1993; Chatterjee & Finger, 1994)。

批判这一现象的人争辩说,企业正在利用可持续发展的话语通过“漂绿”颠覆环境问题(Beder, 1997)。早在1984年,联合国环境规划署和国际商会就组织召开了世界工业环境管理大会(World Industry Conference on Environmental Management, WICEM)。这个大会的召开时间比布伦特兰(Brundtland)的促进可持续发展报告(报告讨论了实现经济增长和健全环境管理的可能性）的形成时间还早了三年。这明显是社团主义者的立场。在 WICEM 上，有人建议工业界应更加积极地参与制定环境政策以及搭建国家环境监管框架（Trisoglio & Ten Kate，1991）。到了 1991 年，在联合国环境与发展大会之前，第二届世界气候变化大会明确了该行业可以界定和开创自己独特的可持续发展模式。

同时，第二届世界气候变化大会进一步呼吁工商界与当地社区建立和谐的关系，以获得它们的信任，更好地融入社区和更广泛的社会。第二届世界气候变化大会于 1990 年召开，并于 1991 年首次出版了大会成果——《可持续发展企业宪章：环境管理原则》（*The Business Charter for Sustainable Development: Principles for Environmental Management*）。其中指出：

> “经济增长提供了最好的环境保护条件，而环境保护是实现可持续增长的必要条件……反过来，实现可持续的经济发展也需要多才多艺、充满活力、有响应和有盈利的企业作为动力，提供管理、技术和财政资源，为解决环境挑战做出贡献。以创业为主要特征的市场经济对于实现这一目标是至关重要的……使市场力量以这种方式来保护和改善环境质量——一个和谐的监管框架，借助 ISO14000 等标准并明智地使用经济手段——是世界进入 21 世纪面临的持续挑战。”
>
> （ICC，1991）

从上述表述中可以清楚地看出，与传统的经济观念相一致的企业认为环境退化是经济发展之外的事情。环境是与经济和公司结构及流程相分离的，并且对其形成冲击和挑战。企业和成长本身是客观存在的，真正的任务是在给定的框架内“管理”挑战。企业显然正在争取它们关于可持续发展的狭隘观点能够得以实施，并争取在实施过程中发挥主要作用。尽管企业一方面旨在实现与社区和社会更加紧密的结合，但另一方面，其实际上是通过游说来获得自主和自我监管权，或者实现大多数基于市场的手段，如碳交易。

第八节　全球环境治理的私有化

全球公共产品条款的另一个关键动力来源于公共权力与私人权力。全球治理有时涉及从公共权力向私营机构的转换，如全球契约等公私合作伙伴关系,就包括来自130多个国家和地区的4 700多名公司参与者和利益相关者。本质上,它倡导企业公民对人权、劳工、环境和反腐等领域的全球化的挑战负责,为建立一个更具可持续性和包容性的全球经济做出贡献(UNGC)。

同样,诸如世界可持续发展工商理事会等商业宣传团体和国际标准化组织(ISO)等机构致力于推动建立自愿行为守则,它们在保护业务自主的同时,也将业务经营投入环境管理中。自愿行为守则的发展模糊了公共和私有之间的界限,导致了所谓的"混合政权",使国家和私人权力共同参与"国际原则、规范、规则和决策程序的制定与维护"(Clapp, 1998: 295)。

在全球化政治经济中,全球自由化与放松管制趋势之间存在着紧张的关系。持续增长的环境管制需求迫使人们寻找"诸如(环境)标准等新的和私人形式的(环境)管制,并将其作为摆脱这种放松管制和重新管制之间的紧张关系的一种方式"(Finger & Tamiotti, 1999: 9)。一方面,传统的"指挥和控制"式的政策逐渐式微,私营部门和非国家行动者的作用日益增加,这种转变导致了(环境)政治的私有化(Clapp, 1998);另一方面,有一种观点认为,国际社会正在发生根本性重组,正如在全球治理发展中所述的那样(Finger & Tamiotti, 1999)。

环境治理正在经历私有化,私人参与者对决策的影响越来越大,甚至在某些情况下超过了国家。有证据表明,越来越多的私人行动者制定的制度得到了政府的认可,并被纳入管理结构,如ISO 14000系列就规定了环境管理标准(Clapp, 1998)。若与主流观点一致,全球环境问题就需要全球方案来解决,那么全球标准的界定似乎是建立协调一致的全球解决方案的基本依据。但是,主流观点也忽视了全球政治经济体内不平等的权力结构。国际标准化组织(ISO)的成员身份是符合其混合性的,它由政府、公私混合型参与者和私营行业协会组成。政府成员主要来自发达国家,也有不少来自经济合作组织的私人成员。鉴于决策过程主要由私人利益主导,发展中国家在制定这些全球化标准方面就被边缘化了(Clapp, 1998: 296 - 301)。

在ISO范围内制定环境标准的想法回应了《21世纪议程》对工业在可持续发展中发挥作用的建议(Clapp, 1998: 302)。环境管理标准的制定涉及ISO传统的技术标准职责的转变(Finger & Tamiotti, 1999: 12)。但是,国际标准化组织没有落实《21世纪议程》中关于工业的关键建议,这些建议(减少危险废物的产生、促进清洁生产和环境技术的转让)对发展中国家特别重要(Clapp, 1998: 305)。

在贸易自由化和世贸组织的背景下，必须进一步重视向全球标准的转变。世贸组织“技术性贸易壁垒协定”鼓励使用国际标准，而不是国家标准，这被视为技术性贸易壁垒(Finger & Tamiotti，1999：13；Clapp，1998：305)。实际上，世贸组织的前身关税和贸易总协定所认可的ISO环境管理标准创造了最低的共同标准，并成为避免贸易壁垒的机制。更重要的是，它体现了私人认同的自愿性标准在国际贸易再监管和公共管理中的作用。

随着新自由主义资本主义最新的全球危机和新凯恩斯式干预的回归，一些“绿色”的声音提出了“绿色新政”，以解决与资本、能源和气候相关的危机。这一“新政”将通过重新规范财务和税收，使企业、政府以及劳动和环境运动共同发起向绿色能源和绿领岗位的转变(GNDG，2008)。

综上所述，跨国环境运动、跨国公司及其倡导者和积极分子都是全球环境政治中可见的行动者。在全球公民社会中，这些不同的行动者的权力问题也十分复杂。首先，这个领域涉及各种各样、不同类型的行动者：非政府组织、跨国宣传组织、跨国公司、社会运动。自由多元论对这一领域的描述并没有体现公民社会中的权力关系。商界人士和非政府组织在平等的基础上工作，这似乎值得怀疑。由于与经济增长的关系密切，商业行动者显然比国家行动者具有更多的“隐含力量”(Newell，2000：159)。此外，非政府组织本身也存在不容忽视的差异。一方面，非政府组织像社会运动一样，不是一个统一的、必然的进步力量，不可避免地会面对阶级、种族、性别或南北方之间的权力关系，从而在意识形态和战略基础上进一步被分化；另一方面，批评的声音认识到了这个领域的多样性和复杂性，并将其视作争霸和反霸的斗争场所。

结　　论

本章介绍了跨国行动者及其机构在全球环境政治中的作用。在过去的二十年里，我们看到越来越多的文献研究跨国行动者在世界政治中的作用。很少有国际关系学者会认为这些研究与他们毫不相关。大多数研究者同意，跨国行动者需要成为分析全球政治框架和过程的一部分。跨国行动者当然是一个广泛的群体，涵盖从跨国社会运动到全球商业的所有事物。他们并非拥有同样的立场，也不会采取同样的策略来实现他们的目标。不同的理论观点提供了不同的分析方法，以解释跨国行动者对全球环境政治的重要性及原因。解决全球环境问题显然是一场涉及政治、经济、文化和社会的斗争。国家并不是这个舞台上唯一的行动者，跨国行动者是这一舞台上的重要演员。

推荐阅读

Betsill, M. M. (2006) "Transnational actors in international environmental politics," in M. M. Betsill, K. Hochstetler, and D. Stevis (eds), *Palgrave Advances in International Environmental Politics*, Basingstoke: Palgrave Macmillan.

Edwards, M., and Gaventa, J. (eds) (2001) *Global Citizen Action: Lessons and Challenges*, London: Earthscan.

Keck, M. E., and Sikkink, K. (1998) *Activists beyond Borders: Advocacy Networks in International Politics*, Ithaca, NY, and London: Cornell University Press.

Lipschutz, R. D., with Mayer, J. (1996) *Global Civil Society and Global Environmental Governance*, Albany: State University of New York Press.

参考文献

Beder, S. (1997) *Global Spin: The Corporate Assault on Environmentalism*, Totnes: Green Books.

Betsill, M. M., Hochstetler, K., and Stevis, D. (eds) (2006) *Palgrave Advances in International Environmental Politics*, Basingstoke: Palgrave Macmillan.

Chatterjee, P., and Finger, M. (1994) *The Earth Brokers*, Routledge: London.

Clapp, J. (1998) "The privatisation of global environmental governance: ISO 14000 and the developing world," *Global Governance*, 4: 295–316.

—— (2005a) "Transnational corporations and global environmental governance," in P. Dauvergne (ed.), *Handbook of Global Environmental Politics*, Cheltenham: Edward Elgar.

—— (2005b) "Global environmental governance for corporate responsibility and accountability," *Global Environmental Politics*, 5(3): 23–34.

Cox, R. (1981) "Social forces, states and world order: beyond international relations theory," *Millennium: Journal of International Studies*, 10(2): 126–51.

—— (1993) "Gramsci, hegemony and international relations: an essay in method," in S. Gill (ed.), *Gramsci, Historical Materialism and International Relations*, Cambridge: Cambridge University Press.

Diani, M. (2000) "The concept of social movement," in K. Nash (ed.), *Readings in Contemporary Political Sociology*, Oxford: Blackwell.

Doran, P. (1993) "The Earth Summit (UNCED): ecology as spectacle," *Paradigms: The Kent Journal of International Relations*, 7(1): 55–65.

Douglas, I. (2000) "Globalization and the retreat of the state," in B. K. Gills (ed.), *Globalization and the Politics of Resistance*, Basingstoke: Macmillan.

Drainville, A. (2004) *Contesting Globalization: Space and Place in the World Economy*, London: Routledge.

Edwards, M., and Gaventa, J. (eds) (2001) *Global Citizen Action: Lessons and Challenges*, London: Earthscan.

Finger, M., and Tamiotti, L. (1999) "New global regulatory mechanisms and the environment: the emerging linkage between the WTO and the ISO," *IDS Bulletin*, 30(3): 8–15.

Ford, L. H. (2003) "Challenging global environmental governance: social movement agency and global civil society," *Global Environmental Politics*, 3(2): 120–34.

Gill, S. (2003) *Power and Resistance in the New World Order*, Basingstoke: Palgrave Macmillan.

GNDG (Green New Deal Group) (2008) *A Green New Deal: Joined up Policies to Solve the Triple Crunch of the Credit Crisis, Climate Change and High Oil Prices*, London: New Economics Foundation.

Grieco, J. M., and Ikenberry, G. J. (2003) *State Power and World Markets*, New York and London: W. W. Norton.

Griffiths, J. (2009) "The transition initiative: changing the scale of change," *Orion Magazine*, July/August. Available: www.orionmagazine.org/index.php/articles/article/4792 (accessed 29 June 2009).

Held, D., and McGrew, T. (eds) (2003) *The Global Transformations Reader*, Cambridge: Polity.

ICC (International Chamber of Commerce) (1991) *The Business Charter for Sustainable Development: Principles for Environmental Management*, Paris: ICC.

Kaldor, M. (2003) *Global Civil Society*, Cambridge: Polity.

Keck, M. E., and Sikkink, K. (1998) *Activists beyond Borders: Advocacy Networks in International Politics*, Ithaca, NY, and London: Cornell University Press.

Keohane, R., and Nye, J. (1977) *Power and Interdependence*, Boston: Little, Brown.

Lipschutz, R. D. (1992) "Reconstructing world politics: the emergence of global civil society," *Millennium: Journal of International Studies*, 3: 389–420.

Lipschutz, R. D., with Mayer, J. (1996) *Global Civil Society and Global Environmental Governance*, Albany: State University of New York Press.

Melucci, A. (1996) *Challenging Codes: Collective Action in the Information Age*, Cambridge: Cambridge University Press.

Mertes, T. (ed.) (2004) *A Movement of Movements: Is Another World Really Possible?*, London: Verso.

Murphy, D. F., and Bendell, J. (1997) *In the Company of Partners: Business, Environmental Groups and Sustainable Development Post-Rio*, Bristol: Policy Press.

Newell, P. (2000) *Climate for Change: Non-State Actors and the Global Politics of the Greenhouse*, Cambridge: Cambridge University Press.

Paterson, M. (1997) "Institutions of global environmental change: sovereignty," *Global Environmental Change*, 7(2): 175–7.

—— (2000) *Understanding Global Environmental Politics*, Basingstoke: Palgrave Macmillan.

Paterson, M., Humphreys, D., and Pettiford, L. (2003) "Conceptualising global environmental governance: from interstate regimes to counter-hegemonic struggles," *Global Environmental Politics*, 3(2):1–10.

Princen, T., and Finger, M. (1994) *Environmental NGOs in World Politics*, London: Routledge.

Schmidheiny, S. (1992) *Changing Course*, Cambridge, MA: MIT Press.

Shaw, M. (1994) "Civil society and global politics: beyond a social movements approach," *Millennium: Journal of International Studies*, 23(3): 647–67.

—— (2000) *Theory of the Global State: Globality as Unfinished Revolution*, Cambridge: Cambridge University Press.

Shiva, V. (1993) *Monocultures of the Mind*, London: Zed Books.

—— (2005) "From Doha to Hong Kong via Cancun". Available: www.zmag.org/znet/viewArticle/4835 (accessed 20 January 2009).

Smith, J., Pagnucco, R., and Chatfield, C. (1997) "Social movements and world politics: a theoretical framework," in J. Smith, C. Chatfield, and R. Pagnucco (eds), *Transnational Social Movements and Global Politics*, Syracuse, NY: Syracuse University Press.

Stammers, N, and Eschle, C. (2005) "Social movements and global activism," in W. de Jong, M. Shaw, and N. Stammers (eds), *Global Activism Global Media*, London: Pluto Press.

Tarrow, S. (1994) *Power in Movement: Social Movements, Collective Action and Politics*, Cambridge: Cambridge University Press.

Third World Network (n.d.) "WTO – Shrink or Sink". Available: www.twnside.org.sg/title/shrink.htm (accessed 12 December 2008).

Trisoglio, A., and ten Kate, K. (1991) *From WICEM to WICEM II: A Report to Assess Progress in the Implementation of the WICEM Recommendations*, Geneva: UNEP.

UNCGG (UN Commission on Global Governance) (1995) *Our Global Neighbourhood*, Oxford:

Oxford University Press.

UNGC (UN Global Compact) (n.d.) "Overview of the UN Global Compact". Available: www.unglobalcompact.org/AboutTheGC/index.html (accessed 15 January 2009).

United Nations (1992) *Agenda 21: The United Nations Programme of Action from Rio*, Geneva: UN Department of Economic and Social Affairs.

Vogler, J. (2003) "Taking institutions seriously: how regime analysis can be relevant to multilevel environmental governance," *Global Environmental Politics*, 3(2): 25–39.

Walker, R. B. J. (1994) "Social movements/world politics," *Millennium: Journal of International Studies*, 23(3): 669–700.

Wapner, P. (1996) *Environmental Activism and World Civic Politics*, Albany: State University of New York Press.

Williams, M., and Ford, L. (1999) "The World Trade Organisation, social movements and global environmental management," in C. Rootes (ed.), *Environmental Movements: Local, National and Global*, London: Frank Cass.

Young, O. R. (ed.) (1997) *Global Governance: Drawing Insights from the Environmental Experience*, Cambridge, MA: MIT Press.

Young, Z. (1999) "NGOs and the Global Environmental Facility: friendly foes," in C. Rootes (ed.), *Environmental Movements: Local, National and Global*, London: Frank Cass.

第三章 环境和全球政治经济

Jennifer Clapp

过去三十年来，全球贸易、投资和金融的规模与价值都有了显著增长。在这一时期，经济全球化的激化引起了人们关于全球经济关系对自然环境的影响的争论(Clapp & Dauvergne，2005)。一方面，经济全球化的支持者强调这个过程对环境的积极影响，并推动制定进一步促进国际经济一体化的政策，以将其作为促进全球可持续发展的手段；另一方面，经济全球化的批评者认为，对环境的负面影响主要是由国际经济关系的不断增长造成的，他们推动制定控制全球经济交易的环境政策。许多人认为这场辩论太过两极化，因此第三种观点开始脱颖而出。这个处于“中间地带”的观点点明了之前两种观点的优缺点。这种观点认为，在某些情况下，全球经济联系可能导致环境受到损害，但如果管理适当，全球经济就可能成为改善环境的力量。

“全球化对环境有好处”和“全球化对环境有害”的观点存在很大的分歧，这可能会使解决环境问题的努力陷入停滞。但同时，选择“中间地带”的人也有其所需面对的挑战。在简要概述了全球化对环境的广泛影响之后，本章将探讨这场辩论是如何在全球经济的更具体的三个关键领域(贸易、投资和金融)内展开的。

第一节 全球化、经济增长和环境

20 世纪 90 年代初，全球经济一体化对环境产生影响的争论引起轰动。当时正在举行“北美自由贸易协定”(North American Free Trade Agreement，NAFTA)的谈判，这使人们更加关注一体化程度更高的全球经济对环境的影响(Williams，2001)。1992 年举行的联合国环境与发展会议也引起了国际社会的高度关注。

在这场全球经济一体化和有关环境的辩论中，出现了两个基本的环境经济思想学派。主流环境经济学家借鉴新古典经济思想，他们认为经济增长对于环境来说是潜在的积极力量。一方面，对于环境经济学家来说，市场是纠正环境问题的有效工具，尤其是在落实了正确的激励措施的情况下；另一方面，生态经济学家就像新古典经济学家一样，也借鉴了生态学和物理学的理论，他们与主流环境经济学家的观点不同，他们认为经济增长对环境具有负面影响。生态经济学家虽然不排斥市场的力量，但他们认为，整体经济规模对环境的影响不能单靠市场来解决。

经济全球化的支持者提出的论点主旨是遵循环境经济思想，这种思想严重依赖有关市场和贸易的古典经济思想。比较优势的概念是这一观点的核心，可以追溯到 19 世纪早期大卫·李嘉图(David Ricardo)的著作。比较优势理论认为，当贸易伙伴出口机会成本较低的货物(即与其他产品相比有国内生产成本优势的货物，无论它们与其他国家相比是否有绝对的成本优势)和进口机会成本较高的商品时，他们将从国际贸易中获益。其含义是，如果所有国家都专注于生产相对较好的产品并参与国际贸易，那贸易伙伴的整体福利就会上升。从这个意义上说，国际贸易被视作经济增长的重要来源，反过来为参与者创造财富。今天，比较优势理论大多用于证明以下说法：无论是国际贸易，还是国际投资和金融都是有助于经济增长的。

经济增长与环境有什么关系？对于全球化的支持者来说，经济增长是一种自然环境的良好驱动力，因为它所创造的经济增长和财富为环境保护提供了必要的财政资源。这个想法是基于 20 世纪 90 年代初的环境经济学研究，即所谓的环境库兹涅茨曲线(Environment Kuznets Curve, EKC)而得出的。这项研究表明，在经济合作组织内的成员，其收入增长与环境污染物之间似乎存在倒 U 型关系。换句话说，随着经济收入的增加，环境污染物的浓度首先会上升，但是一旦经济达到一定的收入门槛，这些污染物的浓度往往会下降(World Bank, 1992; Grossman & Krueger, 1995)。

这个发现说明，经济增长一开始可能会造成一些环境损害，长远来说也会带来环境的改善。相关文献是这样解释的：这种关系是因为，高收入导致人们对更清洁的环境有更大的需求，政府拥有更强的能力可以通过颁布更严格的环境政策来应对环境污染，而企业也有能力开发和销售“绿色”环保产品。

通过这种方式，经济增长和环境保护相互促进，并可以无限期地继续下去。国际贸易、投资和金融的自由化——能够促进经济增长——被认为是寻求环境保护的关键组成部分。特别是在发展中国家，推行这一政策方案是实现“可持续发展”的一种途径。

但这种“全球化—经济增长—环境”的联系并没有逃脱被批判的命运。一些批评人士指出，经济增长对环境的影响并不是那么直截了当。他们质疑了不平等的环境影响，并认为这是经济全球化的附加后果。就增长问题而言，包括生态经济学家和更激进的环境思想家在内的批评思想家们强调，经济活动的增加最终会导致环境危害。尽管增长幅度各不相同，但所有的经济活动都有一个物质层面：自然资源被用于生产投入，而生产过程和消费行为都会产生垃圾。生态经济学家将经济增长的物理层面称为“吞吐量”。根据热力学定律，生态经济学家认为，经济增长存在真正的环境限制，因为地球只能承受一定量的吞吐量（Georgescu-Roegen，1971；Daly，1996）。这与新古典主义的经济观点背道而驰。新古典主义经济学家认为自然资源和废物汇集是无限支持经济增长的。然而，对于生态经济学家来说，经济增长已经超过了可持续的极限，通过国际经济一体化来进一步促进增长只会额外消耗自然资源和增加浪费。

其他批判性思想家把重点放在经济全球化可能加剧不平等上。他们指出，随着世界经济在过去五十年中更加融合，不平等现象也变得更加明显。极度富裕和极度贫穷都是造成环境问题的原因。富裕的工业化国家的过度消费导致了更多的资源使用和废物排放。与此同时，世界上最贫穷的国家的赤贫也导致了资源枯竭和边缘土地的过度耕作。用沃尔夫冈·萨克斯（Wolfgang Sachs）的话说：“在资源有限的封闭空间内，一方的消耗不足是另一方过度消费的必要条件……在升起所有的船（帆）之前，涨潮可能会冲垮堤岸。”（Sachs，1999：168）

极度富裕和极度贫穷的环境影响往往集中在世界上最贫穷的国家，这是世界经济全球化中很重要的一个问题。例如，北方消费的生态阴影投射在生产出口产品的发展中国家。在这种情况下，贫穷国家会因生产这些产品遭受污染，富裕国家则会受益（Dauvergne，2008）。当富裕国家的废物出口到发展中国家时，这些生态阴影将变得更加明显（Clapp，2002）。与此同时，第三世界中的最贫穷的国家别无选择，只能以牺牲周围的环境为谋生的手段（Mabogunje，2002）。

虽然过去几十年来全球经济一体化对环境的影响的这两个极端的观点一直存在，但一个“中间立场”的观点已经出现。人们越来越认识到，在某些情况下，全球经济一体化可能会直接导致环境遭受损害，如危险废物的国际贸易、濒危物种的贸易以及不可持续木材产品的国际贸易（Clapp，2001；

Dauvergne, 2001)。但是,那些处于中间立场的人认为,这些案例虽然很重要,但有些孤立。在其他领域,全球经济一体化可以带来更加直接的好处,特别是在经济增长能减少贫困和鼓励绿色生产的地方(Neumayer, 2004)。解决这一问题的办法是有针对性地进行政策干预,处理国际贸易、投资和金融对环境造成的具体危害,同时加大经济增长带来的积极的环境效益。换句话说,从这个角度来看,这个想法并不是要彻底叫停全球经济,而是要解决可能造成环境危害的具体问题,并促进其对环境的积极影响。近年来,在国际贸易、投资和金融方面,也出现了更为具体的理论和政策的中间论点。

第二节 国际贸易

过去五十年来,跨境国际货物贸易增长显著。世界贸易从1960年占全球GDP的25%扩大到2006年的87%。从1948年到2007年,世界贸易的年均价值从5 800万美元增加到12万亿美元,贸易额也增加了27倍(WTO, 2007)。

国际贸易对环境的具体影响在过去十年中一直是为人们所激烈争论的话题。如上所述,那些认为它对环境总体有着积极影响的人,倾向于站在新古典经济阵营中。但这并不是促进国际贸易的唯一原因。还有一个论点是,国际贸易促使资源分配更加有效,最终将导致消耗的资源更少,管理的废物更少。此外,关税、配额和补贴等贸易壁垒会导致经济效率低下,如自然资源的价值被低估,进而导致过度使用(Bhagwati, 1993)。出于这个原因,新古典经济学家认为贸易限制对环境保护并没有多大用处,并认为环境改善政策与自由贸易政策相结合为促进可持续发展提供了最佳背景。

自由贸易的批评者认为,尽管自由贸易可能会带来效率的提高,但由于经济吞吐量的增长,这一过程所带来的经济增长会扭转造成损失(Sachs, 1999; Daly & Farley, 2003),但这不是他们质疑国际贸易的唯一原因。批评者特别关注的是监管机构"竞次"的潜力。为了提高贸易竞争力,一些国家可能会在贸易自由化的背景下降低其环境标准(Daly, 1993; Porter, 1999)。同时,批评者认为,国际贸易的增加必然意味着将产生更多的全球货物运输及相关的环境影响(Conca, 2000)。由于这些特殊问题与国际贸易有关,从这个批判的角度来看,以环境为由限制贸易是完全合法的。

那些持中间立场的人认为,在这场更为两极化的辩论中,双方都有一定的道理。他们对政策的核心建议是限制对环境明显有害的自由贸易,如有毒物质和危险化学品的贸易。但是他们也主张促进最可能获得效益的贸易自由化，如减少对自然资源的出口补贴(Esty, 2001; Neumayer, 2001)。

这场关于贸易和环境的更广泛的理论辩论，对于处理国际贸易协定的更多政策性辩论而言至关重要。从历史上来看，国际贸易协定很少关注贸易与环境之间的相互作用，而是跟随新古典经济学的思想，把这一过程视为互惠互利，或者至少是中立的。例如，1947 年关税和贸易总协定(General Agreement on Tariffs and Trade, GATT，以下简称“关贸总协定”)没有具体提到环境。随着世贸组织于 1995 年成立，人们越来越认识到了解贸易与环境的关系的重要性。但是，虽然 WTO 协议的序言中提到了“可持续发展”，但世贸组织并没有具体规定允许以环境保护为名放宽贸易规则。但是，最初的关贸总协定确实表明，各国不允许在贸易方面歧视原产国的产品或其生产方法。因此，这一要求并不能使各国歧视以损害环境的方式来生产的货物进行贸易(Esty, 1994: 49 - 51)。

其中一个有关生产方式的例外出现在关贸总协定第二十条，它规定了各国可能有资格实施贸易限制来保护环境的情况。其中包括保护人类、动物或植物的生命或健康的措施，或确保对自然资源的保护。但是，要利用这些例外情况，各国必须证明这些措施是“必要”的，以达到预期的结果。为保护环境而采取的这些措施必须严格适用于“防止自然资源的枯竭”，并且必须结合国内措施来保护这一特定资源。此外，根据该条规定采取措施的国家必须表明，这样做并不是武断的或不合理的。最后，这些豁免仅适用于一国境内的环境问题，而不适用于保护全球公域的措施(Esty, 1994; Charnovitz, 2007)。

鉴于关贸总协定第二十条的限制条件颇多，很少有国家成功地以环境为由限制贸易。例如，在 1991 年和 1994 年的金枪鱼—海豚纠纷中，美国的环境法规禁止进口不符合海豚保护标准的金枪鱼，这一环境法规被关贸总协定争议小组取消，因为它不符合所有要求(Esty, 1994)。在各种各样的案例中，关贸总协定和之后的世贸组织争端小组的裁决表明——如关于汽油、虾和石棉——贸易机构倾向于通过多边努力来处理环境问题，如国际环境协定和其他形式的国际合作，而不是通过贸易限制来解决环境问题。有些人认为，WTO 本身并不一定是反对环境保护本身，而是提交争议小组解决的案件没有达到豁免条件(DeSombre & Barkin, 2002; Charnovitz, 2007)。

之后的争论焦点也集中在世贸组织的国际贸易规则与多边环境协定(MEAs)之间的关系上。有超过 200 个多边环境协定，其中约有 10%的协定被纳入贸易规定。有些杰出的多边环境协定通过纳入贸易条款来解决环境问题，比如《巴塞尔公约》(规范危险废物贸易)、《卡塔赫纳生物安全议定书》(制定转基因生物跨界贸易的规则)、《京都议定书》(采取措施应对气候变化，其中包括碳信用的国际贸易)、《蒙特利尔议定书》(强制规定对非缔约方的贸易限制)以及《关于在国际贸易中对某些危险化学品和农药采用事先知情同意程序的鹿特丹公约》和《斯德哥尔摩公约》(分别管理农药和持久性有机污染物的国际生产、使用和贸易)。这些协定中包含的规定特别适用于限制危险或有毒产品的贸易。其他一些多边环境协定也包含可能影响贸易的控制措施，如关于事先知情同意和技术转让的条款(Stilwell & Tarasofsky, 2001)。

关于多边环境协定和贸易的辩论主要讨论贸易协定或环境协定哪个应该处于优先地位。关贸总协定/世贸组织贸易与环境委员会(CTE)在20世纪90年代中期讨论了这个问题，但进展甚微。2001年多哈回合贸易谈判开始时，世贸组织部长级会议同意进行谈判，以明确贸易规则与环境规则之间的关系。但是，这一轮规则发布后不久，这个问题就又退到了次要地位。有人认为，全球贸易规则大体上违背了环境规则，并呼吁在国际层面建立一个世界环境组织(Biermann, 2000)或类似的机构，其有权执行环境协定。然而，其他人却认为在这方面需要谨慎(Najam, 2003; Young, 2008)。

区域贸易协定和组织在贸易与环境治理方面也发挥了重要作用。例如，北美自由贸易协定在20世纪90年代早期经协商形成，它与关贸总协定和世贸组织的区别在于，它明确地试图将环境问题直接纳入其主要内容。这点通过提出具体的国际环境条约来实现，只要它们是以最小的贸易扭曲的方式进行的，这些条约就应该优先于贸易规则被纳入协定(Soloway, 2002)。北美自由贸易协定在环境方面达成一项协议，即"北美环境合作协定"(North American Agreement on Environmental Cooperation, NAAEC)，这一协定旨在确保各国遵守和执行本国的环境法律，并建立争端解决机制。NAAEC由环境合作委员会(Commission on Environmental Cooperation, CEC)监督，且允许公民举报国际环境违法行为。虽然北美自由贸易协定包含了更加明确的环境语言，但是这一协定运作头十年的评估却对其促进环境保护的有效性提出了怀疑(Mumme, 2007)。

第三节 跨国投资

除国际贸易外，跨境和跨国投资也是经济全球化的重要组成部分。目前，全球拥有超过79 000家跨国公司母公司，而1970年只有7 000家。此外，还有79万家外国子公司(隶属于跨国公司)。这些公司合计占世界GDP的11%，占世界出口总量的三分之一(UNCTAD，2008)。外国直接投资流量也从1970年的92亿美元增加到2007年的1.8万亿美元(UNCTAD，2008)。这项投资对环境具有重要意义。它的数量本身就代表着巨大的经济活动。此外，跨国公司是资源开采、化学生产和电子生产等最具有环境破坏性的行业的主要投资者。

跨国投资与环境的理论争论往往侧重于这两个问题：企业是不是为了利用其他国家较低的环境标准而进行搬迁，企业是不是自愿绿化及其绿化的有效性为多少(Clapp，2002；Wheeler，2002)。全球化的批评者认为，跨国公司在环境法规薄弱的地区寻求管辖权。企业可能会逃离环境标准较高的国家，这种现象被称为“工业飞行”。这些公司也可能受诱惑而迁往被称为“污染避难所”的地方，特别是迁往发展中国家。有些国家故意将环境标准设定在较低水平，以吸引外国直接投资。这可能导致“双重标准”，我们可能会看到同一家公司的不同分支机构在世界不同地区运行着不同的环境标准(Clapp，2001)。从这个角度来看，自由化的跨国投资只会加剧这样一个底层问题，即各国可能降低环境标准，不仅以此来提高贸易竞争力，还要吸引外国的直接投资。

全球化的支持者并不担心跨国投资流动和企业在环境方面的行为。因为对他们来说，不同国家的环境标准不同，是一个国家比较优势的正常组成部分。此外，几乎没有统计数据显示“污染避难所”确实存在(Mani & Wheeler，1998)。因为与劳动力等成本相比，环境成本在大型跨国公司的经营成本中所占的比例如此之低，以至于环境因素不足以成为企业迁往发展中国家的主要原因。从这个角度来看，一些研究者认为，跨国公司通过在世界各地包括发展中国家运行最先进的环境技术来帮助它们改善环境，而不是造成环境退化(Wheeler，2002)。

虽然这一问题自20世纪70年代以来一直没有得到解决，但大多数人认为，发展中国家的污染强度正在上升，而且值得关注的是，最近关于跨国投资和环境的文献出现了一个中间立场。即使没有确凿的证据表明“污染避难所”存在或“工业飞行”正在发生，一些人已经指出，政策行动仍然可以阻止国家通过降低环境标准来提高竞争力(Neumayer，2001)。

除了关于跨国投资的环境影响的争论之外，还有更多的人争论跨国公司对全球环境治理的影响(Utting，2005；Utting & Clapp，2008)。20世纪90年代以来,跨国公司更多地参与了全球环境治理。这些行动者在国内和国际层面都比游说者更加积极,特别是在国际环境协定的谈判方面。企业游说团体也积极参与全球论坛,如1992年的里约地球峰会和2002年的世界可持续发展峰会(World Summit on Sustainable Development, WSSD)。在里约,跨国公司行动者成立了世界可持续发展工商理事会,以便在全球可持续发展问题的谈判中为工商界提供连贯一致的意见。同样,它们在可持续发展问题世界首脑会议上发起了可持续发展商业行动,统一为工商业界游说。

在全球论坛上,业界人士的游说力量的日益增强既有积极的一面,也有消极的一面。全球化的支持者认为,促进跨国企业参与国际条约谈判和全球环境峰会非常重要,因为这些行为体不仅是造成问题的根源,也是解决这些问题不可或缺的重要力量(Holme & Watts, 2000)。然而,批评者担心,由于工商界会倾向于确保对自身活动的规定不那么严格(Bruno, 2002),所以赋予工商界更大的话语权可能导致协议掺杂水分。

除了游说之外,还有其他一些跨国公司行为体可以影响全球环境治理的方式,这是批判思想家提出的一个观点。有些人认为,一些公司施加了一种话语权力,这意味着他们有权决定在更广泛的公共话语体系中定义术语的方式,而这反过来又影响了他们被治理的方式。例如,批判性思想家指出,跨国公司行为体在确定"可持续发展"的含义时就发挥了关键作用(Sklair, 2001; Fuchs, 2005)。跨国公司可以参与可持续发展话语的形成:通过保持其经济全球化目标、对全球投资的开放性,以及在对环境政策的严格监管方面采用软性自愿方法等方式。其他人则指出了全球政治经济中企业参与者的"结构性力量"。这种权力运作方式使跨国公司行动者能够简单地通过扩大在更广泛的经济体内的影响来设定议程。换句话说,为了保持或吸引投资进入本国,各国往往寻求制定企业能接受的政策结果。一些人认为,资本在国家和国际层面的结构性力量是解释全球环境谈判中工商界影响力的关键因素(Levy & Newell, 2005)。

过去二十年来,私人管理形式的兴起也促进了环境的可持续性,如自愿的企业举措和行为守则(Cashore, 2002; Falkner, 2003)。这些自愿行业标准包括诸如ISO14000环境管理标准、企业环境报告和基于各行业的行业行为准则(如化工行业的责任关怀)等。全球化的倡导者已经提出了私人标准,这表明企业正在采取积极的措施来提高效率,并自愿采用超出监管要求的做法(Prakash & Potoski, 2006)。全球化的批评者认为,这些自发的企业倡议代表了工业界试图在全球环境治理上施加结构性影响和话语权的尝试。由于这些标准是自愿的，并由行业本身监管，因此这些标准往往比国家规定要松散得多，因此它们对环境的影响并不显著(Utting, 2005)。有些人甚至主张制定企业问责制的全球性条约，这将对跨国公司在环境方面的表现形成约束。虽然2002年可持续发展问题世界首脑会议上的几个环境组织就这样一个条约提出了一些建议，但是这些建议却没有得到广泛的支持(Clapp, 2005)。在这场辩论中，一个处于中间立场的论点逐渐成形，即"渐进管制"自愿准则的思想，这一思想通过越来越严格的监督和执法给予了人们更多的信心(Utting, 2008)。

第四节　国际发展金融

除国际贸易和投资之外，国际金融流动也会对环境造成影响，因此也成为激烈争论的话题。大笔的资金都由国际借贷机构借给发展中国家，近几十年来，这些交易因其对环境的影响而受到越来越多的关注。例如，世界银行是世界上最大的发展借贷机构，每年向发展中国家提供270亿美元贷款，用于项目和国际收支支持(World Bank, 2008)。富裕的工业化国家也经营着所谓的出口信贷机构，这些机构向发展中国家提供资金，使它们能够购买特定的进口商品，或者用于与贷款国出口商品和服务相关的特定项目。这些国际发展金融形式受到了环境组织的强烈批评，这些组织声称这类贷款对发展中国家的环境产生了负面影响。

世界银行贷款的大部分一直是用于项目(贷款)的，而今天这一比例约占借给发展中国家贷款的四分之三(World Bank, 2008)。20世纪80年代以来，世界银行项目贷款受到环保组织的严厉批评，因为它们没有充分考虑到环境问题。虽然遭受了批评，世界银行的项目设计和评估程序还是很少关注环境问题。世界银行内部普遍认为，按照支持全球化的观点，从这些项目中预计获得的经济增长将会给环境带来相应效益(Reed, 1997)。然而，批评者越来越关注世界银行典型的大型项目对环境的副作用，包括基础设施，如道路、大坝和电力项目以及工业化农业和移民计划。这些批评者指出，虽然世界银行在20世纪80年代有一些适度的环境政策，但这些政策并没有得到充分的落实。其结果是大规模项目对环境的副作用仍在继续(Wade, 1997)。像巴西的Polonoreste公路项目——与亚马孙森林砍伐有关,以及导致成千上万人重新安置的印度 Narmada 水坝计划,这些项目都被环保组织判定为对环境具有特殊的破坏性(Rich, 1994)。

面对强大的压力,甚至是随后来自美国的环保团体游说的压力,世界银行也在 20 世纪 80 年代后期和 90 年代初期努力加强环境政策。具体来说,它进行了重大的重组,创建了一个新的环境部门,增加了环境工作人员。大约在同一时期,世界银行也开始要求对所有项目进行环境影响评估。许多人认为仅有这些变化是远远不够的。虽然环境项目的贷款大幅增加,但在世界银行贷款总额中所占的比例仍然很小。在 1995 年至 2003 年,环境贷款在贷款总额中的占比停滞不前,在有些年份甚至有所下降(IEG, 2008)。然而,从 2003 年到 2008 年,专门用于改善环境的贷款从占贷款总额的 5% 上升到了 11%(World Bank, 2008)。但其过程仍然遭到了批评。环保组织担心,世界银行仍然没有与非政府组织或项目所在的团体进行充分的磋商。最近对世界银行环境贷款的一项独立评估发现,其环境表现力疲软,并建议其进行进一步改革(IEG, 2008)。

为了在 20 世纪 90 年代初绿化自己,世界银行也成为全球环境基金(Global Environment Facility, GEF)的牵头机构,该基金是发展中国家的多边资助机构,专门资助具有全球环境效益的项目。全球环境基金向发展中国家提供赠款,用于支付履行国际环境协定义务的"增量成本"。这些增量成本是指发展中国家为承担全球利益的项目而承担的额外成本(Streck, 2001)。保护国际水资源、应对气候变化、减少臭氧消耗,以及应对生物多样性丧失、土地退化和持久性有机污染物的项目均可获得全球环境基金的资助。全球环境基金早年间因为(与世界银行)相同的原因被环保组织批评,因为它们普遍对世界银行的项目贷款表示不满(Fairman, 1996)。20 世纪 90 年代,全球环境基金进行了结构性调整,有了更民主的决策程序,并与非政府组织和受影响的社区进行了更多的磋商,但批评者仍然对该组织持怀疑态度(Horta et al., 2002)。

自 20 世纪 80 年代中期以来,世界银行大幅增加了在结构调整方案下用于一般国际收支支持的贷款金额。这些贷款提供国际收支融资,以换取宏观经济政策的变化,如贸易政策的自由化、补贴的取消、投资政策的开放、政府开支削减和货币贬值等。这些措施旨在帮助发展中国家促进经济增长,提高其偿还外债的能力。由于增加了结构性调整贷款,世界银行并未明确将环境保护的要求纳入其中。这主要是因为这些政策旨在促进经济增长,从而对整体环境产生积极影响。但对经济全球化持怀疑态度的批评者认为,发展中国家经济自由化与削减政府开支的并行造成了一些环境问题。

其中就包括毁林率上升与巴西、加纳、喀麦隆、菲律宾和赞比亚等国加强木材出口等的联系(Toye, 1991; George, 1992)。自由化的投资政策也导致了更多对矿物和其他自然资源的开采，使得菲律宾、厄瓜多尔和圭亚那等一些国家的环境问题日益严重(FoE, 1999)。

尽管世界银行因调整政策和对环境的影响而受到批评，但世界银行也用成绩为自己辩护，在大多数情况下，这种类型的贷款带来的是中性的甚至是积极的影响(FoE, 1994)。站在支持全球化的阵营，在这种结构调整方案下，取消补贴和经济发展的低效率会导致自然资源的价格更加“现实”，更能反映其稀缺性。此外，有人认为，经济自由化主要是鼓励生产具有强大根系的出口作物，如咖啡、橡胶树、棕榈和可可，这可以有效防止水土流失，而不是造成土地退化。

世界银行等多边发展机构关于贷款对环境的影响争论激烈，而其他借贷机构的环境记录也遭到了质疑。特别是出口信贷机构(ECA)为发展中国家提供政府支持的信贷，投资担保和与贷款国公司(Rich, 2000; Goldzimer, 2003)专门绑定商业合同的保险。大多数工业化国家至少有一个它们支持的出口信贷机构，如进出口银行和美国海外私人投资公司、日本国际合作银行/日本国际金融公司，以及加拿大出口发展公司。全球的出口信贷机构每年提供超过 4 000 亿美元的贷款，其中 550 亿美元用于发展中国家的项目(OECD, 2007; FERN, 2008)。出口信贷机构是发展中国家非常重要的全球金融行动者，其提供的贷款约占发展中国家欠官方债权人债务的四分之一(FERN, 2008)。

在过去的十年里，出口信贷机构因其对环境的影响而受到越来越多的批评，实际上，它几乎没有对环境进行影响评估的要求，而且往往以一种隐蔽的方式运作(Rich, 2000)，所以出口信贷机构在过去的十年中受到越来越多的关注，它们受到了特别审查，因为其经常涉及风险投资，其中包括为石油、天然气、森林和矿产等自然资源项目提供融资和保险，也涉及为大型水坝、核电、化工厂和修路工程提供贷款和合同。驻美机构也必须遵守严格的环境标准，因为它们与美国国际开发署有密切的联系。但驻点在其他国家的机构则不必遵守这样的严格要求。如果美国的一个出口信贷机构拒绝了一个基于环境的项目，那么这个项目很容易被另一个国家的另一个机构接管。在这种情况下，环境评论家们通过经济合作组织加大对出口信贷机构的压力，努力达成一套共同的环境标准。1998 年，经济合作组织同意就出口信贷和环境问题发表声明，并于 2001 年通过了环境评估和出口信贷融资共同方针的自愿框架。这一框架分别在 2003 年和 2007 年得到巩固(OECD，2007)。

私人贷款机构向发展中国家提供的项目融资也因环境影响而受到更加严格的审查(Wright & Rwabizambuga，2006)。然而，在这种情况下，私营银行并没有对 20 世纪 80 年代和 90 年代环保团体组织的具体高调运动做出反应，而是采取自愿的行为守则，把跟随自愿企业倡议的新趋势作为促进可持续发展的一种方式。私人银行正在与环保组织磋商，而国际金融公司、世界银行的私营贷款部门则在 2003 年制定了“赤道原则”，以改善发展中国家项目融资的环境并提高其社会可持续性。一些非政府组织批评它们的力量太薄弱，于是，它们于 2006 年修订并巩固了这些原则(形成了“2006 年赤道原则”)。截至 2008 年，有 59 家私人银行机构签署了这些原则，其中包括一些出口信贷机构，如加拿大出口发展公司(Cappon，2008)。

结　论

关于全球政治经济与环境之间的相互作用的理论争论仍然存在，且并没有最终定论(Clapp & Dauvergne，2005)。虽然经济全球化的支持者和批评者在全球经济关系的力量及其对环境质量的影响方面仍然各持己见，但实际上，多个方面出现了“中间地带”的政策立场。在贸易方面，许多人认为北大西洋自由贸易区对环境问题的认识更加明确；而世贸组织对解决贸易协定和环境协定之间潜在的冲突更感兴趣，尽管存在理论上的差异，但实际的政策方案总能解决辩论双方共同关注的问题。同样，企业间自愿渐进管理、世界银行的自我绿化以及私营银行和出口信贷机构的环境行为守则，也的确表明了这些实体的环境成效有待提高。事实上，这些新措施比过去的措施更容易被监测，这为持续改进提供了一个开放的途径。

推荐阅读

Clapp, J., and Dauvergne, P. (2005) *Paths to a Green World: The Political Economy of the Global Environment*, Cambridge, MA: MIT Press.

Levy, D., and Newell, P. (eds) (2004) *The Business of Global Environmental Governance*, Cambridge, MA: MIT Press.

Neumayer, E. (2001) *Greening Trade and Investment: Environmental Protection without Protectionism*, London: Earthscan.

Sachs, W. (1999) *Planet Dialectics: Explorations in Environment and Development*, London: Zed Books.

参考文献

Bhagwati, J. (1993) "The case for free trade," *Scientific American*, 269 (November): 42–9.

Biermann, F. (2000) "The case for a world environment organization," *Environment*, 42(9): 22–31.

Bruno, K. (2002) *Greenwash + 10: The UN's Global Compact, Corporate Accountability and the Johannesburg Earth Summit*, San Francisco: Corporate Watch. Available: www.corpwatch.org/article.php?id=1348 (accessed 22 December 2008).

Cappon, N. (2008) "Equator Principles: promoting greater responsibility in project financing," *Exportwise*, spring.

Cashore, B. (2002) "Legitimacy and the privatization of environmental governance: how non-state market-driven (NSMD) governance systems gain rule-making authority," *Governance*, 15(4): 503–29.

Charnovitz, S. (2007) "The WTO's environmental progress," *Journal of International Economic Law*, 10(3): 685–706.

Clapp, J. (2001) *Toxic Exports: The Transfer of Hazardous Wastes from Rich to Poor Countries*, Ithaca, NY: Cornell University Press.

—— (2002) "What the pollution havens debate overlooks," *Global Environmental Politics*, 2(2): 11–19.

—— (2005) "Global environmental governance for corporate responsibility and accountability," *Global Environmental Politics*, 5(3): 23–34.

Clapp, J., and Dauvergne, P. (2005) *Paths to a Green World: The Political Economy of the Global Environment*, Cambridge, MA: MIT Press.

Conca, K. (2000) "The WTO and the undermining of global environmental governance," *Review of International Political Economy*, 7(3): 484–94.

Daly, H. (1993) "The perils of free trade," *Scientific American*, 269 (November): 50–57.

—— (1996) *Beyond Growth: The Economics of Sustainable Development*, Boston: Beacon Press.

Daly, H. E., and Farley, J. (2003) *Ecological Economics: Principles and Applications*, Washington, DC: Island Press.

Dauvergne, P. (2001) *Loggers and Degradation in the Asia-Pacific: Corporations and Environmental Management*, Cambridge: Cambridge University Press.

—— (2008) *The Shadows of Consumption: Consequences for the Global Environment*, Cambridge, MA: MIT Press.

DeSombre, E. R., and Barkin, J. S. (2002) "Turtles and trade: the WTO's acceptance of environmental trade restrictions," *Global Environmental Politics*, 2(1): 12–18.

Equator Principles (2006) "The Equator Principles: a financial industry benchmark for determining, assessing and managing social & environmental risk in project financing". Available: www.equator-principles.com/documents/Equator_Principles.pdf (accessed 6 January 2009).

Esty, D. (1994) *Greening the GATT: Trade, Environment and the Future*, Washington, DC: Institute for International Economics.

—— (2001) "Bridging the trade–environment divide," *Journal of Economic Perspectives*, 15(3): 113–30.

Fairman, D. (1996) "The Global Environment Facility: haunted by the shadow of the future," in R. Keohane and M. Levy (eds), *Institutes for the Earth*, Cambridge, MA: MIT Press.

Falkner, R. (2003) "Private environmental governance and international governance: exploring the links," *Global Environmental Politics*, 3(2): 72–87.

FERN (2008) "Trade and investment – Export credit agencies: the need for binding guidelines". Available: www.fern.org/campaign_area_extension.html?clid=3&id=2783 (accessed 23 December 2008).

FoE (Friends of the Earth) (1999) *The IMF: Selling the Environment Short*. Available: www.foe.org/res/pubs/pdf/imf.pdf (accessed 6 January 2009).

FoE *et al.* (1999) *A Race to the Bottom: Creating Risk, Generating Debt, and Guaranteeing

Environmental Destruction. Available: www.eca-watch.org/eca/race_bottom.pdf (accessed 23 December 2008).

Fuchs, D. (2005) *Understanding Business Power in Global Governance*, Baden-Baden: Nomos.

George, S. (1992) *The Debt Boomerang*, London: Pluto Press.

Georgescu-Roegen, N. (1971) *The Entropy Law and the Economic Process*, Cambridge, MA: Havard University Press.

Goldzimer, A. (2003) "Worse than the World Bank? Export credit agencies – the secret engine of globalization," *Food First Backgrounder*, 9(1). Available: www.foodfirst.org/pubs/backgrdrs/2003/w03v9n1.pdf (accessed 23 December 2008).

Grossman, G., and Krueger, A. (1995) "Economic growth and the environment," *Quarterly Journal of Economics*, May: 353–77.

Holme, R., and Watts, P. (2000) *Corporate Social Responsibility: Making Good Business Sense*, Geneva: World Business Council for Sustainable Development.

Horta, K., Round, R., and Young, Z. (2002) *The Global Environmental Facility: The First Ten Years – Growing Pains or Inherent Flaws?* Washington, DC, and Ottawa: Environmental Defense and the Halifax Initiative.

IEG (Independent Evaluation Group of the World Bank) (2008) *Environmental Sustainability: An Evaluation of World Bank Group Support*, Washington, DC: World Bank.

Levy, D., and Newell, P. (eds) (2005) *The Business of Global Environmental Governance*, Cambridge, MA: MIT Press.

Mabogunje, A. (2002) "Poverty and environmental degradation: challenges within the global economy," *Environment*, 44(1): 9–18.

Mani, M., and Wheeler, D. (1998) "In search of pollution havens? Dirty industry in the world economy, 1960–93," *Journal of Environment and Development*, 7(3): 215–47.

Mumme, S. (2007) "Trade integration, neoliberal reform, and environmental protection in Mexico: lessons for the Americas," *Latin American Perspectives*, 34(3): 91–107.

Najam, A. (2003) "The case against a new international environment organization," *Global Governance*, 9: 367–84.

Neumayer, E. (2001) *Greening Trade and Investment: Environmental Protection without Protectionism*, London: Earthscan.

—— (2004) *Weak versus Strong Sustainability: Exploring the Limits of Two Opposing Paradigms*, 2nd ed., Cheltenham: Edward Elgar.

OECD (2007) *About Environment and Export Credits*, Paris: OECD. Available: www.oecd.org/document/26/0,3343,en_2649_34181_39960154_1_1_1_1,00.html (accessed 23 December 2008).

Porter, G. (1999) "Trade competition and pollution standards: 'race to the bottom' or 'Stuck at the Bottom'?," *Journal of Environment and Development*, 8(2): 133–51.

Prakash, A., and Potoski, M. (2006) *The Voluntary Environmentalists: Green Clubs, ISO 14001, and Voluntary Environmental Regulations*, Cambridge: Cambridge University Press.

Reed, D. (1997) "The environmental legacy of Bretton Woods: the World Bank," in O. R. Young (ed.), *Global Governance: Drawing Insights from the Environmental Experience*, Cambridge (MA): MIT Press.

Rich, B. (1994) *Mortgaging the Earth: The World Bank, Environmental Impoverishment, and the Crisis of Development*, London: Earthscan.

—— (2000) "Exporting destruction," *Environmental Forum*, September–October: 32–40.

Sachs, W. (1999) *Planet Dialectics: Explorations in Environment and Development*, London: Zed Books.

Sklair, L. (2001) *The Transnational Capitalist Class*, Oxford: Blackwell.

Soloway, J. (2002) "The North American Free Trade Agreement: alternative models of managing trade and the environment," in R. Steinberg (ed.), *The Greening of Trade Law: International Trade Organizations and Environmental Issues*, Lanham, MD: Rowman & Littlefield.

Stilwell, M., and Tarasofsky, R. (2001) *Towards Coherent Environmental and Economic Governance: Legal and Practical Approaches to MEA–WTO Linkages*, Gland and Conches, Switzerland: WWF and CIEL. Available: www.ciel.org/Publications/Coherent_EnvirEco_Governance.pdf.

Streck, C. (2001) "The Global Environment Facility: a role model for international governance?,"

Global Environmental Politics, 1(2): 71–94.
Toye, J. (1991) "Ghana," in P. Mosley, J. Harrigan, and J. Toye (eds), *Aid and Power*, Volume 2, London: Routledge.
UNCTAD (2008) *World Investment Report 2008: Transnational Corporations and Export Competitiveness*. New York: United Nations.
Utting, P. (2005) *Rethinking Business Regulation: From Self-Regulation to Social Control*, UNRISD Paper, No. 15. Available: www.unrisd.org.
—— (2008) "Social and environmental liabilities of transnational corporations: new directions, opportunities and constraints," in P. Utting and J. Clapp (eds), *Corporate Accountability and Sustainable Development*, Delhi: Oxford University Press.
Utting, P., and Clapp, J. (2008) "Corporate responsibility, accountability and law: an introduction," in P. Utting and J. Clapp (eds), *Corporate Accountability and Sustainable Development*, Delhi: Oxford University Press.
Wade, R. (1997) "Greening the bank: the struggle over the environment, 1970–95," in J. Lewis and R. Webb (eds), *The World Bank: Its First Half Century*, Volume 2, Washington DC: Brookings Institution.
Wheeler, D. (2002) "Beyond pollution havens," *Global Environmental Politics*, 2(20): 1–10.
Williams, M. (2001) "In search of global standards: the political economy of trade and the environment," in D. Stevis and V. Assetto (eds), *The International Political Economy of the Environment: Critical Perspectives*, Boulder, CO: Lynne Rienner.
World Bank (1992) *World Development Report 1992*. New York: Oxford University Press.
—— (1994) *Adjustment in Africa: Reforms, Results and the Road Ahead*, Oxford: Oxford University Press.
—— (2008) *The World Bank Annual Report 2008: Year in Review*, Oxford: Oxford University Press. Available: http://siteresources.worldbank.org/EXTANNREP2K8/Resources/YR00_Year_in_Review_English.pdf (accessed 22 December 2008).
Wright, C., and Rwabizambuga, A. (2006) "Institutional pressures, corporate reputation and voluntary codes of conduct: an examination of the equator principles," *Business and Society Review*, 111(1): 89–117.
WTO (World Trade Organization) (2007) *International Trade Statistics 2007*, Geneva: WTO.
Young, O. (2008) "The architecture of global environmental governance: bringing science to bear on policy," *Global Environmental Politics*, 8(1): 14–32.

第四章　环境安全

Shlomi Dinar

在与非传统安全领域有关的各种典型问题(如疾病、移民、贫困等)中，环境审查最为严格。专家、政策制定者和学者都对所谓的环境安全子领域有所反馈。莱斯特·布朗(Lester Brown，1977)的“世界观察”(World watch)之所以为人们所熟知，就是因为凸显了这个问题。但是相关研究在讨论安全与环境的关系时，大体上是站在两个对立面上的。

“环境”和“安全”关系的支持者指出，资源匮乏和环境退化是造成国内与国际暴力冲突和战争的根源。特别是在发展中国家，理论和实证研究者都考虑过这种关系(Homer-Dixon，1999；Hauge & Ellingsen，1998)。环境与人类安全之间的(密切)联系同样受到吹捧(Najam，2003)。在这方面，一些非传统主义思想家认为，传统的安全定义被限制在国家主权的论战上，如国家之间的军事竞争以及内战对国家领土完整的威胁，而这一定义应该扩大到其他问题，如环境问题(Mathews，1989)。在把环境问题上升到国家安全事务的高度时，这些分析者认为环境与人类安全之间的联系变得十分重要，它为解决环境问题制造了政治紧迫性(Ullman，1983)。

而批评者们通常以以下几个理由来驳斥这种关系。首先，这些分析家(被认为是传统主义思想家)认为，扩大传统上的安全定义会威胁到这个概念的可及性和简洁性(Walt，1991)。其他人则声称环境与社会上被视为安全的所有事物都是对立的，因此将这两个概念联系在一起将影响我们批判性地思考如何处理环境问题(Deudney，1999)。

另一个重要的但常常被遗忘的因素是，环境和安全也有合作的一面(Diehl & Gleditsch，2001：4)。换句话说，环境争端可能会导致不稳定或国家福利的减少，如果成功的合作解决了特殊的环境争端(Esty，1999；Brock，1992)，那么安全同样会得到保障。

如果合作(和冲突一样)成为环境安全子领域的重要分析概念，那么我们就必须更好地理解稀缺与退化是如何以及何时影响到国家间的协调和环境谈判的成败的（Ostrom et al.，1999；Young，1989，1994；Barrett，2003）。由于国际环境谈判经常发生在不对称和不平等的双方之间，因此了解这种国家差异如何影响环境合作也是至关重要的。因此，在合作研究中纳入"讨价还价"和条约设计的内容，可以更全面地理解环境安全的概念，突出它在全球环境政治这个更大的领域中的重要地位。

第一节　环境和安全

环境安全的子领域来自 20 世纪 60 年代末和 70 年代初出现的对环境问题及其相关著作的热议。保罗·欧利希（Paul Ehrlich，1968）和加勒特·哈丁（Garrett Hardin，1968）的著作强调了与人口指数增长和"公地悲剧"等问题相关的环境危机的严重性。与此同时，在斯德哥尔摩召开的 1972 年联合国环境大会和相关的《斯德哥尔摩宣言》（UNEP，1972）把环境问题列入全球议程，为联合国环境规划署等重要国际机构提供了借鉴（Matthew，1999：4）。之后，这些重要机构又迎来了 1992 年的另一次全球会议——里约热内卢环境与发展会议以及与之相关的《里约宣言》（环境署，1992），会议及宣言中还阐述了可持续发展的概念（Matthew，1999：5）。

然而，根据达贝尔科（Dabelko）的观点（2004：3），对环境和安全问题的关注在 20 世纪 90 年代中期确实更加热烈。首先，托马斯·霍默-迪克逊（Thomas Homer-Dixon）的关于资源稀缺和严重冲突之间关系的研究结果被发表在有影响力的学术期刊《国际安全》（*International Security*，Thomas Homer-Dixon，1991，1994）上。1994 年，《大西洋月刊》（*Atlantic Monthly*）刊登了罗伯特·卡普兰（Robert Kaplan）的挑衅性文章《即将到来的无政府状态》（"The Coming Anarchy"，Kaplan，1994），这篇文章讨论了环境变化如何导致洲际和国家之间的冲突，也把环境安全的话题带入了更广泛的公众视野和政治界中。

同年，联合国开发计划署通过其《人类发展报告》（*Human Development Report*）提出了"人类安全"这一术语，并强调个人安全与环境的关系。然而，在环境安全史上最引人瞩目的则是 1994 年在伍德罗·威尔逊国际学者中心形成的环境变化与安全计划（Environmental Change and Security Program，ECSP）。到目前为止，环境变化与安全计划已经超越了学术界和政策界的范畴,致力于关注环境变化、冲突与合作的安全方面(Dabelk, 2004: 3)。

有趣的是,在环境安全概念及其相关问题领域的演变过程中,正在发生一场激烈的争论。学者和政策制定者一直在考虑把“环境”和“安全”这两个术语联系起来。这场争论是在所谓的安全研究的传统主义者和非传统主义者之间进行更广泛的讨论时产生的。

辩论环境和安全:传统主义者和非传统主义者、批评者和支持者

传统安全思想家和非传统安全思想家之间的争论主要来自双方对国际政治的各种假设,以及双方对国际体系中特定角色和现象的重视。然而,学术辩论也对政策有一定影响。罗斯柴尔德(Rothschild, 1995: 57-59)指出了这样四种影响:为政府官员提供政策方向和指导;引导政策舆论;反对现有的原则;直接影响金钱和权力的分配。这四种影响也同样加深了支持“环境”与“安全”联系的学者与反对这种联系的学者之间的争论。

1. 传统主义者和非传统主义者

传统主义者认为将军事安全放在首要地位是民族国家的目标(Morgenthau, 1948: 121)。因此,安全就是研究军事力量的威胁、使用和控制。传统主义者在这一领域的研究探讨了更有可能使用武力的条件,以及各国为准备、预防或参与战争而采取的政策(Walt, 1991: 212)。鉴于无政府状态的国际体系的存在,军事安全和生存至关重要,由此很多人认为军事安全应该取代其他非军事问题(Waltz, 1979: 126)。基于现实主义的世界观,传统主义者的观点是,民族国家是分析的最终单位,它们会在自助系统中进行自我辩护。

非传统主义者扩大了对安全的定义,以涵盖国家、个人和国际体系面临的各种威胁。例如,沃尔弗斯(Wolfers)指出,传统主义者对安全的关切虽然合法,但也不应该忽视其他重要问题。尽管新现实主义者认为国家的“生存”是至高无上的,但事实上,并不是所有国家都面临同样的危险,因此不能统一行事(Wolfers, 1952: 486)。换句话说,各国面临着不同的危险,有着不同的担忧,这些会反过来影响到它们各自的安全。

传统主义者支持以军事为中心和以国家为中心的观点,非传统主义者则向传统主义者提出挑战,他们支持(军事与国家存在)复杂的、相互依赖的(关系的)本质,从根本上认为问题不存在等级划分,军事安全不应该一直主

导议程(Keohane & Nye，1989：24－25)。例如，布赞(Buzan，1998)等人认为，安全研究领域应该重新概念化，超越传统主义者对其施加的限制。“安全”涉及对一些价值高的指称对象的生存威胁。这些对象可能涉及国家和非国家行动者，以及抽象原则和自然本身。他们还指出，威胁可能来自各个方面，包括其他国家以及自然现象，如环境(Buzan，1998：23)。在尝试给“安全”下更广泛的定义时，乌尔曼(Ullman，1983)指出，对国家安全的威胁应包括以下两种：(1) 彻底性威胁，即在较短的时间内降低国家居民的生活质量；(2) 严重性威胁，即缩小政府和国家内不同群体的政策选择范围。安全的定义也被扩大到个人和社区，而不仅仅涉及民族国家(UNDP，1994；Suhrke，1999；Najam，2003)。

一方面，非传统主义者坚定地认为，传统的安全研究学派似乎准备不足，无法应付冷战后的现实世界，其维持着狭隘的军事国家安全概念，忽视了其他公共政策目标。传统的安全研究学派单一地专注于军事政治和国家主权，限制了许多解决国内外问题的能力，且这些问题不适合通过军事途径解决，它们暗存于国际或国内问题之下，从而致使冲突、军事威胁或其他问题持续发生(Baldwin，1997：16；Ullman，1983：133－135)。哈夫顿多恩(Haftendorn，1991)同意这个观点，认为传统主义对安全的定义并没有描述当前的安全事务。她断言，(我们)真正需要的是一种新的安全范式，它可以解释各个地区的变化，且并不局限于单一的问题领域或分析水平(Haftendorn，1991：12－13)。

另一方面，传统主义者则认为，尽管与战争无关的问题(如疾病、贫困和环境)是重要的，但不应将其定义为安全的一部分，因为它们“破坏了知识的连贯性，使得制定这些重要问题的解决方案变得更困难了”(Walt，1991：213)。帕里斯(Paris，2001：88)批评了人类安全的概念，并认为这个定义往往过于广泛和含糊，包含了生理和心理的多个方面。反过来，这种不精确定义的结果是，它在政策制定者决定竞争的政策目标的优先次序上几乎没有什么指导意义，学术界也不清楚需要研究什么。

安全研究的环境部分主要是在非传统领域的背景下进行的。然而，即使只是把这两个概念联系起来，就引起了激烈的争论。有趣的是，有关环保部门表达了最多的保留意见(Soroos，1994：319)。

2. 环境安全：支持者和批评者

(1) 支持者

环境安全问题普遍超越个人、国家和国际层面。在个人层面上，学者们认为，环境变化可能会损害人的安全，即通过减少维系生计所需的自然资源的获取和降低质量来发挥作用(Renner, 1996; Barnett et al., 2008; Barnett & Adger, 2007)。在国家或国际层面，学者们考虑了资源匮乏和环境恶化对社会的影响，以及接下来可能导致的国际暴力冲突，这种考虑建立在不同的民族之间，或是某些争夺稀缺资源的社会阶层之间(Homer-Dixon, 1999)。[①] 因此，环境变化可能会产生令人震惊的后果，特别是当这些影响对政治产生威胁，影响到国家边界、国家机构或执政精英的可行性，或者当它们会削弱国家和政权有效行动的能力时(Mathews, 1989: 175; Myers, 1993: 24 - 25; Ullman, 1983: 141 - 143)。尽管环境退化更有可能影响到人类的安全，或煽动发展中国家内部产生激烈冲突，但发达国家可能只会感受到间接影响。有学者认为，环境退化和暴力冲突的后果(如移民浪潮、对贸易的影响和政权不稳定)是，可能会在政治和经济上影响到发达国家及其对发展中国家的政策(de Serbinin, 1995; Esty, 1999; Allenby, 2000; Ferraro, 2003; Rice et al., 2006)。

国际研究表明，资源匮乏和退化同样会导致国家之间的暴力冲突——最糟糕的情况——甚至会引起战争(Westing, 1986; Mandel, 1988; Bachler & Spillman, 1996; Bachler, 1998; Klare, 2001)。其他研究则考虑到了发生的政治斗争和非暴力争议及其与安全的关系(Goldstone, 2001; Lipschutz & Holdren, 1990)，并采取了更为细致的方法，研究资源紧张和环境恶化对国际冲突的影响。气候变化、跨界空气污染和生物多样性减少的影响大多被放在这个背景下进行分析(Benedick, 1998; NICGC, 2000; McNeely, 2005; IPCC, 2007; Jopp & Kaestner, 2008)[②]。

除了为环境安全研究做出贡献的理论和案例研究方法之外，实证研究也提供了很好的视角，它进一步证明了大范围观测环境问题的安全性。这些实证研究认为，国际暴力冲突的本质是资源匮乏和环境退化的结果，而大多数在国际背景下考虑这种关系的研究则调查了淡水和国际河流方面的冲突。

豪格和埃林森(Hauge & Ellingsen, 1998)对环境冲突争论进行了第一次大规模量化考察。虽然他们的工作涉及国内层面，但他们发现，水资源匮乏、

---

① 上面没有提到的另一个研究领域与分析将国家内部战争作为丰富资源(初级商品)的一种手段或控制资源租金的斗争方式有关(Collier, 2000; de Soysa, 2000)。

② 将环境安全主题降级的上述三个领域可以被视为比较传统的问题。与环境安全概念有关的其他问题包括绿化军队、使用军事和情报资产来支持环境，以及提供灾难救援和人道主义援助(Matthew, 2000: 112 - 115)。

森林砍伐和国内冲突等变量之间存在正相关关系。最近，利维等人(Levy et al., 2005)考察了气候变化对内战的影响。他们认为，气候变化(如降雨量减少)会对国内冲突施加有效影响。罗利和厄达尔(Raleigh & Urdal, 2007)发现，气候变化对内部冲突的影响有所减弱；他们的研究结果显示，人口增长、人口密度增加、水资源短缺和土地退化对可能造成内部冲突的影响非常有限。

提尔和迪尔(Tir & Diehl, 1998)基于乔克利和诺斯(Choucri & North, 1975)的侧压理论发现，人口压力(会加速资源消耗和减缓经济增长)和国际冲突的可能性之间存在适度的关系。图塞特等人(Toset et al., 2000: 992 - 993)着眼于共有的河流，发现水资源短缺并不一定是解释武装冲突的唯一或主要原因，“两国水资源供应不足与两国的争夺显著相关”。格莱迪奇等人(Gleditsch et al., 2006: 376)发现这种关系有些模棱两可，他们的研究结果表明，平均降雨量较低的国家有较高的国际冲突风险。具体而言，亨塞尔等人(Hensel et al., 2006: 390)将注意力集中在对跨界河流的竞争性需求上，从而得出结论：国际军事纠纷更可能发生在水资源较为稀缺的地区。他们普遍认为，资源贫乏地区处于机构管理冲突机制缺乏和/或无效的环境下(Hensel, 2006: 385,388,408 - 409)。具体而言，在 1900 年至 2001 年，他们发现有 17 次水资源争端演变成了暴力冲突。

对于大多数上述研究来说，其依据的事实是相关的政治和经济因素，这些因素对于理解冲突同样重要。这并不是否认环境因素在解释冲突或不稳定中的重要性，但经济和政治变量经常会加剧(或减轻)冲突的确存在。因此，资源主权的不明确程度、执政体制没有通过与环境管理相关的有远见的决定、国家相对不发达的发展状况、现有制度薄弱或因政治动荡而国力衰弱，以及环境变化超过现有机构处理这一变化的能力，都会影响冲突的严重程度(Gleditsch, 1998; Giordano et al., 2005)。

(2) 批评者

批评环境和安全联系的学者往往采用传统的安全定义方式。因此，他们声称，如果威胁到生命、财产和福祉的所有力量都被视为对国家安全的威胁的话，那么这个术语本身将不具备任何意义(Deudney, 1991: 23 - 24)。例如，德德尼(Deudney, 1999)认为，将环境退化视为国家安全威胁，在分析上具有误导性，因为国家安全的传统焦点与环境问题及其解决方案几乎没有什么共同之处。此外，若将环境描述为合理的安全考虑，学者们可能会以环境为由为军事行动进行辩护(Brock, 1992: 95)。由于传统意义上的安全同样与民族主义和主权联系在一起，因此会破坏利用全球行动解决环境问题的企图。换句话说，环境问题及其解决方案本质上是全球性的，因此处于民族国家的对立面，正如民族国家处于新兴的全球环境议程的对立面一样(Stern，1999：138)。

最后，这些学者还声称，环境恶化不太可能引起国际战争(Deudney，1999；Barnett，2000)。相反，在资源匮乏的情况下，人类的聪明才智可以缓解冲突(Simon，1981)。其他反对环境与安全之间存在联系的人，也倾向于否认环境问题与安全之间任何直接的因果关系。他们将(上述)国家或社会的政治、经济和制度因素列为暴力冲突发生的主要因素。尽管支持者承认政治和经济因素在解释冲突方面可能确实发挥了重要作用(Homer-Dixon & Levy，1995－1996)，但批评者仍然认为，孤立环境因素往往是非常困难的，而忽略环境恶化起到的副作用也同样困难。如果环境变化(与安全之间)是因果关系而不是相关关系，那么错综复杂的因果关系链可能难以用于分析，或者呈现高度的依赖性态势(Critchley & Terriff，1993：337)。

批评者还声称，那些把环境问题与安全研究联系起来的人，只是为了用一种新的修辞方式来描述环境问题。他们认为这种做法是在"劫持"安全问题，以引起政治家和公众的注意，并且认为这两方都可能会对此引起重视(Levy，1995：45)。

另一个批评者认为"环境安全"这个术语带有发达国家的偏见。换句话说，全球化、现代性、工业化和全球资本的传播对南半球或发展中国家都产生了严重的经济、政治和环境影响。在这种情况下，工业化世界使用环境安全的概念本质上是为了维持现状，而不是承认为缓解环境问题需要进行重大改变。此外，重点应放在北半球——它在很大程度上是这种环境问题的罪魁祸首(Barnett，2000；Dalby，2002；Watts，2004)。

最后还有人声称，由于环境退化可能会使各国合作、共同努力应对这种退化，因此环境根本无法与安全等概念联系起来(Thorsell，1990；Deudney，1999；Barnett，2000)。换句话说，环境问题会带来全球行动、相互依存和国际合作，而安全概念则产生了诸如主权和民族主义等思想。

3. 辩论的结论性意见

显然，环境安全的概念引起了很多争论。然而，这一概念的批评者似乎主要关注与安全领域有关的现实主义影响。这可能是没有根据的。首先，安全的定义一直比较模糊(Wolfers，1952；Goldstone，1996)。事实上，安全概念的历史揭示了其概念维度的多层面和多层次，包括个人和国家(Rothschild，1995：62－3,66－7；Brauch，2008：75－76)。其次，安全的概念并不要求只关注国家，也需要着眼于非国家行动者和国内力量。事实上，环境问题需要多方的参与才能有效实施治理(Conca, 2006)。但是,这并不否认国家在国际环境管理中的重要作用,尤其是考虑到许多环境问题的跨界性和国家行动的协调性时。再次,也许环境安全概念最重要的贡献之一就是将环境问题提升到政治和公共利益领域的高度上(Graeger, 1996: 111)。目前,气候变化已经成为议程中的重要议题,最近的国家情报评估(House of Representatives, 2008)就是明证。虽然评估发现2030年之前美国将会感受到气候变化的直接影响,但最显著的影响将以其他国家受气候驱动事件的形式出现,气候变化将影响这些国家的经济发展水平、农业生产力,并导致(人口及工业)外迁。而这些反过来会对美国的安全产生影响。但是,气候变化安全化是否对决策产生了预期的影响,目前尚未有定论。

最后,正如下述内容所强调的那样,恰恰是因为环境恶化和资源稀缺激励了合作,这种合作反过来才可能会减少不稳定因素,由此环境和安全的概念并不相互抵触。环境集体预防和环境集体防卫(Soroos, 1994: 323 - 324)是国际合作的核心,也是环境安全的核心。正如布拉吉什和德格斯特(Pirages & DeGeest, 2004)所主张的那样,生态变化和日益严重的环境脆弱性正在逐渐形成一个未来的新兴全球体系。这些环境现象需要遵循生态革命的观点,需要有预见性的思考,以"避免忽视长期以来可能产生悲剧的新问题和新问题带来的严重后果"(Pirages & DeGeest, 2004: 5 - 6)。这些后果与全球化、饥荒、发展战略以及南北差距有关。同时,促进生态安全需要一种包括非政府组织和国际机构在内的全球治理。同时,在处理与生态安全有关的许多问题的协议上,也需要一致的管理(Pirages & DeGeest, 2004: 226)。

第二节　合作、安全和环境

本杰明·米勒(Benjamin Miller)关于安全定义的思想,描述了在传统安全学者和非传统安全学者、环境安全术语的反对者和支持者之间的这场辩论。作为一个现实主义者,米勒的研究似乎偏离了安全研究的传统观点,表明现实主义者把这一概念最小化了,由此犯了两个错误:第一,他们不再强调和平是安全领域的重要话题;第二,他们削弱了影响国家和地区以及国际安全的非军事原因或手段(Miller, 2001: 14)。根据上述有关环境安全的讨论,米勒声称:"只有当环境因素影响到武装冲突的可能性即战争与和平时,环境退化才应该成为安全领域的一部分。"

事实上，大多数传统主义的疑虑是关于扩大安全的概念的，而米勒的观点背离了这一点，他强调了和平和国际（稳定或）不稳定的非军事性原因。在某种程度上，他似乎同意上述一些学者的看法，这些学者认为自然资源或资源稀缺可能导致国际和国内的暴力冲突。然而，由于米勒只以战争和暴力的发生（或不存在）作为因变量来描绘安全的本质，故而他否定了其他重要因素。他忽略了简单的暴力冲突背后的情况或环境问题，如利益冲突或政治纠纷（Goldstone，2001）。另外，在米勒讨论安全问题在和平方面的价值时，他完全忽略了同一方面的另一个重要组成部分——合作。换句话说，与更广泛的和平和稳定有关的其他因素被排除在外了，如环境等共同战线上的国际合作（Conca & Dabelk，2002；Brauch，2008：71－74）。由于环境问题可能导致冲突或不稳定，因此解决这些问题同样重要。国家之间因共享纯粹的环境资源而相互依赖，因而外交、合作和监管制度对于管理这些资源和协调国家行动是非常必要的（Mathews，1989：174－177）。

尽管有证据表明环境变化、资源稀缺和国际冲突有关，但似乎有更多的证据表明由（争夺）稀缺资源引发的（正式）暴力冲突在国际舞台上是相对异常的。有趣的是，这种说法也符合那些批评环境安全概念的观点（Deudney，1999；Barnett，2000；Dalby，2002）。这一说法在淡水资源方面表现得最为明显，因为学术界在很大程度上否认了为大众所普遍接受的“水战”理论（Wolf & Hamner，2000）。特别是沃尔夫和哈姆纳声称：“国际淡水资源更有价值的地方在于其促成合作的特点，而且只在极个别的情况下才煽动暴力。”（Wolf & Hamner，66）

然而，仅仅因为国际层面的物质暴力不可能是资源匮乏或环境恶化的结果，并不意味着就能保证安全问题。这种非暴力冲突是环境恶化和资源匮乏的后果，它同样与安全概念有关，因为它可能造成区域和国际局势紧张，也可能加剧与环境无关的其他现有的紧张局势。由于环境问题或正在讨论的相关资源问题，这些政治紧张局势尤其可能在机构能力较弱或各方之间合作历史较不明显的地区进一步升级。例如，在中东、北非和中亚地区，大多数国际淡水问题的紧张局势升级（Horsman，2001；Hensel et al.，2006）并不令人惊讶。如上所述，其他更有可能挑起国家之间政治争端或对安全产生不同后果的环境问题还包括气候变化、臭氧消耗、跨界空气污染和生物多样性减少。反过来，合作可能有助于减少这些非暴力（或暴力）紧张局势，从而推动区域和国际的稳定与安全。

为了贬低环境与安全概念之间的关系，丹尼尔·德德尼（Daniel Deudney，

1999：203)断言："环境冲突的分析者并没有系统地考虑环境资源稀缺和环境变化可以促进合作的方式。"巴奈特(Barnett 2000：274)同意这一观点，他认为这一领域的大部分研究都将本体论优先考虑为冲突而不是合作。

然而，如上所述，批评者忽略了环境合作的这些方面与安全概念相关。事实上，正是因为地区和国际的稳定可能得到促进——如果成功的合作和制度创造解决了一个特定的环境争端——才能有强有力的理由将环境与安全联系起来(Brock，1992；Esty，1999)。根据某些说法，这种合作也促进了国家之间的信任，形成了合作习惯，在共享资源周围建立了共同的区域认同，并确立了相互承认的权力和期望(Conca et al.，2005)。

总之，环境问题越紧迫，解决的可能性就越小。根据马尔萨斯主义和现实主义思想，这样的环境问题可能会引发某种类型的国际冲突(Haas，1990：38)。这种冲突也是各国在试图减少相互依赖时所产生的相互依存性的副作用(Waltz，1979：106,154－155)，然而国家与环境资源的相互依赖性以及采取行动的紧迫性促进了合作，而这也是合理的。无论是更有效地利用跨界资源，还是解决跨界污染问题，环境的相互依存都会形成一种关系，在这种关系中，如果没有与对方进行某种类型的协调，任何一方都不可能单方面采取行动。

由于资源稀缺和环境退化，国际协调的达成可能需要建立国际机构和体制，以促进环境合作。在分析制度化合作的过程中，有必要了解这种制度如何演变，包括可能阻碍或促进这种协调的因素。事实上，也正是在这种政治形式的背景下，以环境保护或资源分配为目标，才能强调环境安全的子领域与更广泛的全球环境政治领域之间的联系。

稀缺，合作和国际议价

如果把合作视作环境安全问题在冲突方面的必要和平等的对应物，那么就必须考虑到几个方面。首先，需要进一步进行系统调查，以确定可能促进各种环境资源合作的条件、稀缺程度和退化程度(Dinar，2010)。例如，就跨界水资源(争夺)问题而言，已经形成了这样的研究议程，并通过理论(Wolf & Hamner，2000；Dinar，2009)和实证(Hamner，2009；Brochman & Hensel，2009；Tir & Ackerman，2009)方法来研究水资源稀缺对国际合作的影响。

虽然稀缺和退化可能有助于促进国际协调，但了解制度化合作的演变还需要考虑制度的形成与发展。虽然本书第一章已经详细讨论了政权理论和全球治理,但是笔者在这里要强调一些对理解环境政治的形成有重要意义的因素。事实上,在跨境环境资源合作中,使问题复杂化的一个主要因素往往是国家相互作用的不对称背景(Susskind, 1994: 18 - 19)。通过谈判策略或条约设计(Young, 1994: 128,132 - 133; Raustiala & Victor, 1998: 696),理解这些不对称或各方之间的差异是如何被克服的,对于更全面地了解环境安全同样重要。下面提到的是两类重要的不对称。

第一类不对称是各方之间的经济差异。这种差异同样也会影响各国对污染或环境退化的影响的考虑,而较贫穷的国家往往更紧迫地将(自身的其他)问题置于环境保护之上(Barkin & Sha: mbaugh, 1999a: 13;1999b: 178)。环境保护的工作成本很昂贵,而较贫穷的国家也不一定有能力通过全部的手段来开展相关工作,比如说污染减排。就此而言,为环境管理而设计的区域或全球制度可能会受到影响,因为一方可能比另一方在处理环境问题时更有紧迫感。

在考虑经济不对称和合作时,臭氧消耗案例和 1987 年《蒙特利尔议定书》是非常有帮助的。从安全角度来看,臭氧消耗的后果可能会严重危及生命。一个稀薄的臭氧层意味着将有更多的紫外线辐射进入地球,进而会导致更多的皮肤癌病例、农业产量下降、烟雾增加。一方面,当开始设想臭氧体系时,富有和发达的国家相对更加迫切地准备就减少氯氟化碳(CFCs)——被发现是消耗臭氧层的主要化学试剂——达成一项制度。另一方面,一些发展中国家在最初的谈判中发挥的作用很有限,因为相对于不得不承担的减排成本,它们没有看到合作带来的好处(Barrett, 2003: 346)。然而,随着时间的推移,我们越来越清楚地认识到,如果发展中国家(亦即氟氯化碳生产国和消费国)没有参与其中的话,从长远来看,发达国家为减少氟氯化碳对臭氧层的影响所做的努力将是远远不够的。发展中国家的议价能力也因此受到了影响。1990 年,原始议定书进行了修订,增加了一个补偿条款,激励了发展中国家的参与。在这种特殊情况下,以技术转让的形式向发展中国家提供技术援助抵消了经济上的不对称性,这反过来又影响了合作。

第二种类型的不对称涉及各国在资源共享地区的地理位置(Giordan, 2003: 371 - 372)。在跨界水污染或跨界空气污染的问题中,这是非常明显的。处于上游或上风向的国家往往更容易产生污染或控制污染,同时承担较少的污染成本,而这些污染成本更多地由处于下游或下风向的国家承担。如果一个较贫穷的国家位于上游或上风向,则可能会进一步加剧这个问题,因为处于下游或下风向的国家越富裕,就越难以容忍污染。

跨界河流的案例——特别是中亚的锡尔河和阿姆河——为评估地理不对称提供了一个非常有益的案例借鉴。从环境安全的角度来看，咸海盆地（锡尔河和阿姆河所在的地区）不仅为中亚75%的人口提供了水源，而且为该地区的农业灌溉，特别是棉花生产做出了贡献——这是一些下游国家的人口的主要收入来源，包括乌兹别克斯坦、哈萨克斯坦和土库曼斯坦。用水发电，为吉尔吉斯斯坦和塔吉克斯坦等上游国家提供了另一种经济发展模式。总的来说，水资源的分配和利用在该地区引发了紧张的政治局势，这种紧张局势经常升级为好战言论，偶尔也会引发军事威胁（Horsman，2001：71－77）。这五个国家在1992年脱离苏联时，两江两岸的用水矛盾（涉及棉花生产与水力发电）立即浮出水面，其合作也受到阻碍。考虑到各方之间潜在的地理差异和经济差异，最终一个被描述为“问题联系”的战略将成为抵消不对称的手段。因此，为了及时释放春季和夏季（棉花生长季）的水，吉尔吉斯斯坦将获得煤和天然气，以补偿冬季不能释放这些水的损失，从而通过自身水力发电解决其能源需求。虽然咸海盆地的这个“问题联系”战略值得重视（Weinthal，2002：114；McKinney，2004：199，218），但必须说明的是，这几个国家之间关于两河使用问题的矛盾仍然存在。有趣的是，一些分析人士认为，这里的易货安排应该由下游国家向上游国家进行经济补偿或附加支付的形式替代，以促进更有效和更稳定的合作（Mamatkanov，2008）。

结　论

本章讲述了环境安全概念的历史，并提供了传统和非传统安全研究学派的一些重要论点。在这个框架下，也强调了环境安全概念的支持者和批评者之间的争论。尽管后面这场辩论是根据“环境”和“安全”这两个术语的各种哲学差异和政策后果而定的，但辩论的这两个阵营似乎都认同在环境退化和资源稀缺的背景下进行合作的重要性。简而言之，虽然一方认为在资源匮乏和环境退化的情况下可能爆发国家间的暴力冲突，但也反映了国际条约和国际协调在解决所有权（这种冲突的催化剂）争夺方面的重要性。而辩论的另一方则批评了暴力冲突与资源稀缺之间的关系，并指出了稀缺和退化的合作诱导特征。尽管一些实证研究表明资源稀缺和环境退化与国际军事竞赛有某些关联，但更多的证据表明国家之间由资源匮乏所引发的暴力冲突是例外，而不是必然。当然，国家之间的利益冲突并非如此，这种利益冲突在许多环境问题上都会出现激增。然而,即使在这种非暴力的情况下,冲突也常常导致合作,而国家间的协调可能会增进国家之间的信任,从而增强区域和国际上广泛界定的稳定性。换句话说,资源匮乏和环境退化,以及由此带来的相互依赖性,激发了国家之间的合作,从而利于各国应对各自的环境问题。

正如本章所进一步证明的那样,合作作为资源匮乏和环境退化的结果,是环境安全范式的重要组成部分。然而,除了极少数个例,这一领域的研究在很大程度上被人们忽略了。以前的学者也曾经重申过合作是环境和安全的重要一面,但是在冲突与环境的研究中,这一点常常被掩盖。认识到其他因素如何激励(或抑制)合作也很重要。尤其是理解国家间的差异如何影响谈判,并反过来影响合作,从而进一步关系到环境安全的研究。此外,考察可以采用哪些机制(附加费用、问题联系和其他类型的条约设计组成部分)来鼓励合作(鉴于这些不对称性),对于全面讨论环境和安全也同样重要。

事实上,承认和强调安全问题的和平与合作,对于更全面地理解和使用环境安全的概念来说至关重要。因此,将合作因素引入其中可能会减少环境安全概念的支持者与批评者之间的分歧。也许最重要的是,通过思考资源稀缺和环境退化的合作解决途径,我们可以注意到环境安全的子领域是如何与更大的国际环境政治领域联系在一起的。因此,环境治理和体制形成问题是研究环境安全的固有内容。

推荐阅读

Diehl, P., and Gleditsch, N. P. (eds) (2001) *Environmental Conflict*, Boulder, CO: Westview Press.

Dinar, S. (ed.) (2010) *Beyond Resource Wars: Scarcity, Environmental Degradation, and International Cooperation*, Cambridge, MA: MIT Press.

Homer-Dixon, T. (1999) *Environment, Scarcity, and Violence*, Princeton, NJ: Princeton University Press.

Pirages, D., and DeGeest, T. (2004) *Ecological Security: An Evolutionary Perspective on Globalization*, Lanham, MD: Rowman & Littlefield.

参考文献

Allenby, B. (2000) "Environmental security: concept and implementation," *International Political Science Review*, 21(1): 5–21.

Bächler, G. (1998) "Why environmental transformation causes violence: a synthesis," *Environmental Change and Security Project Report*, 4: 24–44.

Bächler, G., and Spillman, K. (1996) *Environmental Degradation as a Cause of War*, Zurich: Rüegger.

Baldwin, D. (1997) "The concept of security," *Review of International Studies*, 23(1): 5–26.

Barkin, S., and Shambaugh, G. (1999a) "Hypotheses on the international politics of common pool resources," in S. Barkin and G. Shambaugh (eds), *Anarchy and the Environment: The International*

Relations of Common Pool Resources, Albany: State University of New York Press.

—— (1999b) "Conclusions: common pool resources and international environmental negotiation," in S. Barkin and G. Shambaugh (eds), *Anarchy and the Environment: The International Relations of Common Pool Resources*, Albany: State University of New York Press.

Barnett, J. (2000) "Destabilizing the environment–conflict thesis," *Review of International Studies*, 26(2): 271–88.

Barnett, J., and Adger, N. (2007) "Climate change, human security and violent conflict," *Political Geography*, 26: 639–55.

Barnett, J., Matthew, R., and O'Brien, K. (2008) "Global environmental change and human security," in H. G. Brauch, U. O. Spring, C. Mesjasz, J. Grin, P. Dunay, N. C. Behera, B. Chourou, P. Kameri-Mbote, and P. Liotta (eds), *Globalization and Environmental Challenges: Reconceptualizing Security in the 21st Century*, Berlin: Springer.

Barrett, S. (2003) *Environment and Statecraft: The Strategy of Environmental Treaty Making*, Oxford: Oxford University Press.

Benedick, R. (1998) *Ozone Diplomacy: New Directions in Safeguarding the Planet*, Cambridge, MA: Harvard University Press.

Brauch, H.G. (2008) "Conceptual quartet: security and its linkages with peace, development, and environment," in H. G. Brauch, U. O. Spring, C. Mesjasz, J. Grin, P. Dunay, N. C. Behera, B. Chourou, P. Kameri-Mbote, and P. Liotta (eds), *Globalization and Environmental Challenges: Reconceptualizing Security in the 21st Century*, Berlin: Springer.

Brochmann, M., and Hensel, P. (2009) "Peaceful management of international river claims," *International Negotiation*, 14(2): 393–418.

Brock, L. (1992) "Security through defending the environment: an illusion?," in E. Boulding (ed.), *New Agendas for Peace Research: Conflict and Security Reexamined*, Boulder, CO: Lynne Rienner, pp. 79–102.

Brown, L. (1977) "Redefining national security," *Worldwatch Paper* 14, Washington, DC: Worldwatch Institute, pp. 5–46.

Buzan, B., Wæver, O., and de Wilde, J. (1998) *Security: A New Framework for Analysis*, Boulder, CO: Lynne Rienner.

Choucri, N., and North, R. (1975) *Nations in Conflict: National Growth and International Violence*, San Francisco: W. H. Freeman.

Collier, P. (2000) "Doing well out of war: an economic perspective," in M. Berdal and D. Malone (eds), *Greed and Grievance: Economic Agendas in Civil Wars*, Boulder, CO: Lynne Rienner.

Conca, K. (2006) *Governing Water: Contentious Transnational Politics and Global Institution Building*, Cambridge, MA: MIT Press.

Conca, K., and Dabelko, G. (2002) *Environmental Peacemaking*, Washington, DC, and Baltimore: Woodrow Wilson Center Press and Johns Hopkins University Press.

Conca, K., Alexander, C., and Dabelko, G. (2005) "Building peace through environmental cooperation," in *State of the World 2005: Redefining Global Security*, Washington, DC: Worldwatch Institute.

Critchley, H., and Terriff, T. (1993) "Environment and security," in R. Schultz and R. Godson (eds), *Security Studies for the 1990s*, Washington, DC: Brassey's.

Dabelko, G. (2004) "The next step for environment, security, and population," *Environmental Change and Security Program Report*, 10: 3–6.

Dalby, S. (2002) *Environmental Security*, Minneapolis: University of Minnesota Press.

de Serbinin, A. (1995) "World population growth and US security," *Environmental Change and Security Project Report*, 1: 24–39.

de Soysa, I. (2000) "The resource course: are civil wars driven by rapacity or paucity?," in M. Berdal and D. Malone (eds), *Greed and Grievance: Economic Agendas in Civil Wars*, Boulder, CO: Lynne Rienner.

Deudney, D. (1991) "Environment and security: muddled thinking," *Bulletin of the Atomic Scientists*, 47(3): 22–8.

—— (1999) "Environmental security: a critique," in D. Deudney and R. Matthew (eds), *Contested Grounds: Security and Conflict in the New Environmental Politics*, Albany: State University of New

York Press.
Diehl, P., and Gleditsch, N. P. (eds) (2001) *Environmental Conflict*, Boulder, CO: Westview Press.
Dinar, S. (2009) "Scarcity and cooperation along international rivers," *Global Environmental Politics* 9(1): 107–33.
—— (ed.) (2010) *Beyond Resource Wars: Scarcity, Environmental Degradation, and International Cooperation*, Cambridge, MA: MIT Press.
Ehrlich, P. (1968) *The Population Bomb*, New York: Ballantine Books.
Esty, D. (1999) "Pivotal states and the environment," in R. Chase, E. Hill, and P. Kennedy (eds), *The Pivotal States: A New Framework for US Policy in the Developing World*, New York: W. W. Norton.
Ferraro, V. (2003) "Globalizing weakness: is global poverty a threat to the interests of states?," in V. Ferraro *et al.*, *Should Global Poverty be Considered a US National Security Issue*, Environmental Change and Security Program, Commentaries, Washington DC: Woodrow Wilson International Center for Scholars.
Giordano, M. (2003) "The geography of the commons: the role of scale and space," *Annals of the Association of American Geographers*, 93(2): 366–75.
Giordano, M., Giordano, M., and Wolf, A. (2005) "International resource conflict and mitigation," *Journal of Peace Research*, 42(1): 47–65.
Gleditsch, N. P. (1998) "Armed conflict and the environment: a critique of the literature," *Journal of Peace Research*, 35(3): 381–400.
Gleditsch, N. P., Furlong, K., Hegre, H., Lacina, B., and Owen, T. (2006) "Conflict over shared rivers: resource scarcity or fuzzy boundaries," *Political Geography*, 25(4): 361–82.
Goldstone, J. (1996) "Debate," *Environmental Change and Security Program Report*, 2: 66–71.
—— (2001) "Demography, environment, and security," in P. Diehl and N. P. Gleditsch (eds), *Environmental Conflict*, Boulder, CO: Westview Press.
Græger, N. (1996) "Environmental security?," *Journal of Peace Research*, 33(1): 109–16.
Haas, P. (1990) *Saving the Mediterranean: The Politics of International Environmental Cooperation*, New York: Columbia University Press.
Haftendorn, H. (1991) "The security puzzle: theory-building and discipline building in international security," *International Studies Quarterly*, 35(1): 3–17.
Hamner, J. (2009) "Drought and the likelihood of water treaty formation," paper presented at the 2009 International Studies Association Convention, New York, 15–18 February.
Hardin, G. (1968) "The tragedy of the commons," *Science*, 162: 1243–8.
Hauge, W., and Ellingsen, T. (1998) "Beyond environmental scarcity: causal pathways to conflict," *Journal of Peace Research*, 35(3): 299–317.
Hensel, P., Mitchell, S. M., and Sowers, T. (2006) "Conflict management of riparian disputes," *Political Geography*, 25(4): 383–411.
Homer-Dixon, T. (1991) "On the threshold: environmental changes as causes of acute conflict," *International Security*, 16(2): 76–116.
—— (1994) "Environmental scarcities and violent conflict," *International Security*, 19(1): 5–40.
—— (1999) *Environment, Scarcity, and Violence*, Princeton, NJ: Princeton University Press.
Homer-Dixon, T., and Levy, M. (1995–6) "Correspondence: environment and security," *International Security*, 20(3): 189–98.
Horsman, S. (2001) "Water in Central Asia: regional cooperation or conflict," in R. Allison and L. Jonson (eds), *Central Asian Security: The New International Context*, London and Washington, DC: Royal Institute of International Affairs and Brookings Institution.
House of Representatives, Permanent Select Committee on Intelligence and Select Committee on Energy Independence and Global Warming (2008) *National Intelligence Assessment on the National Security Implications of Global Climate Change to 2030*, available: www.dni.gov/testimonies/20080625_testimony.pdf.
IPCC (Intergovernmental Panel on Climate Change) (2007) *Synthesis Report*. Geneva: IPCC.
Jopp, H. D., and Kaestner, R. (2008) "Climate change and security in the 21st century," in H. G. Brauch, U. O. Spring, C. Mesjasz, J. Grin, P. Dunay, N. C. Behera, B. Chourou, P. Kameri-Mbote, and P. Liotta (eds), *Globalization and Environmental Challenges: Reconceptualizing Security in the 21st Century*, Berlin: Springer.

Kaplan, R. (1994) "The coming anarchy," *Atlantic Monthly*, 273(2).
Keohane, R., and Nye, J. (1989) *Power and Interdependence*, New York: HarperCollins.
Klare, M. (2001) *Resource Wars: The New Landscape of Global Conflict*, New York: Metropolitan Books.
Levy, M. (1995) "Is the environment a national security issue," *International Security*, 20(2): 35–62.
Levy, M., Sorkelson, C., Vörösmarty, C., Douglas, E., and Humphreys, M. (2005) "Freshwater availability anomalies and outbreak of internal war: results from a global spatial time series analysis," paper presented at the Human Security and Climate Change International Workshop, Asker, Norway, 21–3 June.
Lipschutz, R., and Holdren, K. (1990) "Crossing borders: resource flows, the global environment, and international security," *Bulletin of Peace Proposals*, 21(2): 121–33.
McKinney, D. (2004) 'Cooperative management of transboundary water resources in Central Asia', in D. Burghart and T. Sabonis-Helf (eds), *In the Tracks of Tamerlane: Central Asia's Path to the 21st Century*, Washington, DC: National Defense University, Center for Technology and National Security Policy.
McNeely, J. (2005) "Biodiversity and security," in F. Dodds and T. Pippard (eds), *Human and Environmental Security: An Agenda for Change*, London: Earthscan.
Mamatkanov, D. (2008) 'Mechanisms for improvement of transboundary water resources management in Central Asia', in J. Moerlins, M. Khankhasayev, and E. Makhmudov (eds), *Transboundary Water Resources: A Foundation for Regional Stability in Central Asia*, Dordrecht: Springer.
Mandel, R. (1988) *Conflict over the World's Resources: Background, Trends, Case Studies, and Considerations for the Future*, New York: Greenwood Press.
Mathews, J. (1989) "Redefining security," *Foreign Affairs*, 68(2): 162–77.
Matthew, R. (1999) "Introduction: mapping contested grounds," in D. Deudney and R. Matthew (eds), *Contested Grounds: Security and Conflict in the New Environmental Politics*, Albany: State University of New York Press.
—— (2000) "The environment as a national security issue," *Journal of Policy History*, 12(1): 101–22.
Miller, B. (2001) "The concept of security: should it be redefined?," *Journal of Strategic Studies*, 24(2): 13–42.
Morgenthau, H. (1948) *Politics among Nations: The Struggle for Power and Peace*, New York: Knopf.
Myers, N. (1993) *Ultimate Security: The Environment as the Basis of Political Stability*, New York: W. W. Norton.
Najam, A. (ed.) (2003) *Environment, Development, and Human Security: Perspectives from South Asia*, Lanham, MD: University Press of America.
NICGC (Nautilus Institute and Center for Global Communications) (2000) Energy, Environment and Security in Northeast Asia: Defining a US–Japan Partnership for Regional Comprehensive Security, Berkeley, CA: Nautilus Institute and Center for Global Communications.
Ostrom, E., Burger, J., Field, C., Norgaard, R. and Policansky, D. (1999) "Revisiting the commons: local lessons, global challenges," *Science*, 284: 278–82.
Paris, R. (2001) "Human security: paradigm shift or hot Air?," *International Security*, 26(2): 87–102.
Pirages, D., and DeGeest, T. (2004) *Ecological Security: An Evolutionary Perspective on Globalization*, Lanham, MD: Rowman & Littlefield.
Raleigh, C., and Urdal, H. (2007) "Climate change, environmental degradation, and armed conflict," *Political Geography*, 26: 674–94.
Raustiala, K., and Victor, D. (1998) "Conclusions," in D. Victor, K. Raustiala, and E. Skolnikoff (eds), *The Implementation and Effectiveness of International Environmental Commitments: Theory and Practice*, Cambridge, MA: MIT Press.
Renner, M. (1996) *Fighting for Survival: Environmental Decline, Social Conflict, and the New Age of Insecurity*, Washington, DC: Worldwatch Institute.
Rice, S. E., Graff, C., and Lewis, J. (2006) *Poverty and Civil War: What Policymakers Need to Know*, Global Economy and Development Working Paper, Washington, DC: Brookings Institution.
Rothschild, E. (1995) "What is security?," *Daedalus*, 24(3): 53–98.

Simon, J. (1981) *The Ultimate Resource*, Oxford: Martin Robertson.

Soroos, M. (1994) "Environmental security and the prisoner's dilemma," *Journal of Peace Research*, 31(3): 317–32.

Stern, E. (1999) "The case for comprehensive security," in D. Deudney and R. Matthew (eds), *Contested Grounds: Security and Conflict in the New Environmental Politics*, Albany: State University of New York Press.

Suhrke, A. (1999) "Human security and the interests of states," *Security Dialogue*, 30(3): 265–76.

Susskind, L. (1994) *Environmental Diplomacy: Negotiating More effective Environmental Regimes*, Oxford: Oxford University Press.

Thorsell, J. (1990) "Through hot and cold wars, parks endure," *Natural History*, 99(6): 56–8.

Tir, J., and Ackerman, J. (2009) "Politics of formalized river cooperation," *Journal of Peace Research*, 46(5): 623–40.

Tir, J., and Diehl, P. (1998) "Demographic pressure and interstate conflict: linking population growth and density to militarized disputes and wars," *Journal of Peace Research*, 35(3): 319–39.

Toset, H. P. W., Gleditsch, N. P., and Hegre, H. (2000) "Shared rivers and interstate conflict," *Political Geography*, 19(8): 971–96.

Ullman, R. (1983) "Redefining security," *International Security*, 8(1): 129–53.

UNDP (United Nations Development Programme) (1994) *Human Development Report*, New York: Oxford University Press.

UNEP (United Nations Environment Programme) (1972) *Stockholm Declaration on the Human Environment*, 16 June, available: www.unep.org/Documents/?DocumentID=97&ArticleID=1503.

—— (1992) Rio Declaration on Environment and Development, 3–4 June, available: www.unep.org/Documents.Multilingual/Default.asp?DocumentID=78&ArticleID=1163.

Walt, S. (1991) "The renaissance of security studies," *International Studies Quarterly*, 35: 211–39.

Waltz, K. (1979) *Theory of International Politics*, Reading, MA: Addison-Wesley.

Watts, M. (2004) "Antinomies of community: some thoughts on geography, resources and empire," *Transactions of the Institute of British Geographers*, 29(2): 195–216.

Weinthal, E. (2002) 'The promises and pitfalls of environmental peacemaking in the Aral Sea Basin', in K. Conca and G. Dabelko (eds), *Environmental Peacemaking*, Washington, DC, and Baltimore: Woodrow Wilson Press and Johns Hopkins University Press.

Westing, A. (1986) "Global resources and international conflict," in A. Westing (ed.), *Global Resources and International Conflict*, Oxford: Oxford University Press.

Wolf, A., and Hamner, J. (2000) "Trends in transboundary water disputes and dispute resolution," in *Water for Peace in the Middle East and Southern Africa*, Geneva: Green Cross International.

Wolfers, A. (1952) "National security as an ambiguous symbol," *Political Science Quarterly*, 67(4): 481–502.

Young, O. (1989) 'The politics of international regime formation: managing natural resources and the environment', *International Organization*, 43(3): 349–75.

—— (1994) *International Governance: Protecting the Environment in a Stateless Society*, Ithaca, NY: Cornell University Press.

第五章 可持续消费

Doris Fuchs and Frederike Boll

引 言

所谓可持续消费，即从消费决策的角度来解决环境问题。因此，它的目的是突出潜在的环境问题和最根本的原因，并把责任归于相应的行为主体。具体而言，发展中国家在生产过程中引发的环境退化必须与工业化国家的消费决策挂钩。同时，可持续消费指出了世界生态资源利用中的社会公正问题，突出了当前存在的严重不对称现象。

消费模式和消费水平不能再被视为个人或国家的问题。它们如今已经成为全球性的政治问题。由于全球政治经济的各个方面(如贸易和金融政治)影响了消费模式和消费水平及其环境(和社会)(Fuchs & Lorek, 2002)，所以出现了它们与全球政治的不同联系。自 1992 年里约地球高峰会议(UN, 1992)以来，可持续消费已经以《21 世纪议程》的形式被列入全球政治议程。

本章将探讨可持续消费的概念，并阐述可持续消费治理所面临的任务。然后明确全球可持续消费治理中的相关政治参与者，追踪时事，讨论在这一领域取得进展会面临的障碍，并探讨政策的影响。最后，简要介绍当前可持续消费前沿领域的调查和研究进展。

第一节 什么是消费，为什么要研究它

《国际社会科学百科全书》(*International Encyclopedia of the Social Sciences*, Eglitis, 2008: 105)将消费定义为“个人和家庭的人员支出，涉及商品和服务的选择、使用与处理或再利用”。换句话说，消费包含我们处理货物和服务的所有阶段：购买、使用和处置。正如社会学家和心理学家所

说的那样，发生某种消费可以出于各种目的。食物和水、居住需求和一些保暖方式都是生存的必要条件。然而，在当今的发达社会中，消费的目的已超出了必要的基本需求的实现。我们消费是为了娱乐自己，增加自己的快乐（即使有时会适得其反），以及定义和表达自己的身份。

但是为什么消费也被归入环境政策的话题呢？如果我们考虑到与消费相关的资源使用，那么答案就会变得非常明显。西方社会使用了大量的资源，其消费模式和消费水平也产生了巨大的环境污染。事实上，在解释发展过程中缺乏可持续性的原因时，这种消费社会可能被认定为主要的反面因素。

当然，将环境退化的责任归于生产方法和过程是比较容易的。毕竟，人们可以争辩说，消费者并不了解生产时造成的环境退化的影响，或者他们认为这种影响并不严重。而且涉及的公司的数量还是很多的，但肯定比消费者的数量要少，因此更容易与之沟通并使其规范化。同样，由工厂生产造成的环境退化更为明显和集中，并且可以更直接地作为被批评的目标。最后，也许最根本的是，只要我们把消费者的选择看作是追求幸福和自由的一部分，而且只要依靠消费推动经济增长仍然是首要的、不可撼动的政治目标，那么在政治上，规范生产就比限制消费更容易被接受。

然而，由于一系列原因，人们对生产的关注是明显不够的。例如，对生产的关注就不包括产品在使用和最终处理过程中造成的环境退化。最重要的是，把关注焦点只放在生产上其实是隐藏了环境退化的最终驱动力，因为它没有把责任归于相应的行为主体；同时，它掩盖了干预和变革的潜在战略。

责任问题也是科学界和政界关注可持续消费的原因之一。它最初出现在对造成当今世界环境问题的主要原因的辩论中。在国际会议上，发达国家往往比较关注发展中国家的人口增长问题，而发展中国家则认为发达国家现有的消费水平和消费模式造成了环境退化。因此，消费也有道德和伦理的两面。事实上，当环境活动家和学者开始强调一个美国人一生消耗的资源数量与多个印度人一生消耗的资源数量相同时（Durning，1992），关于可持续消费的辩论就有了相当大的动力。即使是在今天的政治辩论中，我们也一次又一次地谈到这些涉及正义的问题。

第二节　可持续消费的概念

没有可持续消费，可持续发展就是不可能（实现）的。正如上文所指出的那样，特别是在工业化国家，不可持续的消费模式和消费水平正是造成目前世界环境恶化的主要驱动力(Haake & Jolivet, 2001)。但什么是可持续消费呢？Oslo圆桌会议将其定义为：

> 为满足基本需求、提高生活质量而使用服务和相关产品，同时最大限度地减少自然资源和有毒物质的使用，在服务或产品的生命周期内减少废物和污染物的排放，从而避免危及后代。
>
> (挪威环境部，1994)

然而，重要的是，要区分强可持续消费和弱可持续消费。生产和消费效率的提高可能导致可持续消费疲软，这通常通过技术改进来实现。在这种情况下，消费可持续性的改善对应着资源的单位消耗减少，如因生产技术的改进或生产效率的提高。很多时候，这种改善是双赢的。

弱可持续消费是实现可持续发展的必要条件。然而，地球资源目前的限制及其存储污染物的能力，意味着提高消费效率不足以实现可持续发展。对所谓的反弹效应的研究在文献中是这样记载的：单凭提高效率所取得的成果几乎总是被消费量的增长所过度补偿(Greening et al., 2000)。

因此，如果我们想要实现可持续性发展，就需要通过追求工业化国家的格局变化和水平降低——如强可持续消费——来实现。强有力的可持续消费可以被视为可持续发展的充分条件。它需要改变基础设施，以及对消费水平和驱动因素进行选择。实现强有力的可持续消费的必要步骤在政治上是有非常大的争议的。然而，从可持续消费而不是可持续生产的角度来看，这些问题是以可持续发展为中心的。

在分析可持续消费治理的承诺和陷阱的背景下，强可持续消费和弱可持续消费的概念被引入科学讨论(Fuchs & Lorek, 2005)就不会令人意外了。通过观察得到的分析说明，全球治理的可持续消费领域正在进行大量的活动，而实际上取得的进展甚微。因此，学者们对各种活动的具体目标进行了划分，发现人们在关注效率问题方面存在狭隘性。他们随后评估了参与这一政策制定的各种国家和非国家行动者的利益和相对影响，并以此来解释可持续消费治理几乎完全不存在。因此，强可持续消费和弱可持续消费之间的区别可以作为有用的分析工具，来区分追求边际改进和因模式和水平的变化而导致的消费可持续性的有效变化(尽管在政治上代价高昂)。

除了强可持续消费和弱可持续消费之间的治理的根本区别之外，文献中还存在一些可供选择或补充的可持续消费的概念性区别(Charkiewicz et al., 2001; Cohen & Murphy, 2001; Princen et al., 2002)。例如,哲学和社会学方法强调动机之间的区分,从而增强对当今消费意义的理解。例如,普林森(Princen, 1999)研究了消费不当和过度消费等类别,以查明消费存在的问题。为了研究当今消费者的可持续行为,环境署也确定了类似的四个消费类别。"消费机会"报告(UNEP, 2001)将这四类分为高效消费、不同消费、有意识消费和适当消费,并把第一个消费类别与非物质化相联系,后三个消费类别与消费的优化联系在一起。

第三节 任 务

要追求可持续消费,首先要了解消费决策的成因和驱动因素,以及消费领域为满足人们的需求而对环境和社会产生的特别负担。在工业化国家,消费一般远远超过人们对粮食和住房的需求。相反,消费决策受到便利性、身份背景、地位标志、消遣、参与度和创造性等方面的影响。提高消费可持续性的政治措施要想取得成功,就需要考虑这些方面。

其次,消费者在具体的社会经济、政治和文化背景下做出决定。他们很少作为完全自主的个人,而是在他们的职业背景和社会环境所限制的范围内(Georg, 1999; Schor, 1999)进行选择性消费。这些限制因素包括时间和金钱,还有期望或传统。事实上,政治家和企业家经常提倡的可持续消费责任的个性化是非常关键的(Princen et al., 2002)。因此,改善消费可持续性的政治措施不仅要考虑个人消费者(甚至是主要方面),而且要考虑消费环境。

再次,这种政治策略需要定位在有较大的环境和社会责任的消费群体中。研究已经确定了食物、流动性和住房这三个主要的领域(Lorek & Spangenberg, 2001)。第一,越来越多的肉类消费、温室生产、农药使用、转基因生物(GMO)的引入以及长途运输越来越占据主导地位都是影响可持续发展的不利因素。第二,汽车行驶的距离(因城市规划和实践而导致的汽车行驶里程增长)、汽车的燃油效率以及航空运输行驶里程的急剧增加都是亟须解决的问题。第三,家庭日益增大的规模、相关的供暖和制冷需求以及空间的破坏都对可持续发展构成重大挑战。

最后,可持续消费政策的一个特殊挑战来自全球化的背景(Fuchs &

Lorek，2002；Haake & Jolivet，2001)。消费模式和消费水平是一个动态的目标，受贸易、金融、信息和技术的跨国互动的影响。全球化影响的广度和深度意味着它有可能破坏任何忽略这种情况的可持续消费政策。尚需进一步考虑一个重要的"搭便车"问题：可持续消费不能单独在国家层面进行，而必须是全球治理的一个目标。

第四节　全球可持续消费政策①

当联合国环境与发展会议(UNCED)呼吁在《21 世纪议程》(UN，1992)中采用可持续消费模式时，"可持续消费"的概念明确出现在全球治理议程上。自那时起，各种行动者，特别是国际政府间组织(IGOs)就已经开始讨论可持续消费问题。然而，它们对目标缺乏雄心，至今还没有取得任何进展。特别是强大的可持续消费——这个在政治上有争议的问题——从议程中消失了。迄今为止，全球可持续消费治理几乎全部集中在效率问题上(甚至我们发现更多的是言辞而不是行动)。最早有关可持续消费的全球会议，特别是 1994 年的 Oslo 会议采取了更广泛的方式来解释这一概念。它明确指出，注重生态效益并不能为识别、理解和改变不可持续的消费模式提供一个充分而全面的框架。然而，在接下来的几年时间里，国际政府间组织系统性地减少了对可持续消费治理的关注，并降低了实现这一目标的雄心，由此，这种更全面的了解从政治议程中消失了。

(一) 全球可持续消费治理的行动者

1. 可持续发展委员会和可持续发展司

可持续发展委员会(Commission on Sustainable Development，CSD)一直是可持续消费领域最积极的参与者之一。其工作利用到了可持续发展司(Division for Sustainable Development，DSD)的技术和组织资源，后者又是联合国经济和社会事务部(United Nations Department for Economic and Social Affairs，UNDESA)的一部分。可持续发展委员会于 1995 年通过了《改变消费和生产形态的国际工作方案》，并就消费趋势及其影响和相

① 有关各方角色的详细讨论，请参见福克斯和罗瑞克(Fuchs & Lorek，2005)的论述。

关的政策措施(联合国经济和社会事务部,1995)等一系列方面开展和委托开展工作。特别要提到的是,它促进了可持续消费指标的发展和《联合国消费者保护准则》(UNDESA, 2003)的修订。

与此同时,可持续发展司决定将改变消费和生产模式作为其多年方案的一部分,并与国际可持续发展研究所(IISD)合作。基于这种合作,从1997年至2000年,国际可持续发展研究所开发和维护了一个网站,内容涵盖了可持续消费的定义和概念,关于这一主题的关键资源以及改变消费和生产模式的政策工具及纲要。

可持续发展委员会和可持续发展司在可持续消费趋势、指标和政策措施方面的工作非常重要。它为全球治理议程提供了更具可见性的可持续消费的概念体系。然而,这两个机构虽然广泛且成功地实施了《21世纪议程》第四部分的内容,但它们没能成功跨越辩论和指标设定阶段。而且,它们忽视了将强可持续消费作为治理目标。只有在可持续发展委员会讨论"共同但有区别的责任"的情况下,它们才提出有关消费形态发生根本变化和消费水平降低的问题,而且它们也没有将其纳入官方报告和文件中。

2. UNEP

环境署的可持续消费方案形成于技术、工业和经济司(Division of Technology, Industry, and Economics, DTIE)的生产和消费单位中。该计划始于1998年,旨在开发面向需求的活动,以补充技术、工业和经济司有关供应的需求。其目标是了解推动全球消费模式的力量,为企业和其他利益相关者开展适当的活动,并寻求企业、政府和非政府组织的潜在进步。此外,技术、工业和经济司还进行了全球消费者调查,来更好地了解消费者的需求以及各个领域的消费趋势和指标。总而言之,环境署已经开展了与可持续消费有关的大量活动。然而,其于2001年的工作几乎完全集中在提高消费的生态效率,特别是谋求商业创新上。

有趣的是,环境署的"消费机会报告"(UNEP, 2001)明确提到了"过度消费"这个具有政治敏感性的话题。然而,环境署在报告中却没有制定进一步的宏伟目标,而是启动了欧洲可持续消费机会(SCOPE)进程,把重点放在了中欧和东欧国家(从而避免了最为严重的过度消费),并没有重视这些政治敏感的问题。

2002年,环境署发布了一份《全球状况报告》(UNEP, 2002),确定了最需要进一步开展可持续消费工作的六个战略领域,澄清了"消费"一词的各种含义,提出了更好的反馈指标来衡量人们的消费压力和生活质量,支持加强本地化运动，改变某些资源或商品和服务的消费趋势。此外，环境署还于2002年在约翰内斯堡召开世界可持续发展首脑会议（WSSD）之后迅速提出了一个十年计划框架，而这个想法最初是由欧盟推动的。因此，在这个阶段，环境署的计划和活动再次显现出广阔的前景。但是，它还没有表现出自己的意愿和能力，以打破之前有意和明确地排除强可持续消费观点的桎梏。

3. 经济合作与发展组织

经济合作与发展组织（OECD，以下简称“经合组织”）是另一个在可持续消费方面进行了大量工作的重要参与者。由于经合组织国家的人口占世界总人口的19%，但其资源量却占世界资源总量的80%，因此该组织在1995年开始着手解决这一问题，并制定了综合工作方案，即“生产和消费的环境影响”。其重点是建立资源效率和技术变化与环境之间的联系，探索环境改善与经济增长之间相互支持的关系。其核心活动与可持续发展委员会的活动类似，包括制定概念框架和指标，以及分析经合组织国家的趋势和政策选择。

经合组织明确地专注了一些重要部门和消费群体，特别是旅游业、食品、能源和水的消费以及废物处理（OECD，2002）。此外，该组织还发布了关于可持续消费的政策工具、信息和消费者决策以及参与性决策报告。然而，其消费工作框架与传统的经济增长重点是一致的。因此，该组织最终未能超越提高生态效益、追求经济增长和环境质量的目标。

2008年，经合组织从另一个角度看待可持续消费，分析环境政策的分配效应。但评审团仍然怀疑：这种观点的转变是否会使其在可持续消费治理中发挥更为显著的作用呢？

4. 欧盟

2001年，欧盟理事会通过了《可持续发展战略》（EU，SDS），并于2006年进行了修订，使可持续消费和生产成为欧洲层级的主要目标和优先事项之一。作为对约翰内斯堡可持续发展问题世界首脑会议的回应，欧盟在2003年强化了自己的立场，重新强调其在促进和支持可持续消费和生产方面的主导作用。这些欧洲利益相关者会议吸引了许多来自政府、私营部门、民间社会和非政府组织的代表参加。然而，这些会议只是讨论平台，而不是工作平台。

欧盟科学统计数据监测报告（欧盟统计局，2007）除了强调生态效率形式的弱可持续消费的重要性外，还提到只有改变消费和生产模式才能实现可持续发展，并认为这是加强可持续消费治理的一部分。此外，该报告还强调了环境退化与经济增长脱钩的重要性，以及作为可持续发展战略一部分的成功的国家举措的重要性。欧盟现在给人的印象是，它正在努力发挥主导作用，制定全球可持续消费的政策。

2008年，欧盟颁布了《可持续消费和生产与可持续工业政策行动计划》，明确了更多产品的生态设计要求，强调了能源和环境标志等具体行动，支持了提高资源效率、生态创新，提升了行业的环保潜力。然而，与监测报告相比，行动计划只侧重于弱可持续消费，而且仅提及提高生态效益和创新是实现可持续消费和生产的主要动力。因此，它虽然加强了欧洲环境署在这些方面的工作，但不允许这些工作更进一步。另外，强制性承诺还是非常少见的，如欧盟对为环保产品添加标签的要求依然是自愿。

因此，欧盟在某些方面已经采取了一些举措和行动，通过刺激和推动这些进程来发挥其在促进可持续消费和生产方面的主导作用。然而，它的这些举措还缺乏连贯性，并且在支持强可持续消费和相关的必要的强制性承诺方面缺乏创造性。

5. 各国政府

各国政府和非政府组织以及研究人员和研究网络，也一直在可持续消费领域表现活跃。除了国家政府之外，这些行动者在建立全球议程方面显然与IGO不同。不过，各国政府为促进国家可持续消费对话和措施制定所做的努力也为全球可持续消费治理奠定了基础。特别值得一提的是挪威和丹麦政府的努力，它们不仅资助了大量在可持续消费方面的研究，还为促进全球可持续消费治理采取了一些具体措施。挪威政府在全球议程方面尤其积极。它于1994年和1995年举办了可持续消费讲习班，并推动人们广泛理解可持续消费治理的要求和潜力。它还与本国的研究中心合作，在国家层面宣传可持续消费理念。丹麦政府带头筹备可持续发展问题世界首脑会议，并在欧盟轮值主席国的领导下启动了十年规划框架。然而，迄今为止，这些努力并没有系统地得到落实，也没有促进强可持续消费政策措施的形成及达成相关协议。

只有少数几个国家接受了制定明确的可持续消费和生产行动计划(SCP)的挑战，它们采取了截然不同的方式，也有不同等级的目标。例如，英国的可持续消费和生产行动计划强调商业在推进议程中的作用，瑞典依靠消费者，而芬兰依靠研发者和利益相关者的参与。无论如何，弱势工具(信息工具)的普及是显而易见的。所有的可持续消费和生产行动计划都很少关注政府管理在可持续消费和生产方面的可能性。这种政治上的困难在瑞典表现得最为明显——瑞典的政府更迭导致该计划被立即取消。

6. 非政府组织

非政府组织在促进可持续生产和消费的全球运动中发挥了强有力的积极作用。在可持续发展委员会的许多项目周期中，从事生产和消费模式工作的非政府组织经常协调其宣传和教育工作，最终将这些项目组织起来并植入国际可持续生产和消费联盟（International Coalition for Sustainable Production and Consumption, ICSPAC）。

这些非政府组织都提出了有关消费模式和水平的政治敏感性问题。而且，它们通过促进替代生活方式和价值观的传播，为发展强可持续消费治理做出了贡献。通过分析北美公民社会运动的情况，可以看出有哪些非政府组织和其他民间社会组织正在贡献自己的力量，以实现可持续消费，或者至少解决当前消费模式在结构上的不可持续性问题。自愿的简单性和“知情权”团体、当地的基金会和社会投资团体、生态标签和公平贸易倡议都试图有所作为，但迄今未能通过合作来发挥更大的潜力。在“马拉喀什进程”（Marrakech Process）启动之后，非政府组织创建了一个在线论坛，来评估国际政府当前的发展情况，并帮助它们宣传关于可持续生产和消费的原则、实践和政策理念。非政府组织显然希望通过跨国联盟和协调活动来增强自己的实力，但是事实证明，迄今为止，它们在全球范围内的影响仍然十分有限。

7. 学术界

学者们也为理解可持续消费做出了很大的贡献。重要的是，目前的研究涉及一系列可持续消费问题，包括有争议的过度消费问题以及改变消费层次和模式的需求。尤其是在欧洲，对人们减少消费的意愿和能力的评估一直是许多研究工作和合作的重点。不幸的是，这些研究提出的批评意见很少能进入官方的全球可持续消费对话。一些国家和国际机构在这方面承担了政治和科学之间的“翻译者”角色，但是迄今为止，这些努力的结果仍难以令人满意。为了改善这种状况，在科学家和非政府组织积极分子的共同努力下，可持续消费研究交流网（SCORE）形成了，它致力于为十年计划框架贡献知识和动力。但它最终是否能够成功还有待观察。

8. 商界

国际商会和世界可持续发展工商理事会发表了一份关于可持续消费主题的报告（WBCSD, 2002）。该报告认为消费者对塑造市场十分关键，因此应把责任牢牢地锁定在需求方而不是供给方。它认为提高生态效率是企业对可持续消费的贡献，但显然忽视了任何关于企业在推动和减少过度消费中的作用的讨论。在该报告中，分给商界唯一的额外责任是告知消费者相关的社会和环境影响，并为他们提供适当的选择。之后，该报告再次从商业角度分析了可持续消费的事实和趋势，并确定了消费者、企业、非政府组织和政府的角色(WBCSD, 2008)。毫不意外的是，根据这份报告，商界的根本责任改变很小。

(二) 事态

上届可持续发展全球首脑会议的核心成果是 2002 年世界首脑会议的召开，它呼吁各国政府“鼓励并推动制定一个十年方案框架，以支持加速向可持续消费和生产转型的区域和国家举措”(UN/WSSD, 2002)。这个规范是比较模糊的，它没有提到强可持续消费方面。但是，即使是这样，它在某些方面也被看作是积极的。只有将可持续消费问题的漫长而有争议的讨论列入执行计划中，才能取得这一成果(Barber, 2003)。而且，在这一成果中，生命周期分析首次被纳入经批准的联合国文件中。

2003 年，继约翰内斯堡会议之后，在摩洛哥马拉喀什举行的一次重要会议发起了“马拉喀什进程”。这个进程旨在支持制定和实施十年计划框架(10 YFP)。这一项目的目标分为四个领域：协助各国可持续性发展；为它们的经济增加“绿色”；发展可持续商业模式；鼓励消费者做出更多的可持续消费选择。这一项目正在开展一系列的活动。环境规划署与联合国经济和社会事务部是负责该项目的主要机构，它们决定可持续生产和消费将继续成为可持续发展委员会在 2004—2017 年工作计划中的一个贯穿各领域的主题，而 2010—2011 年周期也将十年计划框架设定为一个专题组并予以额外重视。自 2003 年以来，它们在世界各地举行了多次国际和区域会议，以推进项目进程。尽管如此，这些会议迄今未能促成实质性的变化，而只是作为一个交流的平台(来开展活动)。

这一项目已经表现出以下主要弱点：一个可以领导它的机构架构存在很多争议，所以花了五年的时间才建立了一个咨询委员会，这个委员会本应发起并制定十年计划框架的第一个正式草案，这一草案将被视为全球目标，将经济增长与环境退化脱钩，促进更加可持续的生活方式，促进城市和社会发展，并支持区域与国家的可持续消费和生产计划。

难道这是转向强大消费治理的开始吗？在该草案中，促进可持续消费的举措是自愿而不是强制性的。每个国家都可以决定是否支持强可持续消费或弱可持续消费。

直到2011年，该框架草案得到了完善，并在联合国可持续发展委员会第十九届会议上进行了讨论。虽然转向强可持续消费概念是真正改变的起点，但是，对马拉喀什进程在过去五年所取得进展的评估并不能激发人们的信心。不幸的是，过去的经验使人们难以相信向强有力的全球可持续消费治理的转变会是一次成功的转型。

从一开始，十年框架计划作为“约翰内斯堡执行计划”的一部分就遭到了非政府组织的批评。虽然这份文件已于2002年被要求执行了，但由于文件的措辞并不犀利，故而没有取得任何实质性的进展。如果要取得实质性的进展，十年框架计划必须做出有约束力的承诺，制定关于可持续生产和消费的国家政策框架。此外，还必须制定法律框架和多边协议，以确保这些措施能真正带来实际的可持续性。

（三）进展的阻碍

总之，弱可持续消费受到了一些关注，而强可持续消费在全球治理中几乎完全不存在(Fuchs & Lorek，2005)。强可持续消费只存在于社会和研究的边缘部门，或作为官方文件中的象征性提示出现。特别是政府间组织开展的活动，更是回避了强烈的可持续消费问题。如果强可持续消费是可持续发展的根本先决条件，那么这个情况如何解释呢？这个问题的答案在于政府间组织的“弱点”，以及消费者和商家出于利益联合抵抗这些强有力的措施。

政府间组织最初承担了这些可持续消费问题的责任，但由于其政治敏感性，政府间组织在问题定义的早期阶段就开始限制其重点。它们回避了一个更加雄心勃勃的方案，因为强有力的措施在工业化国家的消费者中是非常不受欢迎的，在商界也不受欢迎，因而最终政府也不会满意。与消费者日益增长的环保行为主义观念和企业公民形象的增长相比——更乐观的有关可持续消费的文献称其为“希望之源”，而消费者和企业对这种战略的前景并不看好。

由于消费者也是选民，他们的反对意见会影响政府采取适当的国际政策措施的倾向。一些学者和实践者宣扬了人们对消费的环境和社会效应的新认识和兴趣。同样，调查也倾向于报告有相当一部分消费者关心他们的行为所带来的影响。然而，环境、社会或可持续发展价值观在现实生活中对消费决策的影响与许多标准存在竞争(Jackson，2004；Ropke，1999)。

在全球网络中，“可持续性”信息被对立的信息所压制(Fuchs & Lorek，

2002)。事实上,有充分的证据表明,可持续性标准通常比竞争目标低。即使这个问题只是消费不同产品中的一种,情况也是如此。说到消费少,障碍就更大了(Jackson, 2005)。换句话说,虽然有迹象表明人们有转向绿色消费的意愿,但是并没有发现存在为了实现可持续发展目标而减少消费的根本性变化。相反,消费比以往任何时候都更能成为一种个人权利,它允许人们表达自我,追求合法的职业和社会目标,并有机会行使自由选择权。

商界也存在着类似的强可持续消费治理。大多数企业主倾向于拒绝承担任何与消费水平有关的责任。一些乐观的学者和积极分子指出,企业必然反对强有力的可持续发展。他们认为,商业消费治理不一定能够让企业通过销售量少但更昂贵的利润率较高的产品来赚取利润。然而,不管价格如何,产品在质量基础上的区分能力是有限的,因为只有一部分产品可以根据质量进行相应的销售。此外,全球化的经济在很大程度上表现为大众市场和廉价产品的高度竞争,以及社会和环境成本外在化的压力。同样,企业的社会责任和相关措施也常常被用来表明:在实际的改善行动中,商业行为的伦理倾向往往表现不佳。更重要的是,这些措施不太可能有助于改善强可持续消费。企业可能对促进强可持续消费感兴趣的唯一领域是生态效率服务领域——即购买服务而非商品所有权——这实际上涉及消费水平的降低(Michaelis, 2003)。但是,生态效率服务只能在某些领域内为消费者提供选择,并且经常不被他们所接受。

鉴于强可持续消费治理缺乏消费者和企业的支持,政府或政府间组织就不应该在这方面开展太多的活动,且政府间组织又依赖于其成员政府。另外,政府和政府间组织本身仍然依赖增长话语,倾向于鼓励消费以刺激增长。因此,它们可能会继续努力提高生态效率,而不会同意或通过极大改变消费模式或降低消费水平的政策。

(四)政策影响

全球可持续消费治理的未来将如何?我们对迄今为止的发展情况的分析表明,提高消费效率的努力是存在的。因此,我们可以期望通过诸如促进消费品高效技术的政策建议来发挥作用。然而,相当多的学者认为,只有工业化国家的消费者转变模式、降低水平,才能实现可持续消费。正如我们的分析所显示的那样,由于全球政治和经济环境的制约,这些问题几乎没有取得任何进展。此外,未来向着强可持续消费努力的潜力是有限的。商业利益与消费者利益的一致意味着政府间组织和各国政府(工业化国家)都将继续在提高效率方面实现可持续性。因此,我们预计关于消费水平的政策提案会很少。

在这种情况下,我们真正需要的是政治建议而不是政策建议。问题不在于如何制定政策以便在可持续消费治理方面取得更远或更快的进展,而在于如何开辟一个新的治理领域。为此,强化与相关的政府间组织的关系,可能会为它们提供足够的回旋余地来应对强烈的可持续消费问题,即使这些问题在消费者、企业和政府之中存在争议。这种强化可以通过体制结构和能力的变化来实现。将联合国环境规划署扩大到一个具有广泛的专业知识、拥有制裁力和执法能力的全球环境组织,这一点已经被多次讨论过,而且在这一背景下是具有可行性的。

然而,政府间组织的力量不仅仅是发布机构指令,正式的制裁和执法能力也是组织中个人提供领导意愿和能力的一个功能。全球治理学者质疑政府间组织普遍获得"新"政治能力这一夸大的说法。虽然这一质疑是正确的,但即使是那些没有这种能力的人也可以发挥重要作用。历史经验表明,政府间组织和领导它们的个人能够制定关键政策倡议的有效议程,并有远见地推动政策实施。事实上,政府间组织有时试图通过强制追求新的社会愿景和目标来证明自己的存在是合理的。因此,政府间组织目前缺乏强有力的可持续消费治理活动,这不仅是因为它们缺乏正式的权力,也是因为它们存在思想方面的问题。因此,一个较小但相关的体制变革可能是将环境署的可持续消费工作从技术、工业和经济司中转移出去,因为这一部门在传统意义上把重点放在了工业上,因而其位置在组织等级上更高一些。

有可能促进可持续消费治理的第二个发展,是相关非政府组织采取新的政治策略。鉴于目前的利益与强可持续消费相一致,因此需要改善学术界和发展中国家的非政府组织联盟的关系,从而为政治效力提供一定的基础。而且,这样的联盟应该把 IGO 组织场所的问题(上面讨论的相关性)作为其战略的一部分。显然,非政府组织、学术界和发展中国家之间的联盟仍然会面临能力有限的问题。强可持续消费信息仍然需要通过大众媒体与遍布的广告,在引导消费的宣传方面进行竞争。此外,非政府组织和越来越多的学术研究皆依赖于公共财政的支持。因此,即使是一些非政府的环境保护组织中的学者也相信降低消费水平的必要性,他们也常常避开这样的讨论。尽管存在这些障碍,但是这种联盟可能仍然是唯一潜在的促进强有力的可持续消费治理的重要推动力量。

第五节 目前的研究进展

近几十年来，可持续消费和生产的研究领域受到越来越多的关注。在消费与可持续发展之间建立联系需要一段时间。但从 20 世纪 90 年代初期开始，可持续消费问题就已经在环境研究中获得了可见性和接受度。对不可持续生产过程的担忧扩展到了那些与消费和过度消费有关的问题，以及那些被视为社会地方活动所带来的长期影响中。

可持续消费研究领域在这一点上如此活跃和有趣，其中一个原因是该领域真正地跨越了学科界限。这样的研究得益于政治学、经济学、社会学、人类学、心理学、哲学等各学科的贡献，并且聚焦于广泛的课题。因此，学者们仍然试图更好地理解影响消费者行为的决定性因素。他们试图辨别不同类型的消费者和生活方式，以制定有针对性的策略，来减少和改变他们的消费模式。

第二个重点是知识/价值方面与行动方面之间的差距（Lebel et al.，2006）。调查显示，大多数人认为他们可以通过减少消费或以不同的方式来改善环境退化。而且，他们倾向于认为他们的消费决策受到环境标准的显著影响。然而，这种所谓的环境意识与实际消费决策中所做出的行动之间存在很大的差距。

另外，做出消费决策的不仅是秉持可持续发展理念的消费者。换句话说，消费决策是在社会、经济、政治和时间限制下做出的（Repke，1999）。消费环境的结构性背景极大地影响了这种决策的可选择性特征（Fuchs & Lorek，2002）。为了不高估个人对变革的责任和能力，可持续消费研究必须采取综合的视角，将消费者的决策与其社会环境联系起来，形成综合的生产消费战略。此外，可持续消费研究正在处理长期以来被忽视的可持续性社会问题。例如，零售食品的标准有可能改善工业化国家的环境条件和食品安全，同时影响发展中国家的农村收入（Fuchs & Kalfagianni，2010）。因此，这一研究也必须采取综合的观点。当然，如何提高消费的可持续性仍是一个问题。因此，在任务所面临的规模背景下，学者们将继续尝试制定相应的策略。毕竟，在一个趋于更好的体系的结构背景下，我们的目标是改变整个社会的消费水平和模式。因此，学者们探讨了不同政治家和社会行动者之间形成联盟的潜力，以及替代模式与灯塔项目的可用性和可推广性。

结　　论

自里约世界首脑会议结束16年来，虽然我们一直坚持可持续消费这一政治追求的前进方向，但远未达到令人满意的程度。本章强调了更多政治弱点和障碍，与目标相比，可持续消费治理的未来依然黯淡。同时，由于气候变化、环境恶化和世界范围内的贫困，通过可持续消费和生产实现可持续发展的压力越来越大。

许多报告、会议和框架已经启动，许多行动者都参与了这个过程，他们希望可以实现可持续消费和生产政策的改变。如上所述，政府间组织可以在这方面发挥主导作用。它们必须通过克服国家利益和加强全球政治力量来推动全球解决方案的实现。这反过来又需要强有力的领导力。

因为可持续消费治理适用于几乎所有的政策领域，因此其方法应该是全球性和综合性的，不仅应与环境政策相关，而且应与经济、社会政策相联系。而且，它必须把强有力的可持续消费治理作为核心重点。弱可持续消费治理走上了国际和国家的政治议程，但强可持续消费治理仍然被大多数政治行动者所忽视。如果没有这一政策，国际社会将无法履行其可持续发展的责任。

推荐阅读

Dauvergne, P. (2008) *The Shadows of Consumption: Consequences for the Global Environment*, Cambridge, MA: MIT Press.

Jackson, T. (2006) *The Earthscan Reader in Sustainable Consumption*, London: Earthscan.

Princen, T. (2005) *The Logic of Sufficiency*, Cambridge, MA: MIT Press.

Worldwatch (2004) *State of the world 2004: Special Focus: The Consumer Society*, Washington, DC: Worldwatch Institute.

参考文献

Barber, J. (2003) "Production, consumption and the World Summit on Sustainable Development," *Environment, Development and Sustainability*, 5: 63–93.

Charkiewicz, E., Bennekom, S., and Young, A. (2001) *Transitions to Sustainable Production and Consumption: Concepts, Policies, and Actions*, The Hague: Tools for Transition.

Cohen, M. J., and Murphy, J. (2001) *Exploring Sustainable Consumption: Environmental Policy and the Social Sciences*, Oxford: Pergamon Press.

Durning, A. (1992) *How Much is Enough?* Washington, DC: Worldwatch Institute.

Eglitis, D. S. (2008) "Consumption," in *International Encyclopedia of the Social Sciences*, 2nd ed., Detroit: Thomson Gale.

Eurostat (2007) *Measuring Progress towards a More Sustainable Europe: Monitoring Report of the EU Sustainable Development Strategy,* Luxembourg: European Commission.

Fuchs, D., and Lorek, S. (2002) "Sustainable consumption governance in a globalizing world," *Global Environmental Politics*, 2(1): 19–45.

—— (2005) "Sustainable consumption governance: a history of promises and failures," *Journal of Consumer Policy*, 28(3): 261–88.

Fuchs, D., and Kalfagianni, A. (2010) "Private food governance and implications for social sustainability and democratic legitimacy," in P. Utting and J. C. Marques (eds), *Business, Social Policy and Corporate Political Influence in Developing Countries*, New York: Palgrave Macmillan, pp. 225–47.

Georg, S. (1999) "The social shaping of household consumption," *Ecological Economics*, 28: 455–6.

Greening, L. A., Green, D. L., and Difiglio, C. (2000) "Energy efficiency and consumption – the rebound effect: a survey," *Energy Policy*, 28: 389–401.

Haake, J., and Jolivet, P. (2001) "The link between production and consumption for sustainable development," *International Journal of Sustainable Development*, 4(1) [special issue].

Jackson, T. (2004) *Motivating Sustainable Consumption: A Review of Evidence on Consumer Behaviour and Behavioural Change*, Guildford: University of Surrey, Centre for Environmental Strategy.

—— (2005) "Live better by consuming less? Is there a 'double dividend' in sustainable consumption?," *Journal of Industrial Ecology*, 9(1): 19–36.

Lebel, L., Fuchs, D., Garden, P., Giap, D., *et al.* (2006) *Linking Knowledge and Action for Sustainable Production and Consumption Systems*, USER Working Paper WP-2006-09, Chiang Mai: Unit for Social and Environmental Research.

Lorek, S., and Spangenberg, J. H. (2001) "Indicators for environmentally sustainable household consumption," *International Journal of Sustainable Development*, 4: 101–20.

Michaelis, L. (2003) "The role of business in sustainable consumption," *Journal of Cleaner Production*, 11(8): 915–21.

Ministry of the Environment Norway (1995) *Report of the Oslo Ministerial Roundtable*, Oslo: Ministry of the Environment Norway.

OECD (2002) *Towards Sustainable Household Consumption? Trends and Policies in OECD Countries*, Paris: Organization for Economic Cooperation and Development.

Princen, T. (1999) "Consumption and environment: some conceptual issues," *Ecological Economics*, 31: 347–63.

Princen, T., Maniates, M., and Conca, K. (eds) (2002) *Confronting Consumption*, Cambridge, MA: MIT Press.

Røpke, I. (1999) "The dynamics of willingness to consume," *Ecological Economics*, 28: 399–420.

Schor, J. (1999) *The Overspent American: Why We Want What We Don't Need*, New York: Harper.

UN (1992) *Earth Summit: Agenda 21: The United Nations Programme of Action from Rio*, New York: United Nations.

UNDESA (1995) *International Work Programme on Changing Consumption and Production Patterns*, New York: United Nations.

—— (2003) *United Nations Guidelines for Consumer Protection (as Expanded in 1999)*, New York: United Nations.

UNEP (2001) *Consumption Opportunities: Strategies for Change*, Paris: United Nations.

—— (2002) *A Global Status Report*, Paris: United Nations Environmental Programme.

UN/WSSD (2002) *Plan of Implementation*, New York: United Nations.

WBCSD (2002) *Sustainable Production and Consumption: A Business Perspective*, Geneva: World Business Council for Sustainable Development.

—— (2008) *Sustainable Consumption Facts and Trends from a Business Perspective*, Geneva: World Business Council for Sustainable Development.

第六章　国际环境和生态正义

Timothy Ehresman and Dimitris Stevis

气候变化模型显示，发展中国家迫切需要养活和支持不断增长的人口，因而它们可能会更容易受到全球变暖的影响。然而，温室气体排放量最高的却是北半球的富裕国家。此外，国际货币基金组织（IMF）向发展中国家提供的财政援助，如一揽子计划，要求借款国遵守贷款条件，而这将会对其人口和环境资源产生特殊的、有时甚至是剧烈的影响。这些条件在很大程度上反映了富裕国家的经济和政治政策方案，它们共同控制着国际货币基金组织内部政策事务的投票权。这些情况值得关注吗？

一段时间以来，国际关系学者对全球环境政治的这些问题及其他问题的公正性和道德紧迫性提出了担心。而且，随着对全球环境问题、倡议和机构的学术研究的不断推进，正义的概念已成为更广泛的环境政策辩论的核心。随着全球环境政治中正义与公平的意义日益重要，本章将对国际环境正义（International Environment Justice，IEJ）进行历史性和分析性的概述。本章将首先简要介绍国际环境正义的概念，其次将介绍国际关系学者对国际环境正义方式的历史性概述。最后，在本章的主体部分，我们将根据自己认为有用的分析模式对国际环境正义进行概述。

在考虑将国际环境正义的轮廓和潜力作为学术话题和倡议来源时，有一个最基本的问题必须被提出来："为什么要求正义？"也就是说，我们已经确定了具体的道德价值观和义务，这些道德价值观和义务是否会使人类活动的某些特定状态和特定的维度变得好或不好呢？

一般而言，正义通常不适用于将某些行为判定为对或错。例如，虽然我们认为强奸和谋杀是有罪的，而且这种暴行通常被认为是错误的、可恶的，甚至是疯狂的，但它不一定是"不公正的"。这是因为公正涉及两个或两个以上的人或实体之间存在某种关系（如债务或权利关系），这种违反上述情况的行为引发了一种错觉，即认为这种"违反"在某种程度上对受侵害的一方或多方也是“不公正的”。正是这种对环境影响、资源和决策机会方面的基本公平的附加维度的呼吁，使得“环境正义”被纳入国际正义的考虑范畴。

一旦我们同意并确定“正义”这个概念在全球环境政治中是一个重要和适用的概念，我们就需要了解这一举措的具体含义。首先，如果公正被认为是合理的，那么有能力伸张或阻碍正义的人，他所承担的义务的分量和深度就会显著增加(Baxter，2000)。例如，当国家领导人没有解决他们职责范围内的紧迫的环境退化问题时，就可以批评他们，因为他们“应该”重视这些问题。但是，如果他们的不作为被认为是不公正的，就会有批评说他们没有做他们“必须”做的事情，结果就是被指责为既没有道义上的也没有法律上的义务。

这导向了将正义标准运用于特定问题背景的第二个分支，或许也是最重要的分支。也就是说，只要我们认为有人有义务按照正义行事，我们就必然给予那个义务的承担者一个特定的权利和一个有保证的期望，即这个义务必须得到尊重，即使承担者自己不能维护这一权利，或者也不能通过政治或法律手段来确保这一权利的适用。一个普遍的例子就是，我们赋予婴幼儿充分的人权，尽管他们本身无法充分享有行使或捍卫这些权利的权利。因此，采用国际环境正义标准可以突出并加强国家、跨国公司和其他环境行动者的责任和义务，而这只是承担道德义务的前提。

我们在这里交替使用“环境正义”和“环境公平”这两个词。有些学者用不同的术语来区分哪一个是最好的。我们注意到，在本章所引用的大部分文献中，这两个词在全球环境政治的实践中是交替使用的，因此我们选择绕过这个辩论。

第一节　国际环境正义的历史回顾

IEJ 的历史被认为是全球环境政治文献的一部分，也是全球环境政治实践的一部分。此外，本章主要关注国际关系学，它对经济学、社会学、哲学和地理学等其他学科的发展和讨论也有着重要的贡献。

1972 年，联合国召开了具有里程碑意义的环境会议——在瑞典斯德哥尔摩举行的联合国人类环境会议。观察人士虽然不同意斯德哥尔摩会议有效解决了南北平衡的问题，但毫无疑问的是，集中在南半球的发展中国家通过正义的视角审视了富裕的北半球的发达国家的工业和生活方式，而这也是南半球环境恶化的主要根源。

在罗马俱乐部的《增长的极限》(*The Limits to Growth*，Meadows et al.，

1972)中经常提及的稀缺的话题，进一步推动了学术界乃至民众对即将发生的全球环境危机的看法。这份报告指出，人口过剩和资源枯竭的地球将不能再维持(健康和令人满意的)人类生存。然而，这个时期的全球环境政治文献并没有明确地把重点放在公平问题上，尽管像理查德·福克(Richard Falk, 1971)这样的早期学者开始提出学术界的内部关注，即对当时不平等和不可持续性的全球环境实践和建议的关注。福克在1967年创立世界秩序模式项目中也发挥了重要作用。自那时起，世界秩序模式项目在其定期举行的会议和相关出版物中一直主张全球正义，特别是南北半球之间的正义。其他提出环境公平问题的人，还包括R. I. 西科拉和布莱恩·巴里(R. I. Sikora & Brian Barry, 1978)、肯尼恩·达尔伯格(Kenneth Dahlberg, 1979)以及大卫·奥尔和马文·索罗斯(David Orr & Marvin Soroos, 1979)。

为了集中和推动全球环境辩论，1982年的国际环境法学会成立了世界环境与发展委员会，负责对经济增长、环境限制和全球公平问题之间的关系进行广泛的分析。它们的工作随着《我们共同的未来》(*Our Commen Future*, WCED, 1987)的出版而达到了高潮。《我们共同的未来》是被广泛接受的可持续发展的基本权威，它牢固树立了环境与经济发展关系的概念。该报告指出，不平等是一个基本的全球环境问题，并断言：如果我们要在紧迫的环境问题和事务上取得真正的进展，就必须解决世界贫困和不平等的根本状况。为了达成目的，最重要的是，环境问题和影响现在已被完全置于关于全球公平和公正的争论之中。

正如布拉德里·帕克斯和蒂蒙斯·罗伯茨(Bradley Parks & Timmons Roberts, 2006)所指出的那样，在这个时候，美国当地的事态发展也对国际环境正义的工作产生了重大影响。1982年，北卡罗来纳州政府提议在沃伦县建立一个多氯联苯处置场，这一提议最终由美国环境保护署(EPA)批准。沃伦县(居住的)主要是穷人和非洲裔美国人，这一提议被批准后，当地居民走上街头抗议时，人们的不公平感增强，其中的许多人还被囚禁了起来。沃伦县最终还是建立了多氯联苯处置场，但揭露这种环境“不公正”的活动仍在继续。

显而易见，随着这个问题在美国受到越来越多的关注，污水工业和废物承包商经常选择在土地和劳动力便宜的地区进行作业。由于这些地区的少数民族和贫困人口的比例通常很高，因此人们为这种对穷人和有色人种不公正的做法争论不休。罗伯特·布拉德(Robert Bullard)针对在美国南部的危险废物设施选址这一事件进行了大规模环境种族主义研究(*Dumping in Dixie*, Bullard, 1990)，也有学者(Evan Ringquist, 1998)就环境公正问题开展了广泛研究。自那时起，环境正义的概念在美国正式得到认可，环保局内部也成立了一个专门的环境司法办公室。此外，1994 年的行政命令要求联邦政府机构确保其业务不会导致环境不公。

在这些政治和社会发展的同时，一些政治哲学家开始为国际环境正义的概念开辟了一个空间，其中包括大卫・米勒（David Miller，1976）和他的关于社会正义的书、布莱恩・巴里（Brian Barry）的正义理论（Barry，1989，1995）以及彼得・文茨（Peter Wenz，1988）关于环境正义的文章。同样值得注意的是，作为一般性的全球正义问题，约翰・罗尔斯（John Rawls，1971，1999）的许多平均主义方法将其推到国际领域中（*Supra*，Barry）。事实上，罗尔斯对国际环境正义的后续发展的影响是难以被超越的。在为国际环境正义制定哲学基础时，这些学者（Dobson，1998；Hurrell，2002）仍然被视为权威和概念的清晰来源。直到 20 世纪 80 年代末，国际关系学者才将国际环境正义视作全球环境政治的一个重要组成部分，如由史蒂文・卢珀-福伊（Steven Luper-Foy，1988）编辑的作品和伊迪丝・布朗・维斯（Edith Brown Weiss，1989）的一本书。韦斯的工作是一个重要的转折点，但是其把重点放在对子孙后代的义务上，而不是代内正义的问题（Agarwal & Narain，1991）上。在同一时期，新创立的杂志《资本主义、自然、社会主义》（*Capitalism*，*Nature*，*Socialism*）提供了一个从历史唯物主义角度来处理环境公平问题的平台。最后，各种环境伦理主义者认为，我们应该超越对人权的考虑，也考虑一下自然的权利，从而为“生态正义”提供基础（Rollin，1988）。

1992 年，在巴西里约热内卢召开的联合国环境与发展会议广泛且正式地采用了国际环境正义的概念。几乎所有的会议成果，如《生物多样性公约》、《联合国气候变化框架公约》、《里约环境与发展宣言》和可持续发展全球行动计划——《21 世纪议程》都明确地使用了有关国际环境公平的规定。尽管里约会议的最终结果是适应经济发展和环境保护，但与此相关的政治因素促使学术界和从业者对国际环境正义进行持续关注。继里约之后，随之而来的是对这一问题的关注（Henry Shue，Maria Mies，and Vandana Shiva，1993；Ted Benton，1993；Fen Osler Hampson & Judith Reppy，1996；David Harvey，1996；Paul Wapner，1997；Andrew Dobson，1998；Nicholas Low & Brendan Gleeson，1998；Nigel Dower，1998；Robin Attfield，1999；Dimitris Stevis，2000；John Barkdull，2000；以及 Avner de-Shalit，2000）。

第三次联合国发展与环境会议——可持续发展问题世界首脑会议——于 2002 年在南非约翰内斯堡举行。虽然一些评论家赞扬其取得重大成果主要是因为它在公私伙伴关系方面取得了进展，但另一些人则指出，到目前为止，发展的要求正在掩盖环境问题，这使得里约会议的目标更明确了一些。在 2002 年的全球环境会议中，重要的新多边环境倡议的前景也被削弱了。肯·康克和杰弗里·达贝尔科（Ken Conca & Geoffrey Dabelko, 2004）指出，自 1972 年斯德哥尔摩会议以来，北半球的能源消耗量和废物产生量不断增加。面对持续的国际政治、经济和文化冲突，1992 年的大部分乐观情绪已经消失了。

然而，在可持续发展问题世界首脑会议之后，作为全球环境政治文献中的一个核心概念，包括里奇·安纳德（Ruchi Anand, 2004），约翰·伯恩斯、利·格洛弗和塞西莉亚·马丁内斯（John Byrne, Leigh Glover, and Cecilia Martinez, 2002），保罗·哈里斯（Paul Harris, 2001，2003），琼·马丁内斯-埃利尔（Joan Martinez-Alier, 2002），楚科梅捷·奥克雷克（Chukwumerije Okereke, 2008），朱尼·帕沃拉和伊恩·劳尔（Jouni Paavola & Ian Lowe, 2005），爱德华·佩奇（Edward Page, 2006），大卫·佩洛和罗伯特·布罗（David Pellow & Robert Brulle, 2005），大卫·施洛斯贝格（David Schlosberg, 2007），克里斯汀·施雷德-弗雷谢特（Kristin Shrader-Frechette, 2002）和劳拉·韦斯特拉（Laura Westra, 2008）在内的许多学者所写的书籍都将国际环境正义作为一个核心概念进行了明确的阐述。

值得注意的是，不仅在国际关系文献中，在公共卫生（Lambert Colomeda, 1999）和环境社会学（Pellow, 2007）等其他领域，国际环境正义的影响范围也在迅速扩大。像上文提到的泰德·本顿和詹姆斯·奥康纳（Ted Benton & James O'Connor, 1998）等新马克思主义社会学家已经留下了自己的印记，社会学家詹姆斯·赖斯（James Rice, 2007）和安德鲁·约根森（Andrew Jorganson, 2006）最近的作品也是如此。虽然他们使用的术语可能有所不同，如在社会学中，是用“生态不平等交换”这个术语来指南北关系中违背国际环境正义的问题，但重点是相同的。

第二节　关于国际环境正义的文献

现在我们来了解一下关于国际环境正义领域的学术、思想和辩论现状的理论基础和内容。在下文中，我们将采用一种启发式的类型学方法来反映学者的渊源和关注点的多样性，借以使我们能够系统地展示不断增长的文献。类型学的分类反映了政治学界和环境学界的学者之间的差异，关于国际环境正义的规模和范围以及不同的基本本体论在国际关系理论方面的影响是不同的。根据其范围，国际环境正义的研究可以分为代内和代际两类。由于南北关系的中心地位，我们进一步将代内这类研究划分为从全球角度看待国际环境正义和明确侧重于南北维度的工作。然而，研究远不能止步于此，因为一些重要的研究都是从不同的理论角度来看待代内和代际的正义问题的。我们通过采用“狭义环境正义”“广义环境正义”和“生态正义”（见表6－1）来了解这种多样性。

表6－1　国际环境正义研究

正义类别	正　义　观		
	狭义环境正义	广义环境正义	生态正义
环境不公	环境负担、利益以及决策权分配不公	影响环境作用和获取的系统性障碍、畸变和能源差距，且这些仅靠分配无法解决	不考虑或不充分考虑非人性的需求，优先考虑人类的需求
① 代内正义： a）全球维度	环境政策 经济增长	系统改革	自然具有其固有价值
② 代内正义： b）南北维度	环境负担和转移	关注结构性不公	自然界限
③ 代际正义	薄弱的可持续性	广泛的可持续性	强大的可持续性

“狭义环境正义”范畴的观点提出了建立在审议程序基础上的论点，这些程序在确保环境保护的过程中特别尊重人类的需求、要求和独创性。在这一类别中，环境问题的制定更加狭隘——也就是说，它们普遍反映了通过现有的国家和全球机构与体制来处理环境问题和环境正义。虽然这不是唯一可以想象的分界线，但我们对狭义范畴的定义集中包括了与分配国际环境正义有关的观点。

“广泛环境正义”试图表达这样的观点，即适当的和必要的环境保护不会引起对更广泛的社会和经济问题的关注。在这种方法中，有效处理环境问题必须超越分配问题，必须涉及社会福利和能力问题，这种方法也可以指导并解决这些社会问题的结构性障碍。

最后，在“生态正义”的范畴里，自然必须有其自身的价值。人类需求的重要性必须与非人性的同等的重要需求相抵消。在某些情况下，非人性保护可能会对人类正义造成有害的影响。

显然，国际环境正义的工作并不总是非常符合我们九个类别中的任何一个，许多学者和问题确实跨越了我们的网格线。尽管如此，这些分类还是可以追溯到国际环境正义不同研究方法的大纲。我们接下来的讨论并不追求每个类别的文献都详尽无遗，而是提供了其中所表达观点的关键实例。

一、 狭义环境正义

这一类中最具特色的方法是研究国际环境正义的经典自由主义方法(尽管如下所述的不一定是新自由主义)(Richardson，2001)。它的重点是分配正义，如表 6-1 所示，其所关注的基本单位是个人及其政治、经济的权利和自由。在制度层面上，这种自由主义形式所寻求的环境解决方案总体上支持民主政治结构、自由市场和基本自治的全球经济关系。本章述及的许多文献在一定程度上也支持这种构建的自由主义(Beckerman，1999；Achterberg，2001；Lal，2002；Wissenburg，2006；Morvaridi，2008)。由于这两个原则——广泛接受自由主义的政治和经济模式以及实践主义的相关模式——即使是那些呼吁在全球范围内采取更激进的解决方案的自由主义方法，也相信全球资本主义制度的深刻变化可能不会在短期内出现。

1. 代内正义：全球维度

自由主义的观点把个人和分配权利的重点放在了全球层面上，并承诺寻求方案解决环境资源和外部的负担及利益。当这些负担和利益在国内人口或民族国家之间分配不均时，正义就会直接出现。而且，与研究国际环境正义的大多数方法类似，自由主义方法也关注参与环境决策的不公平模式。

自由主义学者呼吁将这种解决方案作为一个更广泛的公共话语(来执行)，并就环境正义达成道德共识——形成一个更强有力的程序正义；随之而来的是民间社会的作用和决策权的不断增加；加强国际机构(的权力)；加强国内和国际环境法，包括保护人类和环境的国际条约与协定；制定国内和国际的宪法措施与规定，这些措施和规定将保证人类的清洁权利以及安全的环境。在这种方法中，真正需要的不是否定当前的全球体系，而是将当前的话语、实践与环境敏感性相结合，这将进一步推动政策、机构任务和运作发生变化，并增加利益相关者的参与度。

一种特殊形式的自由主义对全球环境问题保持高度乐观，举例来说，地球资源可能足以满足当前和未来的人类需求，而在诸如《增长的极限》(Meadows et al., 1972)等文献中,学者们所主张的承载能力的限制则被过分夸大了。

这就是所谓的"普罗米修斯"或"聚宝盆"观点对人性关系的描述。由于过去20年来这些观点在全球占据主导地位(参见伯恩和格洛弗于2002年的讨论),我们在这里将重点讨论这些观点所提出的新自由主义经济学。

在(资源)稀缺性可能影响到人类发展的地方,我们不断增强的技术能力必将为我们提供答案和工具来消除有害的环境影响,扩大或取代有限的资源。这个观点的早期倡导者是朱利安・西蒙(Julian Simon, 1984)和格雷格・伊斯特布鲁克(Gregg Easterbrook, 1995)。比约恩・隆伯格(Bjorn Lomborg, 2001)是《可疑的环保主义者》(*The Skeptical Environmentalist*)的作者,他也许是当代最有名的倡导者。他是发布《哥本哈根共识》(*Copenhagen Consensus*)的哥本哈根共识中心的领导人。该中心是由知名经济学家(大多数为诺贝尔奖获得者)组成的智库;中心定期开会,重点讨论包括环境问题在内的全球举措。最有争议的是,这些学者根据对特定举措的成本效益分析,来衡量这些举措的影响并确定问题的优先级。

至于正义,"普罗米修斯"的发展观与新自由主义的经济和政治政策非常契合,即尽量减少政府对私人市场运作的干预,并给予个人最大的经济自由度和宽容度。弗里德里希・哈耶克(Freidrich Hayek, 1976)和米尔顿・弗里德曼(Milton Friedman, 1962)的研究成果是这一论点的核心:社会正义和福祉最好不受主管当局干预,而是由自由市场进行自主的经济发展(如Bhagwati, 2004; Chasek et al., 2006)。

对于环境正义来说,这种方法借鉴了环境"库兹涅茨曲线"等概念。这一原则首先应用于收入不平等,之后被新自由主义和富裕国家推广到环境退化领域。它认为,尽管早期工业化将不可避免地产生有害的环境外部性影响,但随着工业社会的进步和成熟,解决负面环境影响的意愿和资源将会加强并逐渐占据上风(Desai, 1998; Clapp, 2006)。

2. 代内正义:南北维度

在这个舞台上,自由主义者,特别是新自由主义者为南北经济和政治关系提出了同样的论点,他们认为:为全球穷人争取社会和环境正义的最好方式是开放当地市场,允许货币浮动,将政府职能私有化,为外资、投资和贸易提供优惠政策。在美国的敦促下,国际货币基金组织和世界银行一直将这一观点称为"华盛顿共识"。

自由主义的方式将南北关系扩展到了上述美国环境正义运动的分配维度上。更具体地说,这些文献大多涉及全球贫困和经济脆弱地区环境负担的分布不均（Shue，1999）。但是，对于新自由主义的经济增长，一些提出这些担忧的人士也提高警惕，指出了环境"竞次"的可能性，这种可能性使得高排放行业会寻求环境监管力度和执法力度低的外国避风港（Grossman，2002；Bryner，2004；Meyer，2005）。另一个相关问题是关于废物越境运输的情况，即从北到南越境运输废物，特别是有害废物（Shrader-Frechette，2002；Pellow，2007）。

3. 代际正义

为了子孙后代的正义而采取狭义的环境正义方式，就是"薄弱的可持续性"。"可持续性"是指保护自然环境的程度。薄弱的可持续性使得现代人对后代只有低级的义务。这隐含了这样一种观点：允许高度的可替代性——一种特定的自然资源用尽后，可以通过使用可重复的商品来替代的可能性，以人力资本替代资源或者以某种组合来补偿。罗伯特·索洛（Robert Solow，1974）的工作从经济角度证明了这一点，他为这种观点的当代倡导者提供了灵感（Dobson，1998）。

这里需要提及一场激烈的辩论，即如果后代正义的实质性主张被认可，后代是否能够被公平地赋予权利。当代著名的倡导者威尔弗雷德·贝克曼和乔安娜·巴塞克（Wilfred Beckerman & Joanna Pasek，2001）认为，不存在的人不能拥有权利。一些学者争辩说，如果用薄弱的可持续性来回应这些论述，可能会把程序正义视为一种倒退的立场。也就是说，重要的不是关于代际正义包含的理论辩论，而是在当代的决策中，我们明确授权并要求考虑未来人的权利、利益和关注点（Holland，1999；Agius，2006）。

二、 广义环境正义

在广义国际环境正义的方法中，我们不能仅解决分配正义的问题，而必须解决当代全球经济和政治制度的结构性问题。社会权利及其影响之所以变得重要，是因为我们摆脱了考虑经济权利及其影响的狭义新自由主义。但是，在接下来的讨论中，存在一个需要我们注意的重要风险，那就是在追求社会改善时，环境可能会被遗忘。

1. 代内正义：全球维度

这里需要考虑的问题是，我们是否需要挑战和改造全球体系本身？还是在体制内寻求充分的理由来进行改革？因此，本节将讨论在现行国际政治经济体系（主要是古典自由主义，而不一定是新自由主义模式）下是否能够实现正义，或者是否有必要进行更深层次的变革(Levy & Newell, 2005)。

① 作为自由改革的社会公正

并不是所有的自由主义者都完全赞同过去20年间经济新自由主义和华盛顿共识的运作程度和手段(Kymlicka, 1996; Agarwal et al., 2002; Morvaridi, 2008)。古典自由主义就是这种情况，即对社会中较弱的成员以及进步的受害者做出强烈的道德承诺(Low & Gleeson, 2002)。事实上，在其最初的表述中，自由主义者认为私人财产不是不可侵犯的，而只是在与其他人同样多的情况下得到辩护和维护。

国际环境正义自由改革的基础是一些学者(Amartya Sen, Martha Nussbaum, and Joseph Stiglitz)争取正义理解的焦点，尽管它处于自由的政治和经济结构中，却将重点转移到了生存和繁荣的要素上，并超越了私人市场健康这一狭隘的关注点。以诺贝尔奖获得者森和努斯鲍姆(Sen & Nussbaum)的观点为例，重要的是，个人有自由去自主追求一系列公开审议(Sen, 1999)或具体(事物)(Nussbaum, 2000)的基本能力，其中不仅包括获得生存的必需品，如食物和住所，还有更高的能力，如能够获得足够的收入，并有能力、有意义地参与社区的生活。这就意味着他们的关注点不再是物质产品的分配问题，因为森和努斯鲍姆认为，收入和经济财富并不总是最好的总体幸福指标。收入分配固然重要，但是政府最先分配的应该是合理利用收入和其他资源的能力，以及这种能力的所有权和使用自由。

虽然这并不仅仅是挑战(Page, 2006)，但其直接应用在了诸如大卫·施洛斯伯格(David Schlosberg, 2007)这样的环境学者提出的国际环境正义问题上，他们呼吁在人类能力的背景下进行自由改革。他们坚持认为，在许多情况下，新自由主义的全球经济对环境的影响直接且不公正地限制了全球穷人的能力——不仅在经济层面，而且在社会和文化层面。因此，仅仅实现分配正义——重新分配对环境有益和有害的东西——不足以解决问题，因为首先分配不公的问题可能存在潜在的和因此而没有提及的系统原因。

斯蒂格利茨(Stiglitz, 2006)批评了新自由主义者，呼吁通过市场力量、私有化和放松管制来解决南方的贫困问题。他提出的“后华盛顿共识”保留了自由主义的治理，增加了国家和国际财团在调控全球市场、改革国际货币基金组织等主要国际机构，纠正他提到的全球“民主赤字”方面的重要作用，这些需要在国际组织和主权国家内形成一个更广泛、更有针对性、更具包容性的话语舞台。如果我们要有效地转变全球化，这些和其他措施是至关重要的。斯蒂格利茨认为，除了其他好处外，这还有助于管理和维护全球环境资源和公共事业。

保罗·瓦普纳(Paul Wapner，1997)和史蒂文·伯恩斯坦(Steven Bernstein，2001)等环境改革学者曾经这样认为，自由主义可以富有成效地实现自身的目标，从而使全球环境政治更加公正地反映价值观。价值观作为一个概念性的问题，是自由主义的基础。这些学者还试图解决系统的社会障碍，使个人和社区充分认可和参与环境决策，并将平等扩大到人类对环境的影响上。

自由主义的环境改革运动还强调了另外两种可能的改变方法。首先，由经济学家赫尔曼·戴利(Herman Daly，1996)领导的"生态经济学"认为，全球经济持续增长的经济规律——实际上是为了可持续发展——是站不住脚的。这个观点的目标是所谓的"稳态"经济，即限制工业增长、监控人口和资源(Costanza，1989；Byrne & Glover，2002)。其次，在基础层面上，"生态现代化"方式虽然没有质疑自由市场和贸易的重要性，但其认为政治经济制度和关系的改革以及在贸易和商业活动中不使用监管限制是解决环境问题的必要条件(Mol，2002；Payne，2005)。

② 作为制度变迁的社会公正

一些持批评态度的环境学者认为，要想有意义地实现国际环境正义，那么仅有一个新的世界秩序和全球政府是不够的。另一些人则认为，如果我们要将缓解环境恶化的负担强加给那些对环境恶化负有最大责任的人(Martinez-Alier，2002)，那么至少必须解决全球经济结构中固有的全球不公正的驱动因素。

批判性的环境学者通常也会设想并呼吁建立一个更具包容性和民主性的全球舞台，并特别强调关于全球环境问题的共识应包括全球弱势和贫穷群体(Hampson et al.，1996；Harvey，1996；Reus-Smit，1996)。批判性的方法也可能具有较弱的系统性。与此相反，阿维内德-沙利特(Avnerde-Shalit，2000)等学者质疑将民主加入社会主义的平均主义。这样看来，资本主义社会没有能力以一种促使我们走向有效的环境管理的方式来处理不同的利益和负担的生态分配问题。社会主义的方式则被认为是一种解决方案。因为，首先，平等主义政策会释放潜藏在每个人中的利他主义；其次，为使利润分配更均匀，工人可以搬迁到环境损害较少的场所；最后，这些措施能够适应和确立最低程度的环境福祉。从这个角度来看，为了把这些想法转化为现实，我们需要更广泛的社区和更深入的参与式协商民主。

在这些观点中，新自由主义完全不足以解决迅速扩大的全球环境问题和有关环境公平与平等的问题(Harvey，1996；Stevis，2005；Parks &

Roberts, 2006)。环境库兹涅茨曲线受到挑战,因为扩大的工业生产将不可避免地增加排放量(Kutting, 2004)。而在自由主义的模式中,如果不解决相关的环境问题,就不可能解决人类不公正的问题(Stevis, 2000)。事实上,人们真正需要的不是更多的生产,而是更多的社会和环境正义。因此,全球环境问题既是环境问题,也是社会问题(Taylor & Buttel, 1992; Benton, 1999; Newell, 2007)。

2. 代内正义:南北维度

虽然之前有关制度内部改革的争论和制度改革之间的辩论也与南北关系有关,但由于其独特的历史和政治动态已经凸显,所以我们将对南北正义单独进行讨论。在这种观点下,除非我们更多地关注权力差距的偶发性和系统性关系、议价力量差异、为保证富人利益而施加给穷人的经济负担和北方消费模式的有害影响,国际环境正义才能真正实现。一些学者认为,只要贫穷的群体受到社会和经济不公正的影响,就不会有环境正义(Byrne, Martinez & Glover, 2002)。

另一些学者在争论南北关系的环境公平时,进一步把认可和政治参与——特别是穷人的政治参与——作为国际环境正义的主要实践因素和测试内容(de-Shalit, 2000; Amanor, 2007)。这是因为,如前所述,仅仅确保利益和损害的公平分配不一定能弥补分配不当本身的根本性问题(Kiitting, 2003)。在这种观点下,程序正义确保了国际环境正义的确切内容在出现难以解决的分歧时能够得到承认和参与(Paavola, 2005)。

最后,这个理论的一些作者提供了国际环境正义要求的各种价值和概念的明确规定。通常包括南北之间“共同但有区别的责任”的规则,确定自己的环境条件的国家权利,控制自己的自然资源,经济、政治和社会发展的最低水平,保障另一国造成环境损害的赔偿权,坚持预防原则和污染者付费原则(Anand, 2004)。

3. 代际正义

这里关心的不仅仅是环境,还有健康、教育和社会福利——简而言之,就是人的能力(Jacobs, 1999; Boyce et al., 2007)。从更广义的方法来看,它不仅是必须保证的基本的人类福利水平,而且是提高生活质量的机会。也就是说,传给子孙后代自由和机会,与此同时锻炼和享受当代人享有的一系列广泛而基本的能力。在论证全球正义需要全球机会均等时,这种做法被认为超越了基本权利,尽管这些权利令人尊敬,但却可能导致大量不平等生命的长期存在。

三、生态正义

生态正义方法认为，危险的不是负面环境对人类的影响，而是人类对自然的负面环境影响。这种观点直接与它所认为的人类中心倾向相符合，甚至更倾向于社会进步的环境话语、纲领和政治。我们注意到，为了启发性的目的，在下面的讨论中提到的观点使得生态正义方法能够按照“狭义”和“广义”的界限进行划分，和我们划分国际环境正义的方式类似。

“生态正义”一词通常被认为从尼古拉斯·洛和布兰登·格利森（Nicholas Low & Brendan Gleeson，1998）的作品中而来，但早在1948年，奥尔多·利奥波德（Aldo Leopold）就出版了《沙乡年鉴》[*A sand County Almanac*，Leopold (1948)，1968]，书中，他为生态正义运动奠定了基础，主张必须拓展我们的道德社会，走进自然界。而挪威哲学家阿内·奈斯（Arne Naess，1973）则为当代生态正义事件的立场正式发声，并在他的文章中将其称为“深层生态学”——一种为道德地位不仅赋予了有情自然更赋予了无情自然的方法。

这个话语领域对现有结构和层级的质疑，可能与以前考虑过的更重要的观点具有相同的知识渊源，下面的分析将集中在这些观点上。但我们也注意到，一些自由主义学者（Derek Bell，2006）认为，自由主义思想也在倡导对生态正义的理解。对于自由主义和批判理论家来说，这里的区别在于所寻求的不是对人类的正义，而是对自然的正义。

我们以前的研究也曾考虑过，对于某些观察者来说，诸如现在人类以外的权利等问题是存在争议的（Baxter，2005）。然而，就目的而言，我们还提到了一些观点，这些观点认为有理由将道德立场扩展到非人性的领域。我们注意到了生态女权主义文学的重要性，它把女性的统治与自然的有害统治联系起来，但是那些空间限制却没有被充分地考虑进去。

1. 代内正义：全球维度

自然不仅在功能上，而且在内在和客观上都是有价值的。然而，虽然那些主张采用极端形式谋求生态正义的人认为动物与人类之间存在着绝对的道德等值，另一些人却通过争论原则来调解冲突，如一方是一个睡着的小孩子，另一方是在这个孩子的床下盘绕着的一条响尾蛇（这样的冲突利益）。这些不那么严肃的观点允许其在人类和非人类的物质中连续发挥道德力量（Low & Gleeson，1998；Baxter，2000），但这里的观点是，非人性在接受其整体道德意义的同时也在蓬勃发展（Byrne，Glover & Martinez，2002；

Roberts，2003）。人们甚至可以将人类的能力和方法扩展到非人类的种类，比如说，动物保留了一系列生命权利并享有感知能力（Schlosberg，2007）。

2. 代内正义：南北维度

在这种方式下，全球贸易和投资的具体活动被许多人视为南方生态正义的主要障碍。事实上，这种观点的倡导者认为，可持续发展只是北方的一个工具，它利用这个概念来维护企业的利益和市场霸权。因此，对于这些学者而言，目前的资本主义全球系统无法解决生态正义的问题（Faber & McCarthy，2003；Diefenbacher，2006）。

另外，跨国公司在许多可持续发展的讨论中被认为是最有影响力的。可持续发展和全球化似乎已经使大多数跨国公司从中受益，跨国公司持续而普遍地从全球贸易和投资中获取更多的利润（Glover，2002；Parks & Roberts，2006）。事实上，从强调工业活动优先于土著土地的强制性方法来看，社会为适应大自然的生态观点所做的努力往往被新自由主义的全球经济和政治主流所忽视。

3. 代际正义

狭义的角度只呼唤薄弱的可持续性——对自然最低限度的关注。而广义的可持续发展的倡导者志在推动更高水平的人类发展和能力。在生态正义的舞台上，人们争论的是强大的可持续性。也就是说，大自然被视作与大卫·福尔曼（David Foreman，2005）作品中的最极端的形式相等同，或是超越一些当代人类的生活和利益的存在。这种方法的可替代性较低，或根本不可替代，这意味着用可再生的人力或自然资本货物及替代性资源来替代特定的自然资源都被视为深刻而持久的损失。即使是在原始森林的情境下也是如此，因为森林一旦被采伐即损失，尽管它可以随着时间的推移而被重新种植和恢复。

结　　论

在前面的分析中我们可以看到，对那些试图将全球环境政治的工具和概念应用于特定的环境和生态问题以及政策的人来说，国际环境和生态正义理论已经达到了相当高的水平，且概念清晰，可理解度高。然而，在我们所涉及的每一个问题和知识领域，都有很多的研究成果等待着学者和倡导者去探索，而它们可能对我们所调查的各种问题最为有用。

对于那些对此感兴趣的人来说，国际环境正义的实质和适用的途径有很多。虽然这一领域的各个方面在本章中都很清晰，但是可能突出一些国际环境正义学者选择、组织和指导其工作的具体途径会更有帮助。例如，一些人在处理具体行为人的身份及其实际或潜在影响的问题上找到了最大的动力。它们可能是国家、政府间组织、非政府组织、跨国公司、工会，或基于性别、宗教或种族的活动家团体和协会（Humphreys，2001；Sachs，2002；Bryner，2004）。此外，在时间和地理空间上，南北方之间的重要问题以及我们对子孙后代的责任，可能会有效地运用到大规模的概念和对国际环境正义维度的阐述中（Agius，2006；Chasek et al.，2006）。

正如本章所表明的那样，在过程和成果之间——程序性和实体性司法之间——的差异方面，也有一些有价值的问题和研究。也就是说，人们可能会反思在决策程序中对国际环境正义产生的重要影响——在受到环境实践或政策影响的团体与个人的认可和参与下（Shrader-Frechette，2002；Schlosberg，2007）。或者可以把重点放在结果上，例如，明确指出或暗示程序机制的结果可能需要增加，这样可以确保在环境实践中取得预期的结果（Shue，1996；Rees & Westra，2003；Clapp，2005）。有些学者则选择强调程序性和实质性的联系（Low & Gleeson，2001；Anand，2004；Paavola，2005）。

这些问题牵涉到另一个潜在的焦点：研究国际环境正义的理论方法以及对其哲学基础的阐述。我们列出了该领域的一些优秀资料，以供进一步参考。

最后，一些学者可能选择通过强调一个特定的问题来加入国际环境正义的辩论。例如，对全球有毒物质贸易的关注（Clapp，2001；Shrader-Frechette，2002；Pellow，2007）、国际贸易和投资（Grossman，2002；Clapp，2005）、生物多样性和自然资源（Conroy，2007；Amanor，2007）以及气候变化等特定问题（Harris，2003；Dow et al.，2006；Paavola，2008；Vanderheiden，2008）。

总之，如果读者可以利用正义概念的潜力来界定和完善我们对人类和非人类的"他者"的理解，从而开始参与这一讨论，那么我们认为这一章就是非常成功的。为此，我们在后面列出了一个推荐阅读书目，其中还包括一些文中没有提到的作品。

推荐阅读

Agyeman, J., Bullard, R. D., and Evans, B. (eds) (2003) *Just Sustainabilities: Development in an Unequal World*, Cambridge, MA: MIT Press.

Dobson, A. (1998) *Justice and the Environment*, Oxford: Oxford University Press.

Okereke, C. (2008) *Global Justice and Neoliberal Environmental Governance: Ethics, Sustainable Development and International Co-operation*, New York: Routledge.

Woods, K. (2006) "What does the language of human rights bring to campaigns for environmental justice?," *Environmental Politics*, 15: 572–91.

参考文献

Achterberg, W. (2001) "Environmental justice and global democracy," in B. Gleeson and N. Low (eds), *Governing for the Environment: Global Problems, Ethics and Democracy*, Basingstoke: Palgrave.

Agarwal, A., and Narain, S. (1991) *Global Warming in an Unequal World: A Case of Environmental Colonialism*, New Delhi: Centre for Science and Environment.

Agarwal, A., Sunita, N., and Sharma, A. (2002) "The global commons and environmental justice – climate change," in J. Byrne, L. Glover, and C. Martinez (eds), *Environmental Justice: Discourses in International Political Economy, Energy and Environmental Policy*, New Brunswick, NJ: Transaction.

Agius, E. (2006) "Environmental ethics: towards an intergenerational perspective," in H. A. M. J. ten Have (ed.), *Environmental Ethics and International Policy*, Paris: UNESCO.

Amanor, K. S. (2007) "Natural assets and participatory forest management in West Africa," in J. K. Boyce, S. Narain, and E. A. Stanton (eds), *Reclaiming Nature: Environmental Justice and Ecological Restoration*, London: Anthem Press.

Anand, R. (2004) *International Environmental Justice: A North–South Dimension*, Aldershot: Ashgate.

Attfield, R. (1999) *The Ethics of the Global Environment*, West Lafayette, IN: Purdue University Press.

Barkdull, J. (2000) "Why environmental ethics matters to international relations," *Current History*, 99: 361–6.

Barry, B. (1989) *Theories of Justice*, Berkeley: University of California Press.

—— (1995) *Justice as Impartiality*, Oxford: Clarendon Press.

Baxter, B. H. (2000) "Ecological justice and justice as impartiality," *Environmental Politics*, 9(9): 43–64.

—— (2005) *A Theory of Ecological Justice*, London: Routledge.

Beckerman, W. (1999) "Sustainable development and our obligations to future generations," in A. Dobson (ed.), *Fairness and Futurity: Essays on Environmental Sustainability and Social Justice*, Oxford: Oxford University Press.

Beckerman, W., and Pasek, J. (2001) *Justice, Posterity and the Environment*, Oxford: Oxford University Press.

Bell, D. R. (2006) "Political liberalism and ecological justice," *Analyse & Kritik*, 28(2): 206–22.

Benton, T. (1993) *Natural Relations*, London: Verso.

—— (1999) "Sustainable development and the accumulation of capital: reconciling the irreconcilable?," in A. Dobson (ed.), *Fairness and Futurity: Essays on Environmental Sustainability and Social Justice*, Oxford: Oxford University Press.

Bernstein, S. (2001) *The Compromise of Liberal Environmentalism*, New York: Columbia University Press.

Bhagwati, J. (2004) *In Defense of Globalization*, New York and Oxford: Oxford University Press.

Boyce, J. K., Narain, S., and Stanton, E. A. (2007) "Introduction," in J. K. Boyce, S. Narain, and E. A. Stanton (eds), *Reclaiming Nature: Environmental Justice and Ecological Restoration*, London: Anthem Press.

Bryner, G. C. (2004) "Global interdependence," in R. F. Durant, D. J. Fiorino, and R. O'Leary (eds), *Environmental Governance Reconsidered: Challenges, Choices, and Opportunities*, Cambridge, MA: MIT Press, pp. 69–104.

Bullard, R. D. (1990) *Dumping in Dixie: Race, Class, and Environmental Quality*, Boulder, CO: Westview Press.

Byrne, J., and Glover, L. (2002) "A common future, or towards a future commons: globalization and sustainable development since UNCED," *International Review for Environmental Strategies*, 3(1): 5–25.

Byrne, J., Glover, L., and Martinez, C. (2002) "The production of unequal nature," in J. Byrne, L. Glover, and C. Martinez (eds), *Environmental Justice: International Discourses in Political Economy, Energy and Environmental Policy*, New Brunswick, NJ: Transaction.

Byrne, J., Martinez, C., and Glover, L. (2002) "A brief on environmental justice," in J. Byrne, L. Glover, and C. Martinez (eds), *Environmental Justice: International Discourses in Political Economy, Energy, and Environmental Policy*, New Brunswick, NJ: Transaction.

Chasek, P. S., Downie, D. L., and Brown, J. W. (2006) *Global Environmental Politics*, Boulder, CO: Westview Press.

Clapp, J. (2001) *Toxic Exports: The Transfer of Hazardous Wastes from Rich to Poor Countries*, Ithaca, NY: Cornell University Press.

—— (2005) "Global environmental governance for corporate responsibility and accountability," *Global Environmental Politics*, 5(3): 23–34.

—— (2006) "International political economy and the environment," in M. M. Betsill, K. Hochstetler, and D. Stevis (eds), *International Environmental Politics*, New York: Palgrave Macmillan.

Conca, K., and Dabelko, G. D. (2004) "Introduction: three decades of global environmental politics," in K. Conca and G. D. Dabelko (eds), *Green Planet Blues: Environmental Politics from Stockholm to Johannesburg*, Boulder, CO: Westview Press.

Conroy, M. E. (2007) "Certification systems as tools for natural asset building," in J. K. Boyce, S. Narain, and E. A. Stanton (eds), *Reclaiming Nature: Environmental Justice and Ecological Restoration*, London: Anthem Press.

Costanza, R. (1989) "What is ecological economics?," *Ecological Economics*, 1: 1–7.

Dahlberg, K. A. (1979) *Beyond the Green Revolution: The Ecology and Politics of Global Agricultural Development*, New York: Plenum Press.

Daly, H. E. (1996) *Beyond Growth: The Economics of Sustainable Development*, Boston: Beacon Press.

de-Shalit, A. (2000) *The Environment: Between Theory and Practice*, Oxford: Oxford University Press.

Desai, U. (1998) "Environment, economic growth, and government in developing countries," in U. Desai (ed.), *Ecological Policy and Politics in Developing Countries: Economic Growth, Democracy, and Environment*, Albany: State University of New York Press, pp. 1–17, 39–45.

Diefenbacher, H. (2006) "Environmental justice: some starting points for discussion from a perspective of ecological economics," *Ecotheology*, 11(3): 282–93.

Dobson, A. (1998) *Justice and the Environment*, Oxford: Oxford University Press.

Dow, K., Kasperson, R. E., and Bohn, M. (2006) "Exploring the social justice implications of adaptation and vulnerability," in N. W. Adger, J. Paavola, S. Huq, and M. J. Mace (eds), *Fairness in Adaptation to Climate Change*, Cambridge, MA: MIT Press.

Dower, N. (1998) *World Ethics: The New Agenda*, Edinburgh: Edinburgh University Press.

Easterbrook, G. (1995) *A Moment on the Earth: The Coming Age of Environmental Optimism*, New York: Viking.

Faber, D. R., and McCarthy, D. (2003) "Neo-liberalism, globalization and the struggle for ecological democracy: linking sustainability and environmental justice," in J. Agyeman, R. D. Bullard, and B. Evans (eds), *Just Sustainabilities: Development in an Unequal World*, Cambridg, MA: MIT Press.

Falk, R.A. (1971) *This Endangered Planet*, New York: Random House.

Foreman, D. (2005) "Putting the Earth first," in J. Dryzek and D. Schlosberg (eds), *Debating the Earth: The Environmental Politics Reader*, Oxford: Oxford University Press.

Friedman, M. (1962) *Capitalism and Freedom*, Chicago: University of Chicago Press.

Glover, L. (2002) "Globalization.com vs. ecologicaljustice.org: contesting the end of history," in J. Byrne, L. Glover, and C. Martinez (eds), *Environmental Justice: International Discourses in Political Economy, Energy and Environmental Policy*, New Brunswick, NJ: Transaction.

Grossman, P. (2002) "The effects of free trade on development, democracy, and environmental protection," *Sociological Inquiry*, 72(1): 131–50.

Hampson, F. O., and Reppy, J. (eds) (1996) *Earthly Goods: Environmental Change and Social Justice*, Ithaca, NY: Cornell University Press.

Hampson, F. O., Laberge, P., and Reppy, J. (1996) "Introduction: framing the debate," in F. O. Hampson and J. Reppy (eds), *Earthly Goods: Environmental Change and Social Justice*, Ithaca, NY: Cornell University Press.

Harris, P. G. (2001) *International Equity and Global Environmental Politics: Power and Principles in US Foreign Policy*, Aldershot: Ashgate.

—— (2003) "Climate change priorities for East Asia: socio-economic impacts and international justice," in P. G. Harris (ed.), *Global Warming and East Asia: The Domestic and International Politics of Climate Change*, London: Routledge.

Harvey, D. (1996) *Justice, Nature & the Geography of Difference*, Oxford: Blackwell.

Hayek, F. (1976) *Law, Legislation and Liberty: The Mirage of Social Justice*, Chicago: University of Chicago Press.

Holland, A. (1999) "Sustainability: should we start from here?," in A. Dobson (ed.), *Fairness and Futurity: Essays on Environmental Sustainability and Social Justice*, Oxford: Oxford University Press.

Humphreys, D. (2001) "Environmental accountability and transnational corporations," in B. Gleeson and N. Low (eds), *Governing for the Environment: Global Problems, Ethics and Democracy*, Basingstoke: Palgrave.

Hurrell, A. (2002) "Norms and ethics in international relations," in W. Carlsnaes, T. Risse, and B. A. Simmons (eds), *Handbook of International Relations*, London: Sage.

Jacobs, M. (1999) "Sustainable development as a contested concept," in A. Dobson (ed.), *Fairness and Futurity: Essays on Environmental Sustainability and Social Justice*, Oxford: Oxford University Press.

Jorgenson, A. K. (2006) "Unequal ecological exchange and environmental degradation: a theoretical proposition and cross-national study of deforestation, 1990–2000," *Rural Sociology*, 71(4): 685–712.

Kütting, G. (2003) "Globalization, poverty and the environment in West Africa: too poor to pollute?," *Global Environmental Politics*, 3(4): 42–60.

—— (2004) *Globalization and the Environment: Greening Global Political Economy*, Albany: State University of New York Press.

Kymlicka, W. (1996) "Concepts of community and social justice," in F. O. Hampson and J. Reppy (eds), *Earthly Goods: Environmental Change and Social Justice*, Ithaca, NY: Cornell University Press.

Lal, D. (2002) *The Poverty of "Development Economics,"* London: Institute of Economic Affairs.

Lambert Colomeda, L. A. (1999) *Keepers of the Fire: Issues in Ecology for Indigenous Peoples*, Boston: Jones & Bartlett.

Leopold, A. ([1948] 1968) *A Sand County Almanac*, Oxford: Oxford University Press.

Levy, D. L., and Newell, P. J. (2005) "A neo-Gramscian approach to business in international environmental politics: an interdisciplinary, multilevel framework," in D. L. Levy and P. J. Newell (eds), *The Business of Global Environmental Governance*, Cambridge, MA: MIT Press.

Lomborg, B. (2001) *The Skeptical Environmentalist: Measuring the Real State of the World*, Cambridge: Cambridge University Press.

Low, N., and Gleeson, B. (1998) *Justice, Society and Nature: An Exploration of Political Ecology*, London: Routledge.

—— (2001) "Introduction – the challenge of ethical environmental governance," in B. Gleeson and N. Low (eds), *Governing for the Environment: Global Problems, Ethics and Democracy*, Basingstoke: Palgrave.

—— (2002) "Ecosocialization and environmental justice," in J. Byrne, L. Glover, and C. Martinez (eds), *Environmental Justice: International Discourses in Political Economy, Energy and Environmental Policy*, New Brunswick, NJ: Transaction.

Luper-Foy, S. (1988) "Introduction: global distributive justice," in S. Luper-Foy (ed.), *Problems of International Justice*, Boulder, CO: Westview Press.

Martinez-Alier, J. (2002) *The Environmentalism of the Poor: A Study of Ecological Conflicts and Valuation*, Cheltenham: Edward Elgar.

Meadows, D. H., Meadows, D.L., Randers, J., and Behrens, W. W. (1972) *The Limits to Growth*, New York: Universe Books.

Meyer, J. M. (2005) "global liberalism, environmentalism and the changing boundaries of the political: Karl Polanyi's insights," in J. Paavola and I. Lowe (eds), *Environmental Values in a Globalising World*, London: Routledge.

Mies, M., and Shiva, V. (1993) *Ecofeminism*, Halifax, NS: Fernwood.

Miller, D. (1976) *Social Justice*, Oxford: Oxford University Press.

Mol, A. P. J. (2002) "Ecological modernization and the global economy," *Global Environmental Politics*, 2(2): 92–115.

Morvaridi, B. (2008) *Social Justice and Development*, New York: Palgrave Macmillan.

Naess, A. (1973) "The shallow and the deep, long-range ecology movements," *Inquiry*, 16: 95–100.

Newell, P. J. (2007) "Trade and environmental justice in Latin America," *New Political Economy*, 12(2): 237–59.

Nussbaum, M. (2000) *Women and Human Development: The Capabilities Approach*, Cambridge: Cambridge University Press.

O'Connor, J. (1998) *Natural Causes: Essays in Ecological Marxism*, New York: Guilford Press.

Okereke, C. (2008) *Global Justice and Neoliberal Environmental Governance: Ethics, Sustainable Development and International Co-operation*, New York: Routledge.

Orr, D. W., and Soroos, M. S. (eds) (1979) *The Global Predicament: Ecological Perspectives on World Order*, Chapel Hill: University of North Carolina Press.

Paavola, J. (2005) "Seeking justice: international environmental governance and climate change," *Globalizations*, 2(3): 309–22.

—— (2008) "Science and social justice in the governance of adaptation to climate change," *Environmental Politics*, 17(4): 644–59.

Paavola, J., and Lowe, I. (eds) (2005) *Environmental Values in a Globalising World*, London: Routledge.

Page, E. A. (2006) *Climate Change, Justice and Future Generations*, Cheltenham: Edward Elgar.

Parks, B. C., and Roberts, J. T. (2006) "Environmental and ecological justice," in M. M. Betsill, K. Hochstetler, and D. Stevis (eds), *International Environmental Politics*, New York: Palgrave Macmillan.

Payne, A. (2005) *The Global Politics of Unequal Development*, New York: Palgrave Macmillan.

Pellow, D. N. (2007) *Resisting Global Toxins: Transnational Movements for Environmental Justice*, Cambridge, MA: MIT Press.

Pellow, D. N., and Brulle, R. J. (eds) (2005) *Power, Justice, and the Environment: A Critical Appraisal of the Environmental Justice Movement*, Cambridge, MA: MIT Press.

Rawls, J. ([1971] 1999) *A Theory of Justice*, Cambridge, MA: Belknap Press.

Rees, W. E., and Westra, L. (2003) "When consumption does violence: can there be sustainability and environmental justice in a resource-limited world?," in J. Agyeman, R. D. Bullard, and B. Evans (eds), *Just Sustainabilities: Development in an Unequal World*, Cambridge, MA: MIT Press.

Reus-Smit, C. (1996) "The normative structure of international society," in F. O. Hampson and J. Reppy (eds), *Earthly Goods: Environmental Change and Social Justice*, Ithaca, NY: Cornell University Press.

Rice, J. (2007) "Ecological unequal exchange: consumption, equity, and unsustainable structural relationships within the global economy," *International Journal of Comparative Sociology*, 48(1): 43–72.

Richardson, J. L. (2001) *Contending Liberalisms in World Politics: Ideology and Power*, Boulder, CO: Lynne Rienner.

Ringquist, E. (1998) "A question of justice: equity in environmental litigation," *Journal of Politics*, 60(4): 1148–65.

Roberts, D. (2003) "Sustainability and equity: reflections of a local government practitioner in Southern Africa," in J. Agyeman, R. D. Bullard, and B. Evans (eds), *Just Sustainabilities: Development in an Unequal World*, Cambridge, MA: MIT Press.

Rollin, B. E. (1988) "Environmental ethics and international justice," in S. Luper-Foy (ed.), *Problems of International Justice*, Boulder, CO: Westview Press.

Sachs, W. (2002) "Ecology, justice, and the end of development," in J. Byrne, L. Glover, and C. Martinez (eds), *Environmental Justice: International Discourses in Political Economy, Energy and Environmental Policy*, New Brunswick, NJ: Transaction.

Schlosberg, D. (2007) *Defining Environmental Justice*, Oxford: Oxford University Press.

Sen, A. (1999) *Development as Freedom*, New York: Anchor Books.

Shrader-Frechette, K. (2002) *Environmental Justice: Creating Equality, Reclaiming Democracy*,

Oxford: Oxford University Press.
Shue, H. (1992) "The unavoidability of justice," in A. Hurrell and B. Kingsbury (eds), *International Politics of the Environment*, Oxford: Oxford University Press.
—— (1996) "Environmental change and the varieties of justice," in F. O. Hampson and J. Reppy (eds), *Earthly Goods: Environmental Change and Social Justice*, Ithaca, NY: Cornell University Press.
—— (1999) "Global environment and international inequality," *International Affairs*, 75(3): 531–45.
Sikora, R. I., and Barry, B. (eds) (1978) *Obligations to Future Generations*, Philadelphia: Temple University Press.
Simon, J. L. (1984) *The Resourceful Earth: A Response to Global 2000*, Oxford: Oxford University Press.
Solow, R. M. (1974) "Intergenerational equity and exhaustible resources," *Review of Economic Studies*, 41: 29–45.
Stevis, D. (2000) "Whose ecological justice?," *Strategies*, 13(1): 63–76.
—— (2005) "The globalizations of the environment," *Globalizations*, 2(3): 323–33.
Stiglitz, J. E. (2006) *Making Globalization Work*, New York: W. W. Norton.
Taylor, P. J., and Buttel, F. H. (1992) "How do we know we have global environmental problems? Science and the globalization of environmental discourse," *Geoforum*, 3: 405–16.
Vanderheiden, S. (2008) *Atmospheric Justice: A Political Theory of Climate Change*, Oxford: Oxford University Press.
Wapner, P. (1997) "Environmental ethics and global governance: engaging the international liberal tradition," *Global Governance*, 3: 213–31.
WCED (World Commission on Environment and Development) (1987) *Our Common Future*, Oxford: Oxford University Press.
Weiss, E. B. (1989) *In Fairness to Future Generations : International Law, Common Patrimony, and Intergenerational Equity*, Dobbs Ferry, NY: Transnational.
Wenz, P. S. (1988) *Environmental Justice*, Albany: State University of New York Press.
Westra, L. (2008) *Environmental Justice and the Rights of Indigenous Peoples: International and Domestic Legal Perspectives*, London: Earthscan.
Wissenburg, M. (2006) "Global and ecological justice: prioritising conflicting demands," *Environmental Values*, 15: 425–39.

第 二 部 分

第七章 气候变化

Paul G. Harris

20 世纪 80 年代以来，气候变化已经从国家事务中一项小的科学事件转变为全球环境政治中最突出的问题。目前，这是世界各国政府、国际组织、工业界、非政府组织以及越来越多的人士所关心的一个主要问题。随着气候变化越来越被人们所熟知，其在媒体和公共话语中也更加突出，人们对其带给自然和社会的不利影响也有了预测。事实上，今天我们已经感受到气候变化带来的许多影响。政府已经通过谈判达成了研究气候变化的协议，而且许多发达国家已经开始控制造成这种影响的污染。但是，国家对这个问题的反应跟不上气候变化的步伐，它们所做的还远远不够。

本章将首先总结一些关于气候变化的原因及其影响的官方科学发现，其次将描述政府如何建立一个国际协议制度，并通过持续的外交谈判来解决这个问题。最后讨论全球气候变化政治中的几个主题：物质消费的潜在驱动力、跨国行动者的重要作用、与气候变化有关的安全关切，以及由此产生的一些不可避免的正义问题。[①]

第一节 科学评估气候变化及其影响

在过去的二十年中，科学家已经从根本上增强了对全球变暖的原因及其后果的认识——温室气体在大气中积聚而导致的地球变暖。政府间气候变化专门委员会（IPCC）是 1988 年由政府创建的一个专家组，主要研究气候变化问题。委员会高度自信地认为，自 1750 年以来，人类活动的全球平

① 本章的部分内容，特别是接下来的两节，改编自哈里斯（Harris, 2007a, 2007b, 2008a, 2008b, 2009a, 2009b, 2010）以及其引用的作品。

均净效应是地球变暖的其中一个因素（IPCC，2007：37）。二氧化碳是影响最大的温室气体，通过燃烧化石燃料（如煤炭、石油和天然气）、砍伐树木释放的碳，以及腐烂物质产生的气体而排放。“气候变化”是指全球变暖引起的气候变化及其后果，《联合国气候变化框架公约》中涵盖了这一标准下直接或间接与人类活动有关的大气变化。①

直到最近，这种由人类引起的全球变暖才被视为未来的问题。但越来越清楚的是，持续的气候变化是全球变暖的后果（New Scientist，2006；Brainard et al.，2009），气候变化对自然生态系统和人类社会经济的影响可能十分严重，特别是在因地理脆弱性和贫困而使得适应气候变化变得困难或不可能的世界部分地区。对于我们了解全球气候变化政治来说，这一问题与大多数经济活动和现代生活方式密切相关，因而须把环境与人们的生活和工作联系起来。

最权威的关于气候变化的原因和后果的官方报告来自政府间气候变化专门委员会，特别是其于2007年发布的第四次评估报告。根据评估报告，自1970年以来，特别是自1995年以来，全球人为温室气体排放量增加了70%，二氧化碳排放量增加了80%。政府间小组报告提到，“2005年，大气中二氧化碳的浓度超过了过去65万年的自然范围”（IPCC，2007：37）。2005年，大气中二氧化碳浓度为百万分之三百七十九，而工业革命之前的二氧化碳浓度为百万分之二百八十，这期间的年增长率接近百万分之二。重要的是，尽管植物和海洋能吸收二氧化碳，但全球变暖却抑制了它们的这种能力，从而形成了一个恶性循环，导致更大程度的全球变暖和气候变化。政府间气候变化专门委员会也许正试图对抗“气候怀疑论者”的政治影响力，他们质疑全球变暖的现实，并将其归因于太阳黑子等各种原因。政府间气候变化专门委员会宣称：“气候系统是明确的，从全球平均气温和海洋温度上升、冰雪融化和全球平均海平面上升的观测中可以明显看出。”（IPCC，2007：30）更重要的是，自2001年的第三次评估报告以来，专家小组发现，“人类可感知的影响不只是平均温度的变化，甚至扩展到了气候的其他方面，包括极端温度和风向”（IPCC，2007：40）。也就是说，气候变化的影响无疑可归因于人类活动。

在气候变化正在造成的许多不利影响中，受干旱影响的比例增加，极端天气事件发生的频率增加，强降水和热带气旋频发，大部分地区海平面上升

① 政府间气候变化专门委员会所定义的“气候变化”是指自然过程和人类活动的变化，而《联合国气候变化框架公约》仅涉及后者。

和受热浪袭击的频率也有所增加。与此同时，凉爽的白天和夜晚出现的频率也在下降。这些变化对物理和生物系统都有明显的影响：冰川和海冰融化；湖泊和河流变暖；春季初期的到来以及植物和野生动植物的相关变化，如早期植被的绿化，对鸟类迁徙和产卵的影响；以及对海洋生态系统的重大影响，包括盐度和水流的变化、海洋生物的变化、鱼类迁徙的时间和地点的变化，可能对珊瑚礁造成的不利影响，以及沿海湿地和红树林的损失(其对渔业的健康发展至关重要)。政府间气候变化专门委员会在报告中称，农业和森林受到的不利影响将引发更多的火灾和虫害。除其他事项外，人类健康还受到热应激和疾病媒介(如蚊子)范围扩大的影响。

IPCC考察了将来可能实施的国家可持续发展政策及对减缓气候变化的努力所产生的影响，但调查结果并不乐观。即使采取了预期的积极政策，温室气体的排放量也将不断攀升。专家组预测，在目前的排放情况下，全球气温每十年大约增加0.2℃，未来的气温变化取决于世界的应对措施。预计全球平均气温将上升1.4～5.8℃，如果没有积极的缓解政策，最大升幅将更有可能出现。随着全球气温的持续变暖，预计21世纪的气候变化程度将比20世纪(IPCC，2007：45)“更大”。21世纪，预计的变化如陆地和北半球高纬度地区气温将普遍升高，积雪减少，冻土融化，海冰收缩，海平面上升，热浪更频繁，降水量加大，以及热带气旋将更强烈。因此：

> 21世纪，由于气候变化和相关因素的空前组合(如洪水、干旱、野火、昆虫、海洋、酸化)以及其他全球变化的驱动因素(如土地利用变化、污染、自然系统的分裂、资源的过度开发)，许多生态系统受到的破坏很可能超越了其自我复原的能力。
>
> (IPCC，2007：48)

随着植物对碳的吸收达到饱和，正反馈将会增强，20%～30%的动植物物种灭绝的风险将会增加(仅考虑2.5℃的升温的情况下)。20世纪，生物多样性和生态系统所发生的变化将会加剧——对人类的需求产生不利影响，如水和食物的供应。由于海平面上升，海岸侵蚀和洪水出现的频率将增加。预计极端天气事件将更为频繁和激烈，“将对自然和人类系统产生不利的影响”(IPCC，2007：53)。

> 以上种种，将影响数百万人的健康状况。例如，营养不良情况增

加；由于极端天气事件而导致的死亡、疾病和伤害增加；腹泻等疾病负担增加；由于与气候变化有关的城市地区臭氧浓度较高，导致患心肺呼吸疾病的频率增加；以及某些传染病的空间分布发生变化。

（IPCC，2007：48）

即使是在整体适应能力较强的富裕地区，一些群体，特别是穷人和老人，也将面临气候变化的影响。因此，即使气温上升有所减缓，世界各地“预计会有更多的人受到损害而不是从中受益”（2001 年政府间气候变化专门委员会第二工作组）。

区域影响因人而异，从非洲数亿人面临水资源紧张、亚洲沿海和三角洲地区洪水泛滥、澳大利亚生物多样性严重丧失、欧洲山区冰川消退和南欧的水资源短缺、拉丁美洲热带森林和生物多样性的丧失、北美面临缺水和热浪，到极地地区自然生态系统的有害变化以及小岛屿的洪水泛滥和风暴潮——这里只列举了一些未来几十年内预计会发生的变化。21 世纪晚些时候，发生突然或不可逆转的环境变化的可能性会增加，其中一些变化被认为是不可避免的。其中可能包括海平面上升迅速、物种灭绝严重（如果温度升高超过3.5℃，40％～70％的物种将面临灭绝）、海洋系统和渔业的大规模持续变化，以及更积极的（即有害的）反馈回路——因为海洋会吸收更多的二氧化碳。在未来的几个世纪里，气候变化的影响可能真的是巨大的。

第二节　气候变化外交

IPCC 和其他科学家的科学评估推动了应对气候变化的国际协议（Bolin，2008）。然而，由于科学与政治密切相关，气候外交往往单独发展，在一定程度上与科学脱节。最早的重要的国际事件之一是 1979 年的第一次世界气候大会，这次大会是对气候变化及其与人类活动的关系感兴趣的科学家的聚会。

在那次会议上，与会者建立了一个科学研究计划，促成了 1988 年国际气候变化委员会的成立。政府间小组的第一次评估报告和 1990 年的第二次世界气候大会使政府对气候变化问题更加关注。因此，1990 年 12 月，联合国大会设立了“气候变化框架公约政府间谈判委员会”。这个委员会的目标是就一个框架公约进行谈判，该公约将成为应对气候变化的后续国际议定书的基础。从那时起，直到1992年的联合国环境与发展会议（“地球峰会”），150多个国家的代表签署了《气候变化框架公约》。公约的既定目标是：

> 将大气中的温室气体浓度稳定在一个能防止危险的人为干扰气候系统的水平。这一水平应该在一个足以使生态系统自然适应气候变化的时限内实现，确保粮食生产不受到威胁，并使经济发展以可持续的方式进行。
>
> （联合国，1992年：第2条）

《气候变化框架公约》呼吁世界上经济最发达的国家，在2000年前将温室气体排放量减少到1990年的水平；这个目标尚未实现。该公约经50个国家批准后，于1994年生效。发达国家还特别负责向发展中国家提供“新的和额外的”资源，帮助它们努力控制温室气体的排放。框架公约的谈判充满了争议，主要是发达国家和发展中国家之间的紧张关系。1992年以后，关于该框架公约的争议进一步深化。

1995年，《气候变化框架公约》缔约方设立了缔约方大会。其中许多会议就如何实现温室气体排放限制的细节进行了谈判。1995年，在柏林举行的第一届缔约方会议上，发达国家承认，它们在引起气候变化方面负有更大的责任，应将首先采取行动。柏林缔约方会议的核心是对发展中国家的要求，即工业化国家做出更大承诺，减少温室气体排放，协助贫穷国家实现可持续发展。因此，第一届缔约方会议肯定了“共同但有区别的责任”的概念，即所有国家都负有共同的应对气候变化的责任，而发达国家有更大的（“有区别的”）义务。1996年，在日内瓦召开的第二届缔约方会议上，各国政府呼吁制定一项具有法律约束力的议定书，其中规定了发达国家减少温室气体排放的具体目标和时间表。由此产生的“日内瓦宣言”成为1997年12月京都议定书第三次缔约方会议上商定《京都议定书》的谈判依据（Grubb，1999）。该议定书要求大多数发达国家缔约方在2008年至2012年将其温室气体排放总量减少5.2%，从而低于1990年的水平。然而，并非所有的发达国家都同意接受议定书的约束。

京都会议尤其引起争议，因为时任美国总统的比尔·克林顿（Bill Clinton）在呼吁发展中国家“有意义地参与”的同时，美国自身似乎违背了在柏林的承诺。尽管如此，参与会议的外交人员仍然通过了《京都议定书》。该议定书确立了发达国家的具体减排目标，而不需要发展中国家做出重大承诺。该议定书还认可了三个国家可以建立用来履行协议承诺的市场机制。这些机制在许多方面是相互关联和重叠的，包括排放交易（即所谓的碳市场）、联合实施和清洁发展机制。排放交易是一个允许发达国家之间相互购买和出售排放信用的过程。如果某一个国家的减排量能够超过议定书的要求，那么它就有剩余未使用的减排量，可以卖给尚未达到议定书减排目标的其他国家。未使用的减排量的价格由市场需求决定，因此称为"碳市场"。在这个"碳市场"中，也可以交易其他温室气体，所有的温室气体排放量都可以转换为碳当量来进行标准化贸易。而各国之间的一个持续的争议是是否使用碳汇，如种植树木（造林）和可以消除大气中温室气体的土地利用的变化，应当与具体的减排量同时计算在内。

联合实施是国家可以用来履行《京都议定书》承诺的另一项市场机制，议定书要求减少温室气体排放的发达国家在投资彼此的减排项目时，可以获得排放额度。这一机制使这些国家能够共同努力，找到减少温室气体集体排放的最有效和最便宜的手段。清洁发展机制是相似的，它允许发达国家根据《京都议定书》承担减排量，或参与发展中国家的减排项目，在碳市场获得可交易的排放额度。不少发展中国家的投资创造了一个迅速扩大的减排交易市场，与没有来自富裕国家的协议所引发的投资相比，这些国家正扩大工业部门，建设新的、污染较少的工厂，或清理旧工厂。支持这些项目的论点称，它们创造了一个双赢的局面：发达国家通过实施清洁发展机制项目削减发展中国家的排放量，使其能够以更低的成本减少排放，发展中国家也受益于它们之前可能无法享受的来自发达国家的投资。这些国家的清洁设施往往有助于降低地方、国家和地区空气污染程度。但这些项目并非没有遭到批评，特别是那些认为其中的许多国家无论如何都会继续排放大量温室气体的人。若要气候变化得到充分缓解，真正需要的是发达国家和发展中大国同时减少排放量。

《京都议定书》将实现5.2%的（减排）目标的一些措施编入了1998年在布宜诺斯艾利斯举行的第四届缔约方会议中。1999年10月，在波恩举行的第五届缔约方会议上，外交人员商定了一个时间表来完成第六届缔约方会议上《京都议定书》提到的一些突出细节，以加速谈判，使会议主席有权"采取一切必要的步骤，推进来年所有问题的谈判进程"（联合国，1999）。第六届缔约方会议于2000年11月在海牙举行，但由于代表们之间的分歧，特别是在碳汇问题上的分歧，谈判破裂了。随着时任美国总统乔治·W. 布什（George W. Bush）上任后宣布美国取消对大会的支持，《京都议定书》的批准也受到了影响。第六届缔约方会议于 2001 年 7 月在波恩复会。由此产生的《波恩协定》明确了排放量交易、碳汇、履约机制和对发展中国家的援助计划。2001 年在马拉喀什进行了第七次缔约方会议谈判,《气候变化框架公约》缔约方同意就履行《京都议定书》的各种方式达成一致。大会达成了《马拉喀什协定》(*Marrakech Accords*),这是一个复杂的为实施《京都议定书》提案的组合,主要目的是争取足够多的国家的支持,使议定书生效。缔约方同意为公约的财务部门、全球环境基金增加资金,并建立三个新的基金(包括最不发达国家基金、特殊气候变化基金和适应基金)为贫穷国家提供更多的援助。

在 2002 年 10 月于新德里举行的第八届缔约方会议上,美国和其他一些发达国家与几个较大的发展中国家达成了一项默契。出现了将焦点从减缓温室气体排放和气候变化向适应方面的转变——发达国家同意帮助发展中国家适应气候变化的影响——不是只有发达国家必须更大幅度地减少温室气体污染,发展中国家在未来也必须这样做。有人可能会争辩说,这种向适应方向的转变是一种对"魔鬼"的处理,因为它有效地放弃了对温室气体污染的大幅削减,转而采取适应性的策略。但在干预的几年里,这一策略已经发展成国际上应对气候变化最严肃和最重要的策略。由于大气中的温室气体浓度已经接近或者更有可能已经超越安全范围,且由于二氧化碳和其他一些温室气体在大气中持续累积了数十年,因而实质性的气候变化将是不可避免的。前面所述的气候变化带来的负面影响——如海平面上升,更为严重的风暴、干旱、山体滑坡、森林火灾以及病虫害的蔓延等——都是不可避免的,无论政府是否同意减轻其影响,都必须大量减少温室气体污染。这意味着发展中国家,特别是其中最贫穷的发展中国家需要发达国家的帮助才能适应这种变化。这种帮助将不得不以技术援助和新资金的形式出现,以帮助人们和社会应对气候变化带来的影响。同时,采取帮助发展中国家——特别是像巴西和印度这样的大型发展中国家——走向低碳经济的额外援助形式,最终会限制并减少它们的温室气体排放(Adger et al., 2006)。

在第八届和第九届缔约方会议上,外交人员还讨论了执行《马拉喀什协定》的方式,并准备批准《京都议定书》。2004 年 12 月,在布宜诺斯艾利斯举行的第十届缔约方会议被称为"适应缔约方大会",因为讨论再次侧重于适应气候变化,而不是通过限制排放量来减缓气候变化。最后,有国家承诺提供更多的援助来帮助受气候变化影响最大的贫穷国家,但没有坚定地承诺确保发展中国家更容易获得适应基金。同年还发生了另一件重要的事,俄罗斯批准了《京都议定书》,该协议最终于 2005 年 2 月正式生效。

气候变化谈判的一个显而易见的困难是，发达国家——特别是美国——与发展中国家之间的对立十分尖锐。一方面，发达国家努力说服发展中国家承诺减排；另一方面，发展中国家一直对做出承诺心存疑虑。2005年年底，在第十一届缔约方会议和在蒙特利尔举行的作为《京都议定书》的缔约方第一次会议期间，这些分歧愈加明显。尽管美国试图阻挠会议取得进展，但会议还是正式制定了实施议定书的规则（如排放交易规则、联合实施方案、排放汇的计入和违规处罚方法），精简和加强了清洁发展机制，开始进一步就发达国家缔约方在2012年以后（《京都议定书》到期时）的承诺进行谈判，还为适应基金制定了指导方针，并启动了应对气候变化长期行动的谈判进程。一些发展中国家虽然仍然心存疑虑，但在遵守共同且有区别的责任原则的情况下，它们对采取自愿措施表现出了新的兴趣。

过去几年的气候谈判取得了积极的进展。2006年11月，联合国秘书长科菲·安南（Kofi Annan）在内罗毕举行的第十二届缔约方会议开幕致辞中指出，这一谈判将政府的“可怕的领导力缺乏”（Annan, 2006）展现了出来。2007年年底，在巴厘岛举行的第十三届缔约方会议上，发达国家和发展中国家之间展开了熟悉的争论：欧洲国家主张对温室气体削减做出更深层次的国际承诺，美国则坚决反对，而发展中国家则要求获得更多的财政和技术援助（Pew Centre, 2007）。IPCC第四次评估报告在很大程度上推动了巴厘岛会议的讨论，从而（在愿意接受事实的官员中）消除了对问题严重性的怀疑。这次会议非常重要，因为它反对美国外交官阻挠谈判，并达成了一项新的“后2012年协议”，这项协议要求发达国家承担新的义务，限制温室气体排放，并协助发展中国家实现可持续发展。

最后，发展中国家政府同意考虑采取未指定的未来行动来减少温室气体的排放，从而从长久以来的拒绝政策转变为接受承诺的政策。发展中国家表示，愿意考虑未来减排的交换条件是适应基金的精简，且清洁发展机制项目需新征2%的税。发达国家也同意新的排放目标和时间表——但和发展中国家的协议一样，没有做出任何强制性规定。相反，外交官采纳了所谓的“巴厘岛路线图”，旨在指导根据《气候变化框架公约》和《京都议定书》达成新的全面协议的讨论，以便2009年年底在哥本哈根缔结一项缔约方协议。

从这个问题的严重性来看，所有这些应对气候变化的国际努力都太少了。即使全面实施《京都议定书》，也仅会使发达国家的排放量减少不到5%，因为履行这些承诺的方式（如排放量交易和土地使用变化）往往不会使得大量的国家削减排放量。然而，科学家告诉我们，必须完全停止二氧化碳的排放，才能稳定大气中的二氧化碳浓度，防止全球气候系统的混乱(Mathews & Caldeira, 2008)。詹姆斯·汉森等人(James Hansen et al., 2008)已经表明，由于人们感受到碳排放的全面影响有一段滞后期，甚至目前大气中的二氧化碳浓度也可能对《气候变化框架公约》所预防的地球气候系统造成危险的干扰。虽然欧盟的一个相对宏大的目标是将全球气温维持在仅比工业化前高出 2℃，但这样的目标能起到的作用也很微弱。目前二氧化碳浓度(约百万分之三百八十五)"已经太高，无法保持人类、野生动物和其他生物圈适应的气候"(James Hansen, 2008: 15)。相反，最低要求是努力使二氧化碳浓度很快下降到大约百万分之三百五十，这意味着如果碳不能被捕获和永久存储，则需几乎完全避免使用任何化石燃料——虽然目前实际上是不可能的。根据汉森等人的观点：

> 目前的政策是继续建造没有二氧化碳捕集的燃煤电厂，这表明决策者不了解情况的严重性。从现在开始，我们必须开始走向超越化石燃料的时代。持续十年的温室气体排放实际上消除了大气成分在灾难性影响之下的恢复的可能性。
>
> (James Hansen, 2008)

因此，《京都议定书》充其量只是迈向更大行动的一小步。与此同时，全球温室气体排放量将继续急剧上升，主要是因为大型发展中国家将随着经济增长而增加对化石燃料的使用。气候变化仍将继续，事实上有增无减，因为现如今缺乏新的、更积极的集体行动来减少温室气体的排放。然而，更强大的行动所需要的强烈信号却不见踪影。政府间气候变化专门委员会轻描淡写地描述了《京都议定书》的失败："为了更有利于环境，未来的减排措施需要实现更深层次的目标(比议定书层次更深)，覆盖更高的全球排放份额。"(IPCC, 2007: 62)国际法律文书旨在避免地球气候的危险干扰——《气候变化框架公约》的既定目标——但越来越多的情况是减轻和适应这种危险的干预，而不是避免这种干预。

第三节　全球气候变化政治的主题

气候变化已经进入国际环境议程，主要是因为它的原因和后果已经非常明显和重要。其潜在的驱动力来自物质消耗、现代生活方式和相关的工业污染，以及全球能源大部分依赖于碳基燃料。跨国行动者在突出问题（如科学团体和社区的情况）、推动政府行动（非政府环保组织的运动）方面发挥了重要作用，而美国在推进国内政治进程方面发挥了核心作用，从而阻止或减缓了气候变化（最近的很多美国商业和工业集团除外）。这些作用经常以维持经济现状为前提——化石燃料密集型经济的发展和增长。但是，它们在政治上并肩作战，认为在未来几十年内，气候变化可能会通过各种方式危害国家和人类的安全。所有这些主题都笼罩在如何达成公平协议和应对气候变化行动的不同概念之下——如何在这一背景下实现生态正义。

气候变化背后的驱动力是消费。几乎所有人类消费的物品都会导致温室气体的排放——无论是直接燃烧化石燃料还是间接燃烧化石燃料来生产人们消费或休闲的物品，或者导致其他途径的温室气体排放，如甲烷来自动物（如牛）的食物消耗。北方发达的工业化国家产生了大量物质和能源的历史性消耗。虽然发展中国家人民的生活方式和消费习惯正在向与西方（发达）国家相似的方式改变，但即使在今天，西方（发达）国家的人均能源消耗和消费也是发展中国家的人们的许多倍。发达国家对全球环境的不成比例的破坏，表现在其更多的历史污染和更高的人均温室气体排放量方面，这就解释了为什么许多发达国家首先承诺开始减排。

然而，局势正在发生变化，许多发展中国家也纷纷进入全球中产阶级，因而它们产生的消耗和污染与西方国家在一个多世纪或更长时间前造成的污染差不多（Myers & Kent，2004）。因此，现代生活方式的全球化正在对地球大气层产生更大的破坏，如果要缓解气候变化的最坏影响，就需要对更广泛和更全面的行动提出新要求。

在本书其他章节描述的全球环境政治案例研究中，气候变化凸显了跨国行动者的重要性，特别是科学家和非政府环保组织的重要性（Raustiala，2001）。科学家们提出了气候变化的基本科学知识，并被纳入关于气候变化的国家政策和国际谈判中。这些科学家经常与国际组织合作，试图影响他国国内政策的制定，传播他们在气候变化国际谈判中发挥外交官作用的观点，甚至在某些情况下作为各国代表团成员参与缔约方会议。科学家也可能与非政府组织合作，反过来影响公众舆论和政府官员。

很多非政府组织积极推动气候变化行动，包括那些赞成采取更有力的措施来减少温室气体排放、帮助贫穷国家和人民应对气候变化的非政府组织，如绿色和平组织和世界自然基金会等。这些组织和类似组织在其公共关系和直接行动中表现突出，其贡献可见一斑。它们说服发达国家政府和立法机构成员支持温室气体减排，倡导绿色计划和行业补贴，并援助发展中国家的相关项目(Carpenter, 2001)。其中许多组织都有大量的会员，从而引起了相关国家官员的关注。在气候变化辩论中会用到许多专业知识，因此关于气候变化影响的新闻占据道德高地变得更加突出和广泛。非政府环保组织从事基层工作，在鼓励和支持公众的同时，与其他国家志同道合的团体合作，共同获得资源和专业知识。这些组织，特别是绿色和平组织，经常出席国际会议，公开批评外交官和政府，谴责他们不同意减排更多温室气体的做法。

其他团体，如美国商会和全球气候联盟，曾在20世纪90年代游说立法者和政府避免违反与气候相关的法律，尤其是那些要求企业遵守新法规或政府向那些导致温室污染的活动征收“绿色税”或“碳税”。在发达国家中，最反对气候变化相关举措的行业是石油公司、电力公司和汽车制造商。通过引导立法者对就业和经济增长增加关注，并向政治家的竞选活动(如美国)投入资金，这些行业能够阻碍强有力的减排法规和法律的制定，从而减少对其排放温室气体的限制。随着时间的推移，这些行业中的一些(环保企业)正在跟随新的科学和舆论的主导，慢慢减少对气候变化相关法律的反对，同时寻找替代能源和“绿色”产品的新商机。这些更环保的企业正在淡化传统能源生产商的影响力(这些生产商一直对化石燃料和碳密集型经济体系持支持的态度)，为污染较少的行业向政府施加影响创造了一个开端(Falkner, 2008)。

在过去的几年中，全球气候变化政治已经从科学怀疑主义转变为认识到了这是一个需要政府和其他行动者采取行动的现实问题。辩论不再关心是否采取行动，而是关心如何采取行动。这种转变的核心原因是官员乃至公众认识到气候变化给社会利益带来了非常现实的挑战。换句话说，气候变化是一个安全问题(Lacy, 2005; Campbell, 2008)。事实上，气候变化带来的安全挑战已经足够突出，联合国安理会在2007年就这个问题进行了辩论。虽然在传统意义上气候变化是不是一个真正的国家安全问题仍然存在分歧，但有些国家，尤其是发展中国家(尽管不是最容易受到海平面上升影响的小岛国)会争辩这是不是对国家的生存威胁——而不再怀疑这是对人类和经济安全的重大威胁。气候变化造成的环境变化使已经容易遭受干旱、风暴和瘟疫的人比以往更加脆弱。

这反过来又引起了深刻的国际和全球正义问题(Page, 2006; Vanderheiden, 2008)。从气候变化谈判开始，发展中国家就表达了对国际正义的担忧。正如它们所说，发达国家对温室气体的排放负有最大的历史性责任，而这些排放所带来的环境变化将是发展中国家最大的损失。因此，发达国家应负责减少温室气体排放，帮助发展中国家适应根本不可避免的变化。这是一个无懈可击的论点。因此，在第一届缔约方会议上，各国政府就“共同但有区别的责任”的原则达成了一致。根据这一原则，《京都议定书》没有要求发展中国家减少温室气体的排放。但是，正如我们所看到的，发达国家的实际减排才刚刚开始，而这些国家给予发展中国家适应气候变化的资金相对于其需求来说根本微不足道(Muller, 2006)。

气候变化也给我们提出了更深刻的全球正义问题。随着发展中国家数百万人加入世界富裕阶层的行列，他们将呼吁与美国、德国和日本联合起来，限制并最终减少温室气体污染。要求巴西或印度同意限制自己的二氧化碳排放量可能为时过早，但过了一段时间可以要求富裕的巴西人和印度人这样做。气候正义在各国之间落实的失败，不应该掩盖人们对气候正义的需求(Harris, 2010)。

结　论

如今，每个人都可以通过报纸、电视或互联网获取关于气候变化的最新新闻——关于最近的“自然”灾难，可能是全球变暖的表现，或者全球变暖更糟糕的情况。科学探索已经有所进步，因此现在的政策制定者不能否认这个问题的现实性，或否认这一问题对世界上大多数人的严重性。因此，气候变化已成为全球环境政治中最为突出的问题之一，并经常引起各国领导人的注意。尽管随着高层和公众对气候变化的关注日益增加，国际谈判的步伐也在加快，但温室气体的排放仍继续以惊人的速度增长。虽然政府很可能会同意采取更多的行动，尤其是因为问题的根源在于削减大气污染，但全球范围内的削减规模并不大。虽然科学家认为这是非常必要的，然而全球变暖并没有得到缓解。即使发达国家大幅减少温室气体的排放量，发展中国家的排放量也将继续增长数十年。如果政府的政策没有彻底改变，那么即使快速部署环保技术，我们在近期和中期所能达到的最好结果也只是对污染的适度限制，这对 21 世纪后期及以后的环境影响仍旧很小。然而，从根本上讲，气候变化及其带来痛苦灾难的各种表现是不可避免的。因此，可悲的是，气候变化揭示了全球环境政治的局限。这表明，所有有能力的人都非常需要尽其所能来减少温室气体排放。理想的情况是，帮助那些在气候变化中受到最大影响的人(世界上的穷人),而各国正在努力采取更为激进的行动。它们必须采取这些行动,以限制今后气候变化可能带来的最坏影响。

推荐阅读

Giddens, A. (2009) *The Politics of Climate Change*, Cambridge: Polity.

Hulme, M. (2009) *Why We Disagree about Climate Change: Understanding Controversy, Inaction and Opportunity*, Cambridge: Cambridge University Press.

Kolber, E. (2006) *Field Notes from a Catastrophe: Man, Nature, and Climate Change*, New York: Bloomsbury.

Rosencranz, A., Schneider, S. H., and Mastrandrea, M. (eds) (2010) *Climate Change Science and Policy*, Washington, DC: Island Press.

Stern, N. (2009) *The Global Deal: Climate Change and the Creation of a New Era of Progress and Prosperity*, New York: Public Affairs.

参考文献

Adger, W. N., Paavola, J., Huq, S., and Mac, M. J. (eds) (2006) *Fairness in Adaptation to Climate Change*, Cambridge, MA: MIT Press.

Annan, K. (2006) "Citing 'frightening lack of leaders' on climate change," available: www.un.org/News/Press/docs/2006/sgsm10739.doc.htm.

Bolin, B. (2008) *A History of the Science and Politics of Climate Change: The Role of the Intergovernmental Panel on Climate Change*, Cambridge: Cambridge University Press.

Brainard, L., Jones, N., and Pervis, A. (2009) *Climate Change and Global Poverty: A Billion Lives in the Balance?*, Washington, DC: Brookings Institution.

Campbell, K. M. (2008) *Climate Cataclysm: The Foreign Policy and National Security Implications of Climate Change*, Washington, DC: Brookings Institution.

Carpenter, C. (2001) "Business, green groups and the media: the role of non-governmental organizations in the climate change debate," *International Affairs*, 77(2): 313–28.

Falkner, R. (2008) *Business Power and Conflict in International Environmental Politics*, Basingstoke: Palgrave Macmillan.

Grubb, M., Vrolijk, C., and Brack, D. (1999) *The Kyoto Protocol: A Guide and Assessment*, London: Royal Institute of International Affairs.

Hansen, J., Sato, M., Kharecha, P., Beerling, D., Berner, R., Masson-Delmotte, V., Pagani, M., Raymo, M., Royer, D. L., and Zachos, J. C. (2008) "Target atmospheric CO_2: where should humanity aim?," *Open Atmospheric Science Journal*, 31 October. Available: http://arxiv.org/pdf/0804.1126v2.

Harris, P. G. (2007a) "Collective action on climate change: the logic of regime failure," *Natural Resources Journal*, 47(1): 195–224.

—— (ed.) (2007b) *Europe and Global Climate Change: Politics, Foreign Policy, and Regional Cooperation*, Cheltenham: Edward Elgar.

—— (2008a) "Constructing the climate regime," *Cambridge Review of International Affairs*, 21(4): 671–2.

—— (2008b) "The glacial politics of climate change," *Cambridge Review of International Affairs*, 21(4): 455–64.

—— (2009a) "Climate change in environmental foreign policy: science, diplomacy and politics," in P. G. Harris (ed.), *Climate Change and Foreign Policy: Case Studies from East to West*, London: Routledge.

—— (ed.) (2009b) *The Politics of Climate Change*, London: Routledge.

—— (2010) *World Ethics and Climate Change: From International to Global Justice*, Edinburgh: Edinburgh University Press.

IPCC (Intergovernmental Panel on Climate Change) (2007) *Climate Change 2007: Synthesis Report*, Cambridge: Cambridge University Press. Available: www.ipcc.ch.

Lacy, M. J. (2005) *Security and Climate Change: International Relations and the Limits of Realism*, London: Routledge.

Mathews, H. D., and Caldeira, K. (2008) "Stabilizing climate requires near-zero emissions," *Geophysical Research Letters*, 35. Available: www.agu.org/pubs/crossref/2008/2007GL032388.shtml.

Muller, B. (2006) *Montreal 2005: What Happened, and What it Means*, Oxford: Oxford Institute for Energy Studies. Available: www.oxfordenergy.org/pdfs/EV35.pdf.

Myers, N., and Kent, J. (2004) *The New Consumers: The Influence of Affluence on the Environment*, London: Island Press.

Netherlands Environmental Assessment Agency (2008) "China contributing two thirds to increase in CO_2 emissions," 13 June. Available: www.mnp.nl/en/service/pressreleases/2008/20080613ChinacontributingtwothirdstoincreaseinCO2emissions.html.

New Scientist (2006) "Climate change is all around us," *New Scientist*, no. 2543, 18 March. Available: http://environment.newscientist.com/channel/earth/mg18925432.600-editorial-climate-change-is-all-around-us.html.

Page, E. A. (2006) *Climate Change, Justice and Future Generations*, Cheltenham: Edward Elgar.

Pew Center on Global Climate Change (2007) *Summary of COP13*. Available: www.pewclimate.org/docUploads/Pew%20Center_COP%2013%20summary.pdf.

Raustiala, K. (2001) "Nonstate actors in the global climate chang regime," in U. Luterbacher and D. F. Sprinz (eds), *International Relations and Global Climate Change*, Cambridge, MA: MIT Press.

United Nations (1992) *Framework Convention on Climate Change* Available: http://unfccc.int/resource/docs/convkp/conveng.pdf.

—— (1999) "Ministers pledge to finalize climate agreement by November 2000," press release (5 November). Available: www.unis.unvienna.org/unis/pressrels/1999/env75.html.

Vanderheiden, S. (2008) *Atmospheric Justice*, Oxford: Oxford University Press.

Working Group II of the Intergovernmental Panel on Climate Change (2001) *Climate Change 2001: Impacts, Adaptation and Vulnerability*, Cambridge: Cambridge University Press. Available: www.grida.no/CLIMATE/IPCC_TAR/wg2/010.htm.

第八章　海洋污染

Peter Jacques

引　　言

世界海洋——世界各地的海洋——充满了复杂而持久的污染物，其中大部分来自内陆。这些污染物包括有毒化学物质、肥料、垃圾、碳氢化合物和二氧化碳等，还有许多其他有害物质[①]。另一方面，大多数海洋污染机制关注的是向海洋倾倒废弃物，或者故意从船舶或陆基建筑向海洋排污。本章将解释大部分海洋污染与国际社会政策之间的脱节。国际社会的政策是基于乌尔里希·贝克关于“风险社会”的理念设计的。为了更好地了解海洋污染，风险社会理论提出，现代工业体系已经开始产生普遍且不可逆转的问题，而这些问题是同一体系无法解决的。从本章可知，一些现代问题可能没有现代化的解决办法，反而需要更加艰难的政治选择。最终，倾倒法规不能有效地解决海洋污染问题，反而可能有助于倾倒污染物。有效的国际海洋污染政策要求减少来自较大社会系统（如世界经济）和生态系统（如内陆和海洋）的污染。

在本书的理论部分，我们通过几种不同的方式来设想和解释了全球环境政治。我们对海洋污染认识的核心来自国际政治经济学的观点，包括环境安全、非政府行动者的思想，以及国家主导的机构或政权。本章将阐明海洋污染在全球环境变化中的情况，以及与我们对环境管理的一些正常认识相反的惊人事实。我们认识的常态——也就是现代社会对环境问题的理解

① 一些气候“怀疑论者”认为，作为缓解气候变化的一种方式，减少二氧化碳排放可能会破坏公共政策。然而，这一点是错误的。并非所有的污染物都是有毒的。相反，污染物是消耗生态汇（吸收和改善投入的资源）或仅仅是不受欢迎的投入和补充。例如，海水不是海洋中的污染物，但当它渗透淡水含水层时，就变成了一种污染物。由于二氧化碳破坏了海洋的化学动力学，因此它成为海洋系统中的一个重要压力源——也就是污染物。

是，我们创造的环境污染越多，就需要有越有效和越高效的制度来控制环境污染。这种管理几乎总是采用“管道末端”控制和限制来减少工业流程的影响。因此，国内外环境管理的一个政治目的就是维护当前产生污染的经济和政治制度，同时减少“管道”内出现的污染物。海洋倾倒采取的就是“管道末端”的解决方案。但是，我们无法控制大多数的“管道”。这意味着什么？或者说，大多数海洋污染物一旦被生产出来或一旦被使用，会发生什么？

对人类历史而言，全球环境变化已经成为一个迫切的现实。人类已经改变了世界上大约一半的土地空间，占有世界上大约一半的地表水，并且在第六次灭绝事件中灭绝了非人类的生命，物种灭绝率比背景率高出大约100～1 000倍（Vitousek et al.，1997：494）。同时，我们对世界上的土壤、水域和大气的化学成分进行修补，得到了深刻的、未知的结果。不幸的是，所有这些变化交织在一起，产生了令人恐惧的复杂性，我们无法有效地对某件事加以“修复”。以生物多样性为例，生物多样性丧失的主要驱动力是栖息地土地利用的变化，而这些变化本身就是在财产法、农业和城市化等一系列政治经济和社会背景下产生的。渔业衰退和崩溃是生物多样性丧失的一个特殊部分，其主要原因是过度捕捞，但是也会受海平面上升的基本影响（Lehody，2006）。本章将表明，气候变化正在导致海洋酸化，这将影响鱼类的生理机能。我们也会看到，农业和土地利用的变化所引起的土壤养分的工业投入导致了更为严重的海洋污染物问题之一——海洋生物可能将永久或零星地灭绝。因此，我们正站在重大生态转变的开端，这是重新审视世界政治的性质的重要时刻。

本章将重点探讨海洋污染随着工业生产和人口增长而不断恶化的事实，但没有涉及绝大多数关于海洋污染的重要制度，其中大部分可能比我们拥有管理权的污染更具破坏性。乌尔里希·贝克（1992）提出的“风险社会”概念将被用来理解新的全球海洋污染威胁的性质。这种观念带来了现代性时代的后果，现代性时代是随着对人民的控制和扩大自由及自主这两种冲动而同时产生的。这种双重冲动正在扩大福利国家的个人权利，加强对自然、经济和人民自由的控制。

贝克讽刺了现代政治的一些弊端，他观察到为控制而做出的努力导致了一系列相互关联的危机。这样的一系列危机给现代制度带来了合法性的问题，因为这是一个正常的结果，而不是规则的异常或例外。因此，造成海洋污染问题的根源在理论上是无法解决的。如果是这样的话，那么我们对全球环境政治的研究将不得不超越作为民族国家主权的决策者的想象——

科学技术是解决这一难题的答案,而经济增长则是一种明确的价值取向。因此,海洋污染给真正质疑全球环境政治的一些核心假设提供了机会。

接下来,本章首先将解释海洋污染的标准演变和一些国家主导的制度,以及将其作为管理海洋倾倒标准问题的一种方式。其次,本章将谈到海洋问题的相对不可逆转性、扩散性和难以控制性,因为它们从不涉及倾销。相反,这类污染物是由空气、大气、水循环和风力带来的——所有这些都远远超出了国家的控制范围。而世界风险社会特有的海洋污染包括营养污染、塑料污染、持久性有机污染物(见本书第十二章)和海洋酸化。所有这些问题都会大大危及生命,但是这是国家经济和工业社会正常运转的结果,其中没有一个问题受到国际制度的制约。更糟糕的是,即使有相关的国家主导机构,如果不改变产生这些问题的生产制度、补贴和管理生产及消费过程的政治制度以及工业科学的目标,那么理论上改善这些问题的希望也不大。因此,本章首先将海洋历史概述作为21世纪海洋污染问题诞生的背景。

第一节 海洋历史

本节只能粗略地回顾海洋历史,但是一些主要的主题和时代需特别指出。第一部分对现代读者来说似乎是陈词滥调,但海洋早在地球上的所有生命出现之前就已存在,它曾经是有史以来最重要的“分娩地”,也是地球上至关重要的“羊水”。所有生命的诞生都开始于盐水中——甚至一些动物在陆地上进化之后,有些还选择返回海洋(鲸鱼和海豚是最明显的)。我们体内的血液可能模仿了这种原始状态,并保留了与海水类似的显著的矿物成分(如盐度)。事实上,我们的血液就像一片海洋。

当人类社会在海洋周围建立起自己的生命基地时,不同的历史就慢慢展开了,但有一点是清楚的:尽管有些人认为这是一个社会空白空间,但海洋仍然是一个社会空间(Steinberg, 2001)。

对西方人来说,可能会形成最基本的以人类为中心的社会组织(Hay, 2002),海洋更像是一种工具,其使用的主要限制来自人们可以从中得到的东西。例如,渔业政治主要关注的是每个国家的总捕捞量,但国际大西洋金枪鱼养护委员会并没有考虑金枪鱼的利益。政治理论家保罗·韦普纳(Paul Wapner, 2002)认为,理解非人类物种的利益可能是困难的,但最低期望是允许一个物种存在,国际大西洋金枪鱼养护委员会似乎并没有思考这个简单的考虑。

非西方人民通常对谁和什么被认为是机构代理人有着更广泛的看法。土著人通常认为物质和精神世界是不可分割的。马克雷·斯图瓦特-哈拉维拉(Makere Stewart-Harawira，2005)将“Te Aho Tapu”的毛利人思想或者“神圣的线索”描述为，不仅是世界上的人类，所有的存在都有一种生命力，或者可以称之为“毛利-奥拉”(mauri-ora)：

> 作为存在于所有王国中的独特生命力量，这种“毛利”的概念延伸到了无生命以及有生命的物体中，事实上也延伸到了概念和知识的形式中。在自然界中，每一个单个的岩石、石头，每一个动植物个体以及每个人的土地和水，都可以看作拥有自己独特的生命力。
>
> (Stewart-Harawira，2005：39)

在这个模式中，海洋拥有自己独特的生命力。但是海洋的主要概念不包含这种理解。雨果·格劳秀斯(Hugo Grotius)提出的第一个全球制度就是一例，他认为没有一个国家能拥有海洋，因此它不可能属于任何一个国家。公海或“海洋自由”的提出最初是为了与葡萄牙人和西班牙人一起使荷兰的贸易和殖民主义合法化，同时英国人也在收购殖民地。这个想法认为，海洋可以自由地用作基督教欧洲君主[①]与其他国家进行贸易的高速公路——格劳秀斯认为这是一种“自然的”或不可剥夺的权利。

在这段历史中，必须指出的是，公海创造了一个开放的海洋政权，缩短了前三英里的海岸线。这是由国家控制的领土区域。开放式的制度没有任何准入或使用的规则，这几乎允许任何海洋行为的发生。这意味着，首先，开放式体制成了灾难的起源之一，因为它造成了一个很难解决的集体行动问题。这就是臭名昭著的“公地悲剧”，个人利益是通过消耗或贬低共同资源来破坏共同利益的。一个使用者在其他使用者可以这么做之前尽可能多地做这件事，而越来越多的使用者可能会加入其中——致使资源崩溃和悲剧的产生。其次，它为密集甚至肆意使用海洋开创了一个非常悠久且已经确立的先例。

即使海洋的代理权没有被恢复，但是公海时代已经过去了。公海时代尚有一些遗留，但现在我们正处在海洋法时代。海洋法确立了若干国际原

① 格劳秀斯认为，自然法可以通用并扩展到世界上的每一个人，但他预计，多数基督教欧洲君主是最自由地接受这一法律的人。

则，这些原则大大改变了公海的开放获取权，并授予一些覆盖了最重要的海洋栖息地的沿海国广泛的管辖权。就这一点，恩斯特·哈斯(Ernst Haas)提出了以下问题：

> 几个世纪以来的海洋政权是基于最大限度开放的准入标准确立的：在1945年以后，在边界无情地向外飘浮的领海以外——任何国家都可以做任何事情。是什么原因导致了对渔业保护区、无污染区、过境限制和深海开采的国际管制？海洋是"人类遗产"的公共事业，那它最出色的规范负责的是什么？
>
> (Haas，1983：24)

哈斯认为我们的自然观念改变了，正是这种知识的转变改变了我们的海洋政权。随着我们的自然观念变得更加整体化，并把自然视作相互依存的和脆弱的，我们对海洋的规则的制定也变得更加严格。

当时的美国总统杜鲁门清楚地知道石油将成为权力的一个主要战场，因此他发表了两个声明。首先，他宣布沿海国家有权在沿海货架上采矿，以用于石油勘探。其次，他主张国家对200英里以外的领土区域附近的渔业进行控制，同时要考虑到历史上的捕捞船队，以便美国舰队能够继续向外国海岸行驶。

《杜鲁门宣言》似乎在1958年触发了海洋法三次会议中的第一次会议。在会议上，国际社会共同规定了"红海""捕鱼权"和其他一些国家的权利。1960年，第二次联合国海洋法会议并没有达成一致，因为在如何为沿海国家设立管辖权方面存在争议。第三次会议始于1973年，于1982年结束，其成果于1994年生效。这次会议产生了《海洋法公约》，确立了12英里的领海(各国对这一地区拥有主权)和200英里的专属经济区(EEZ)。各国对专属经济区拥有控制权，但是为了国际公共利益，在这些地区之外，仍然是公海，尽管那里的海洋土壤和矿物被宣布为"人类的共同遗产"，但还是被较不发达的工业化国家用来提升本国穷人的地位。

总之，我们至少经历了三大时期的海洋历史，每段历史都有自己的海洋政治和相应的危机。第一个时期是前殖民时期，当时许多沿海人民与复杂的海洋系统相互作用，作为其生活世界的延伸。第二个时期是殖民时期，殖民主义和商业资本主义占主导地位，自由放任制度明确了全球海洋空间和潜力。当前的时代是第二次世界大战后开始的海洋法时代，这一时期建立了明确的管辖权，并期望通过工业化（包括军事用途）保护海洋世界。请注意，工业时期跨越殖民地时期和战后时期，而世界风险社会则是在后一时期出现的。

第二节 风险社会的理念

关于风险社会的概念，德国社会学家乌尔里希·贝克（1999）认为，为了解决当代海洋问题，风险社会始终是一个"世界"风险社会。在风险社会中，我们最关心的角色是民族国家的领导人、工业和金融公司的领导人以及工业科学家，他们是现代国家、经济、科学三位一体中各自机构的代表。最后，一个组织由跨国公民组成，这些人认识到这些现代制度正在产生致命风险，因此他们组成联盟来改变风险决策。贝克指的是跨国公民团体——非政府组织（NGO）——的发展，其试图把自己的主权扩展到民族国家之上，成为"反身"或批判的现代性。

工业社会[①]计算风险和制造危害，并企图通过经济逻辑控制它们。工业社会已经建立了权力和合理性，优先考虑通过"提取—生产—分配—消费—废物系统"创造财富。民族国家主要通过立法来组织这些制度并使其合法化，以管理经济，并通过福利和保护政策（如环境政策）来防范风险。重要的是，环境管理和环境政策在世界各地的法律和管理计划中均得到迅速发展。然而，彼得·达克韦尔涅（Peter Dacrvergne，2008）表明，即使环境官僚主义和管理层的影响力增加了很多倍，环境损害的范围仍旧超出了广泛的、大部分对消费者而言是无形的影响，并且产生了威胁当地可持续性的"消费阴影"以及破坏了全球环境。具有讽刺意味的是，在一个环境危机和变化不断扩大的世界里，加强管理完全符合风险社会理论，因为各国正在努力改变环境影响，但却不改变真正造成问题的政治经济和意识形态体系。

在风险社会中，工业科学产生了提取、生产、分配和隐性控制废物危害的知识和技术。企业——无论是国有企业还是私营企业——通过广告、公共关系和宣传来管理和推动产品的提取、生产、分销和需求。它们也认识到了废物的分布和类型。个人和社会有基本的生活需求，他们提供劳动力，消费和生产废物。全球化的工业和现代西方社会试图计算、预测、理解和防范

① 威廉·希普威尔（William Hipwell，2004，2007）指出，工业社会通过城市地区和交通线路真正连接起来，这些城市地区和交通线路从外围和较弱的地区吸引资源。这个单一的网络被称为"工业"，并包含沃勒斯坦（Wallerstein，2004）关于世界资本主义体系的重要创新。

上述整个系统产生的风险。贝克将其命名为“第一现代性”。

风险社会的产生体现在两个方面。第一个方面，即贝克认为不可能停止的——工业社会会产生无法控制的风险：

> 进入风险社会的举措发生在破坏或取消福利国家现有风险计算的既定安全制度之时，这些危害由社会决定并由此产生。与早期的工业风险相比，核、化学、生态和基因工程风险有其固有特性：(a) 可以不受时间和地点限制；(b) 没有既定的因果关系、责任和责任规则；(c) 不能投保或获得赔偿。
>
> (Beck，1999)

另一种更为偶然的情况是，国有经济采取的科学的产业制度面临着一种合法性危机，这种危机在“反思现代性”中破坏了这些制度的未来。这个阶段是“自反”的，因为跨国公民看到了第一现代性是如何产生全球威胁的。这种发展更为偶然，因为世界政治中的工业大国可能会通过镇压异见人士和激进分子或者压制信息来阻挠反思和质疑。它们首先要做的是否认环境问题的存在，其次是通过解雇或者诋毁(指出这种威胁的活动家和学者)来使社会运动复原。

接下来我们将探讨第一次和第二次现代性背景下的世界海洋污染问题。

一、 现代海洋问题和现代解决方案

第二次世界大战后，海上规则激增。船舶无害通过和自由航行的权利也越来越受到船舶安全和海洋环境保护要求的限制(Tan，2006)。

虽然一些污染正在减少，比如石油污染，但故意和偶然事件仍在继续，这引起了人们对海洋污染机构有效性的质疑。坦指出，“不可避免的结果的发生似乎是因为主要的国际规则和标准——主要是国际海事组织(International Maritime Organization，IMO)制定的——没有得到充分执行或遵守”(Tan，2006：5)。具有讽刺意味的是，坦认为，即使是理论上可以控制的海洋污染，在“航运政治经济学”一词中也没有得到有效的管理。

国际海事组织是制定国际海运标准的主要国际组织。它成立于1948年，最初被命名为国际海事咨询组织，负责管理航运方面的技术问题。然而，航运业务竞争非常激烈，这促使船东、港口和监督机构通过使用不合标准的船舶来降低成本，并且违反了一些重要的防污染法律。这样的航运系统不利于船东和操作员遵守会使成本增加的法规和安全措施。虽然国际海事组织把重点放在安全和污染的技术标准上，但往往忽略了这些标准所适用的更广泛的政治和经济体系；同时，航运业努力减缓或阻碍更为严格的污染防范体系的形成。在工业国家的运输体系中，船东经常与港口督察和分类机构勾结，以躲避昂贵的污染限制。随着这些情况的恶化以及特定事故的政治压力，如1989年瓦尔迪兹号(Exxon Valdez)的漏油事故，北美和欧盟采取了更加单方面和更严格的规则以避免国际纠纷。然而，这意味着许多造成最严重污染的犯罪分子能够继续在美国和欧盟以外的地区运输，进而危及世界上其他海洋的生态系统和大部分海洋生物的多样性及敏感栖息地所在的沿海地区——其人口、工业化和沿海开发及城市化正在持续增长。

尽管缺乏对执行海洋污染法律的督察，自1970年以来，海洋石油倾倒和其他危害也已经减少了大约60％(Tan，2006)。在全球范围内，国家经济科学秩序在通过石油生产和运输产生这些危害的同时，也通过国家主导的减少工业生产影响的政权来减少危害。这些制度中许多被禁止的或受管制的材料本身都是无法控制的，如核废料或有毒化学品，但是限制它们在船舶或沿海点倾倒是可控制的。

最早的控制石油倾倒的国际制度是1954年的《伦敦石油污染公约》(OILPOL)，它试图减轻污水或可操控油污的有意排放。在空载货物的回程中使用海水作为压舱物(稳定)后，油罐车内残留的就是水和油的混合物。在公约开始生效之前，船舶曾经大肆排放这些污水。《国际防止海上油污公约》限制在沿海50英里内倾倒石油，而在此之前，对石油倾倒几乎没有任何限制，即使有了限制，石油也仍在海上漂浮，并造成了严重的海洋污染。此外，该制度并没有将汽油视为油污，也没有讨论意外漏油事件。后来，《国际防止海上油污公约》被1973/1978《国际防止船舶污染公约》(MARPOL)所取代，该公约对船舶提出了机械限制和工程变更的要求，以控制油轮的故意排污。若想解决“有意”的石油污染问题，“故意”的限制似乎是恰当的，因其显著减少了海洋污染(Mitchell，1994)。一个线性问题——将石油倒入海洋——是通过一种线性的解决方案来解决的——即停止向海洋倾倒大量的石油。

不管各国是否同意这些海洋制度所施加的限制，都可以决定是否通过多个渠道执行这些限制。一个渠道是通过旗帜政策来执行，即所有在海上的船只必须悬挂一面旗帜。一艘船从一个国家获得国旗，该船就必须遵守这个国家及国际的海洋法律，如劳动法和污染法。一些国家挂起船旗，就有更多的劳工来执行对这些环境法律的承诺。“方便旗”也被称为“公开登记”，这个问题困扰着许多海洋政权在没有旗帜的国家如何遵守执法措施(主要是捕鱼业)。一些污染管理通过港口检查来实现，但这些检查通常是由人员不足的港口完成的，并且被实际快速进出港口的目标所压迫。

一个相当成功的防范海洋污染的制度是1972年的《伦敦倾销公约》，它在全球范围内限制了“用船舶、飞机和人造建筑物在海上故意处置废物和其他物质……”，并被广泛认为是解决海洋污染最成功的条约之一(Hunter et al., 2006: 732)。这个早期的公约把高度放射性废物以及需要倾倒许可的受控物质等禁用物质列入“黑名单”，如低放射性废物的“灰色”名单。然而，1996年，《伦敦倾销公约》发生了一个重要的转变，因为它把“附录一”清单上的材料变成了“责任”或“举证责任”。这一举措体现了预防原则，即它试图通过倾倒那些国家和国际海事组织认为“安全”的材料来谨慎地犯错。因此，国家、经济、科学三位一体首先造成危害，然后使用基于国家的法规来处理危害(只要附录一所列的真实危害清单中的物质在区域海洋可以吸收污染而不破坏海洋系统)。但是，公约的新规则直到十年后才生效；在全世界大约200个国家中，也只有37个缔约方达成了一致。

除了这些以国家为基础的行动，公民社会的作用也不应该被忽视。公民社会是指那些既不是政府也不是商界人士的组织。海星圣母(Stella Maris)事件所产生的宣传效果和丑闻就是一个很好的例子。“海星圣母”是荷兰的一艘船，它于1971年离开了鹿特丹港，船员的任务是向北海倾倒650吨有毒的氯化碳氢化合物。但在公众的强烈抗议和外国政府的反对下，它不得不返回荷兰。这一丑闻的直接后果是，一年之后，欧洲制定了一项区域性协议，即“奥斯陆公约”(《防止船舶和飞机倾倒废弃物造成海洋污染公约》)(Hunter et al., 2006)。

二、 意外漏油的教训

海星圣母号事件衍生了一项协议，协议限制有意倾倒有毒废物并限制荷兰等相关国家的合法性危机。这种事后结构是在国家领导的漏油机制中发现的历史模式，其中显著的泄漏事件引发了公众和国际上的强烈抗议。各国通过制定或修改意外漏油法律来做出回应。无论是在国内还是在国际上，均把漏油事件视作危机。然而，美国历史上最大的石油泄漏事件之一并没有被认为是危机，也没有出现类似的回应。优尼科在加利福尼亚州的瓜德鲁普沙丘(Guadelupe Dunes)运营了38年。它建立近四十年来，因为监管者、工人和企业负责人拒绝承认缓慢泄漏污染物到海洋的问题，所以一直没有采取任何措施，直到一名工作人员最终呼吁并报告了这个问题——他的做法使他遭到了同行对其工作的威胁。因此，在运输中发生石油泄漏的一个优点是，它们引发了一个响应，即将它们识别为需要解决的问题。一艘"触礁的油轮"激励着行动者采取某种行动，而一些环境问题的"积极性"或日益增长的情况几乎激发不了任何反应(Beamish, 2002)。

例如，瓦尔迪兹号泄漏了1 100万加仑的石油，这些石油在2 500平方英里的平缓的阿拉斯加海岸线上蔓延，而公司和政府却一直在争论谁应该清理它。这场灾难迫使乔治·W. 布什总统放弃了在阿拉斯加国家野生动物保护区钻探更多石油的希望，并通过了1990年的《石油污染法案》。除此之外，这项法案还要求企业支付清理漏油的费用，并要求在2010年之前，美国水域的所有油轮都必须配备两个船体来防止泄漏；国际法则要求，2015年之前，油轮船体翻倍。有趣的是，瓦尔迪兹号被禁止驶入威廉王子湾，但油轮改名为"地中海海洋"后仍在水域中航行。但是瓦尔迪兹号的泄漏只是一系列危机中的一个，而这些危机是通过事后的政策反应来回应公众和国际上的要求的。最著名的案例之一是托里峡谷号(Torrey Canyon)，1967年3月18日，在康沃尔郡(Cornwall)的七石礁(Seven Stones Reef)触礁，它泄漏了12万吨石油的一半，最终污染了近200英里的英法海岸。因政府和航运业对油轮事故的处理准备得不充分，直至1967年4月，对这一事故的处理仍停滞不前，甚至因为使用了轰炸和破坏性清洁剂而使得漏油事故更加严重。这一事故至今仍是英国历史上最严重的石油灾害之一。

约翰·谢尔(John Sheail)解释说，在英国康沃尔海岸外发生石油泄漏事件的托里峡谷号所造成的政治后果前所未有：

> 旅游贸易遭到破坏——其对海洋生物的破坏无法估量。政府越来越被政治和经济的影响所困扰，政府似乎不知所措。据电报报道，一位(内阁)大臣称这是"英国海岸在和平时期面临的最大威胁"。世界上所有的其他人员和装备都不足以应付这个问题。首相举行了现场会议。五位(内阁)大臣被分配了特定的职责。
>
> (Sheail, 2007: 486)

虽然以前也发生过石油泄漏事件，但到了1967年，我们正在踏入一个新的环境问题时代，人们对污染问题的意识得到进一步提高。托里峡谷号的石油泄漏事件也发生在新的时代，尽管北半球的石油政治经济基础加强了。在20世纪60年代，富裕国家的燃料进口增加，船舶本身已经扩大，足以容纳更多的石油。迄今为止，各国政府只考虑了石油的需求，而没有考虑其给海洋环境带来的后果。一些政府官员认识到了泄漏的滋扰，但仍拒绝承认政府负有责任。当然，政府在以一个令人吃惊的方式做出干预。政府对被困船舶的应对措施是为了最终点燃海洋中的石油而试图炸毁它。如此一来，皇家空军喷气机所引入的污染物就比它们所去除的要更多，海洋里增加了“160 000磅的高爆炸药、10 000加仑的航空煤油、3 000加仑的凝固汽油弹，以及超过80万加仑的洗涤剂(这些洗涤剂是溶剂)”(Sheail，2007：494)。尽管这一努力解决了大约4万吨石油污染，但这艘船被轰炸沉入海底，其余的货物也纷纷浮出海面。此外，三分之一的炸弹没有爆炸，浮油下的海洋生物虽幸存了下来，但最终被洗涤剂杀死，并使海洋变成了乳白色。这种洗涤剂由英国石油公司(BP)生产，该公司也生产洗涤剂所使用的油。这意味着英国政府被迫向英国石油公司支付费用清理自己的石油。为了确保政府向英国石油公司支付费用，一艘姊妹船在新加坡被扣留，直到英国和法国政府支付了300万英镑才被放行。

考虑到天气和其他幸运事件，托里峡谷号事件可能会比现在糟糕得多。但是这一事件有几个十分明显的教训。首先，政府、科学和工业首要关注的是为第二次世界大战后的工业化经济提供基本能源，而不考虑石油的生产—分配—消耗，大幅增长的经济结构或常识性的期望可能导致油轮的损坏。其次，国家领导机构应对和处理油轮事故的合法性政治要求只有在这场灾难之后才会提出，这迫使国际社会采取某种形式的行动。事实上，在利比里亚油轮的船长合法放弃这艘船之前，英国政府甚至没有信心遏制这场灾难。因此，英国和法国都没有计划好如何处理不可避免的(某处)油轮事故，国际社会也没有。在托里峡谷号事件之后，国际社会通过修订《国际油污损害民事责任公约议定书》，增加了关于油轮所有者责任的新的国际协议。然而，责任上限对于船东而言仍然是有利的，并且仅限于该船的残值；对于托里峡谷号来说，这艘油轮仅剩下一艘救生艇的价值了。令人痛心的是，石油污染公约内容不够充分(它没有包含意外泄漏的情况)的弊端也变得明显起来。来自托里峡谷号事件的压力要求国际社会修改公约，以纳入意外泄漏的条款，这有助于在“防污公约”中达成一项新的协议。因此，从漏油史带来的教训可以看出，面对限制经济活动的前景，全球环境政治很难预防或采取积极行动。

第三节　可预见最糟糕的事故每天都在发生

在制定“奥斯陆公约”（以及后来的《巴黎公约》，其侧重于陆基倾销）和“伦敦公约”的过程中，显然国际上对海上倾倒的普遍反感日益强烈，但如何处理有毒废物如氯化污染物仍然是一个比较复杂的问题。对这一问题的处理可以在下面的章节中找到，人们容易做到的是识别那些含有令人讨厌的东西的船只，并阻止它们进入海洋。

但是，如果不这样做，会发生什么？

贝克明确指出了存在于现代但被世界风险社会所废除的微积分的四大支柱：

> 首先，人们担心全球性的、无法挽回的损害不再受到限制，货币补偿的概念因此失败了。其次，在存在致命危险的情况下，可预见的善后事宜被排除在最可能发生的事故之外；预期结果监测的安全概念也失效了。再次，“事故”失去了时空界限，因此也就失去了划界的意义。最后，它成了一个只有开头没有结尾的事件——一场匍匐、驰骋和重叠的破坏浪潮的“开放式节日”。
>
> （Beck，1999：53－54）

在执法和遵守率较低的制度下，尽管我们已经大大减少了向海洋倾倒石油和危险废弃物，但我们对绝大多数或最重要的海洋污染事件都没有采取任何行动。很显然，最有害和最具破坏性的污染来自内陆：

> 几乎所有的海洋问题都是从陆地上开始的。在这里，几乎所有的污染都来自工厂和沿海的污水处理厂，化肥或杀虫剂被冲到河流和海洋中，还有汽车排放的尾气与工业生产中排放的金属和化学物质也被风远远带到海洋。
>
> （GESAMP，2001：19）

一些科学家指出，44％的海洋污染来自内陆，33％来自大气，仅有12％来自航运（GESAMP，1990）。当然，大部分的大气污染来自陆地活动（如燃烧煤炭)。几乎所有的海洋污染制度都把重点放在这个12%上,可能是因为选择集中的船舶比分散的非航运来源更容易。陆地污染历来被认为是沿海国家的一个国内问题,但是内陆和大气污染物不仅仅是国内问题。一项研究(Halpern et al., 2008)显示,人类对世界海洋的每一个部分都有影响——其中40%以上是海洋污染[其中大部分污染来自沿海径流、养分污染、水温变暖、人为引起的气候变化、损害鲸鱼的声呐(即声音污染)等]。内陆污染物是全球性的威胁。

许多试图减轻这些"匍匐、驰骋和重叠的破坏浪潮"的尝试是徒劳的,因为它们忽略了威胁的起源。这类海洋污染的例子都有几个共同点:

1. 它们是不可逆转且具有毁灭性的。

2. 它们起源于污染物的扩散和混合。在越来越多的人造成更多污染的情况下,仅指派某个集团来阻止这种情况变得越来越不可能。

3. 在全球范围内,没有赔偿损害类型的能力,也没有任何一个负责的代理人可以抵消这种损害。

4. 这些污染物不是由意外事故产生的,而是在全球经济正常运行中发生的。它们是"可操作"的。

联合国环境规划署执行区域海洋方案。这是一个(习惯选取)"最佳做法"的机构,它试图增强沿海地区的能力以改善海洋的质量。同时,它为建立地区关系和增强管理能力提供了一个合作环境,但并不规定条款、标准或结果。因此,该项目在资金、承诺和相关问题上带有官僚主义缺陷(Kutting, 2000; VanDeveer & Dabelk, 2001)。总的来说,区域海洋的"软性方法"对处理我们要讨论的问题并没有太大的希望,因为它们正在与国家、经济、科学三位一体的更大目标做斗争——开始生产、制裁并为污染筹集资金。下面是四个简单的例子——养分/肥料污染、持久性有机污染物、微塑性污染和海洋酸化——每一个例子都具有弥漫性,一旦产生污染就会造成现代科学或国家无法控制的后果,而国家主导的政权却忽视了这一点。

一、 养分/肥料污染

肥料造成具有讽刺意味的污染。肥料中的营养物质最终进入三角洲,刺激藻类集中生长,最终使其周围的大部分海洋生物(藻类占用水中的溶解氧)被杀死。这些缺氧和低氧(氧气含量较低)的区域因生物种类减少或严重灭亡,被称为"死亡地带"。

当农民转向绿色革命的工业技术时，问题就出现了。绿色革命是通过增加石油化工投入、高产品种和通常用于单一作物的机械化对农业进行工业化。工业化农业的一个重要方面是使用氮、磷酸盐以及其他相关的化肥。

这些化学物质通过污物过滤，或通过径流积聚到支流，然后进入溪流、河流和江河，并通过三角洲或地下水排入世界海洋。①

自 20 世纪 60 年代以来，当这些技术在墨西哥和印度之外被国际化之后，世界各地的死亡地带呈指数级增长，现在关于这种化肥污染的案例已有超过 400 个系统报告(Diaz & Rosenberg, 2008)。这些死亡地带是由每天发生的最糟糕的"事故"造成的。它们现在是全球性的问题，一旦土地被污染就不能逆转。具有讽刺意味的是，肥料被用来增强对农业生产过程和植物生命的控制，但却导致了动植物死亡和迁徙的危机。由于污染是由河岸上下游居住的农民的生产活动产生的，所以污染越严重，识别起来就越困难。一项有潜力的政策可能可以禁止或显著减少农业磷酸盐的使用，因此国家应全力支持这一进程，如通过制定政策、投入资金、增加工业收入以及强化对农学的认识和发展等。人们关注的重点是每英亩的产量，而这些方法无疑增加了每英亩的产量。② 尽管会带来丰产，但这种污染的代价也是不可估量的，因为人类正在失去整个生活领域，死亡地带的增加很可能是"海洋生态系统的一个关键压力源"(Diaz & Rosenberg, 2008)。

二、 持久性有机污染物

杀虫剂也留下了自己的印记(参见本书第十二章，该章专门关注全球持久性污染物)，它通过地表水、大气洋流，甚至海洋中的塑料进行运输。一些人们使用的杀虫剂——如用于消灭内陆地区有害生物的滴滴涕(DDT)和其他有机氯化物——都是持久性有机污染物(POPs)。这些杀虫剂的成分在海洋生物体内被发现。持久性有机污染物越来越多地集中在食肉动物(如人和鲨鱼)的脂肪组织中。北极的样本显示，该地区从未使用过高水平的持久性有机污染物。但值得注意的是，北极当地人已经表明，他们正在承受化学物质的危害，而他们在使用权或受益权方面都没有话语权。例如，克里人

① 这就是含水层遇到沿海水域并将肥料污染排入其中的地方。这一过程可以将肥料污染对土地的影响推迟 80 年或更长时间，因此绿色革命的大部分影响还有待通过这一机制进行观察。

② 虽然我们可能会考虑工业化农业中每人在 10～15 年摄入卡路里的热量回报(Mushita & Thompson, 2007)，但这种计算方式会发生变化。

提出了实质性不公正的国际主张，他们不仅关心自己，还关心鲸鱼和驯鹿等野生动物。也许这是2001年制定《关于持久性有机污染物的斯德哥尔摩公约》的一个原因。该公约试图通过规范来避免产生这些危害。也就是说，这些污染物在微小的层面上进行传播并遍布全球，在亚洲的软体动物和沉积物内、南极的罗斯海以及北极海鸥的卵中都有，甚至在阿德莱德企鹅、太平洋鲱鱼、瓶鼻海豚及北极熊体内都有。北极熊受到多种问题的威胁，比如它们所需的夏季海冰正在消失，且其血液中持久性有机污染物的增加也可能影响其幼体成熟。持久性有机污染物通过各种主要生态媒介——洋流、食物链和气流——来传播。它们影响荷尔蒙分泌、分娩生存并诱发疾病。它们不会在环境中轻易消退，并且会持续很长一段时间，在世界各地停止制造和使用它们的时候，这些污染物已经蔓延到世界各地。

三、 微塑性污染

另一种具有弥漫性和破坏性的海洋污染物是微塑性污染物，其中至少有两种塑料污染。第一类是简单废物，它进入海洋并积聚在旋流中，如北太平洋地区的“大太平洋垃圾补丁”。这是一种巨大的塑料垃圾堆，其面积足有“美国大陆的两倍”(Marks & Howden, 2008)。这不像一个可以游玩的固体岛屿，也不像捞起浮动的玩具一样可以在几天之内被轻松地移走；相反，这些碎块不断被降解成脆弱的，甚至不能直接浮在水面上的更小的(微塑料)碎片。这种污染大部分会像许多海洋动物所消耗的浮游生物一样进入食物链。即使这种塑料——如被发现对棱皮龟危害严重的塑料袋(Mrosovsky et al., 2009)——不能完全堵塞动物的胃肠道并将其杀死，但它可能会留在动物体内并限制其摄取生存所必需的卡路里。就某些动物而言，它们通过食物所获得的能量与获得的总能量之间的差距很小。如果塑料在这样的动物(的胃中)占据了重要的空间，那么留给动物储存能量的空间会被大量压缩，最终导致动物被饿死。这种情况已经发生在乌龟身上，也可能发生在其他动物身上。

第二类塑料污染来自塑料生产企业前期制造的原材料“塑料颗粒”(nurdles)，它类似于许多海洋哺乳动物产下的鱼卵。与微型塑料碎片一样，塑料颗粒可以吸收致癌物质。因为它们可以通过化学反应来吸引并吸收那些物质，所以它们的持续性有机污染水平比其所处的水环境的水平高出一百万倍(Mato et al., 2001)。这些污染物成为浓缩的海洋毒素被鱼和其他动物吃掉，从而扩散开来。

事实证明，1988 年生效的“防污公约”附则五明确禁止所有形式的塑料从船上倾倒入海。虽然可能减少了在海上倾倒的塑料垃圾，但它却漏掉了大部分通过其他途径进入海洋的塑料，因此这种污染并没有减缓多少。我们运用现代控制和理性的理念，通过国家经济科学，生产出具有无数用途的塑料制品。具有讽刺意味的是，如果这些塑料制品是通过严格控制这种科学而制成的，那么一旦它们被释放到环境里，我们就很难控制它们到底流向哪里。这一后果使理性演变为非理性，并使其作为现代制度原则的一种正常状态——而不是规则的例外——进入混乱状态。因为一些塑料会在循环中积累，而这种污染在地球上一些最偏远的海滩也能被发现，因此判定有害化合物已经进入了食物链（Teuten et al., 2007）。

四、 海洋酸化

在四种海洋污染物中，从扩散和混合气体中吸收二氧化碳然后进入世界海洋的结果可能是最具威胁性的（Miles, 2009）。这种污染（如肥料和塑料）是现代化正常运行的结果，它是通过国家支持和工业中使用碳氢化合物（主要是煤和石油）能源，并经由现代科学技术产生的。碳氢化合物与肥料和塑料一样，是现代生活的核心部分，是工业化国家政治和经济的基础。在为货物和服务（如水泥制造和运输）生产能源的过程中燃烧了大量的碳氢化合物，其后果应被上升到理性和控制的高度。对碳氢化合物能源的控制是现代“发展”思想的核心，对石油的控制或获取被认为是所有国家的主要外交政策和目标，尤其是美国，其人均碳氢化合物燃烧量远超任何其他国家。

除了增加温室气体、提高地球的平均温度，大部分二氧化碳最终将被吸收到海洋中，对海洋生物产生不好的影响。当二氧化碳被吸收后，它降低了海水的 pH 值。一项研究发现，除了一些可能的例外情况，“从化石燃料中吸收二氧化碳可能导致未来几个世纪的 pH 值变化比从过去 3 亿年的地质记录中推断的更大”（Caldeira & Wickett, 2003）。尽管海洋盆地和海域的 pH 值不尽相同，但海洋酸化现象将分布在全球范围内，影响鱼类和无脊椎动物的基本生理特性，尤其是像珊瑚这样需要碳酸钙来形成骨骼的有机体。因此，海洋酸化是海水水体的较为广泛和根本性的变化之一，但这种污染最近才引起人们的关注。即使立刻改变现代能源生产方式，也将无法阻止海洋酸化。

五、合法性和次政治

限制倾倒石油和核废料的相关制度在理论上是有原因的。国家主导的制度能够解决集体行动问题,减少倾倒造成的损失。但是当你发现陆地大小的海洋微塑性污染漩涡,或者当海洋的基本化学成分发生变化时,你与谁进行协商呢?现代性的理想推动了这些危害的产生,但它们很可能无法控制因此而产生的风险和变化。这些陆上污染物是海洋面临的最严重的风险之一,但它们是由世界资本主义制度和经济的正常运行所产生的。国家如何建立有效的制度来抵制国家、经济和科学本身赖以生存的条件呢?

此外,即使国家、经济和科学的正常运作是为了通过这些工业产品改善或保护我们的生命,但它们也会造成死亡、破坏和不安全。现代性的逻辑在消耗现代系统本身,因为它侵蚀了关键的生态生命支持系统。如此一来,当我们面对这些问题时,这个关于生态安全、政权和消费的教训就有了一个不同的解释。

贝克指出,现代世界的秩序在国家经济科学机构的合法性危机中开始崩溃,相反,亚政治的出现应该是为了促使跨国公民团体开展近乎主权争夺的行动,这些团体试图改变理性的或官僚的国际体系机构的行为。

绿色和平组织是一个著名的非政府组织,它以跨国的方式运作,类似于“反身性”的方式。它的战略首先是制订文件,然后是(采取行动)对抗国家、企业和工业科学①,包括反对在海洋中使用核技术,反对不可持续的捕鱼、捕鲸和向海洋倾倒废弃物。绿色和平组织以一种创造自身合法性和主权的方式运作,主要是通过其他国家的支持和组建联盟来反对某种特定的做法。例如,对海盗的追捕通常是为国家政权所保留的一项警务行动,但是绿色和平组织还是专门委托一些船队监测太平洋地区的非法捕鱼活动,并追踪那些疑似“盗版”的船只(假冒合法船只的船),直到国家海岸警卫队抵达并判定和羁押盗贼。

诸如此类的对抗有助于产生一个更具反身性的社会领域,在那里会有

① 例如,绿色和平组织反对这样的观点,即日本捕鲸是科学的行为,因为日本声称国际捕鲸委员会宣称暂停商业捕鲸是科学上的例外。

产生和分配危害的目的地。治理海洋污染的重大变化之一就是揭露制造出来的风险。这种揭露也暴露了海洋污染是如何因工业体系的成功运作而产生的，这些体系强制执行然后被忽略、否认，甚至可能改变政治经济结构，从而使得塑料、微量化学毒物、肥料和二氧化碳不会肆意产生。一旦这些物质存在，现代系统就无法阻止它们最终进入海洋中，并成为对生命系统的一个主要威胁，继续威胁世界各地的人们。一种反身的现代性将面临这种经济生产、权力和逻辑，并对制度改革首先制造污染施加压力。在工业时代，我们在石油、核废料和有毒物质方面的主要应对政策就是禁止倾倒，但正如巴里·康芒纳(Barry Commoner，1971)所言，“一切都值得去做”。

推荐阅读

Borgese, E. M. (1998) *The Oceanic Circle: Governing the Seas as a Global Resource*, New York: United Nations University Press.
Earle, S. (1995) *Sea Change: A Message of the Oceans*, New York: Fawcett Columbine.
Prager, E., and Earle, S. (2000) *The Oceans*, New York: McGraw-Hill.
Safina, C. (1998) *Song for a Blue Ocean: Encounters along the World's Coasts and beneath the Seas*, New York: Henry Holt.
Van Dyke, J., Zaelke, D., and Hewison, G. (eds) (1993) *Freedom for the Seas in the 21st Century: Ocean Governance and Environmental Harmony*, Washington, DC: Island Press.

参考文献

Beamish, T. (2002) *Silent Spill: The Organization of Industrial Crisis*, Cambridge: MA: MIT Press.
Beck, U. (1992) *The Risk Society: Towards a New Modernity*, Newbury Park, CA: Sage.
—— (1999) *World Risk Society*, Cambridge: Polity.
Caldeira, K., and Wickett, M. E. (2003) "Anthropogenic carbon and ocean pH," *Science*, 425: 365.
Commoner, B. (1971) *The Closing Circle: Nature, Man, and Technology*, New York: Knopf.
Dauvergne, P. (2008) *The Shadows of Consumption: Consequences for the Global Environment*, Cambridge, MA: MIT Press.
Diaz, R. J., and Rosenberg, R. (2008) "Spreading dead zones and consequences for marine ecosystems," *Science*, 321: 926–9.
GESAMP (Joint Group of Experts on the Scientific Aspects of Marine Environmental Protection) (1990) *The State of the Marine Environment*, London: International Maritime Organization.
—— (2001) "A sea of troubles," in *Editorial Board of the Working Group on Marine Environmental Assessments*, The Hague: GESAMP and Advisory Committee on Protection of the Sea.
Haas, E. (1983) "Words can hurt your; or, who said what to whom about regimes," in S. Krasner (ed.), *International Regimes*, Ithaca, NY: Cornell University Press.
Halpern, B. S., Walbridge, S., Selkoe, K. A., Kappel, C. V., Micheli, F., D'Agrosa, C., Bruno, J. F., Casey, K. S., Ebert, C., Fox, H. E., Fujita, R., Heinemann, D., Lenihan, H. S., Madin, E. M. P., Perry, M. T., Selig, E. R., Spalding, M., Steneck, R., and Watson, R. (2008) "A global map of human impact on marine ecosystems," *Science*, 319: 948–52.
Hay, P. R. (2002) *Main Currents in Western Environmental Thought*, Bloomington: Indiana University Press.

Hipwell, W. (2004) "A Deleuzian critique of resource-use management politics in industria," *Canadian Geographer*, 48(3): 356–77.

—— (2007) "The industria hypothesis: 'The globalization of what?,'" *Peace Review*, 19(3): 305–13.

Hunter, D., Zaelke, D., and Salzman, J. (eds) (2006) *International Environmental Law and Policy*, Boulder, CO: West Group.

Kütting, G. (2000) *Environment, Society, and International Relations: Towards More Effective International Environmental Agreements*, New York: Routledge.

Lehody, P., Alheit, J., Barange, M., Baumgartner, T., Beaugrand, G., Drinkwater, K., Fromentin, J.-M., Hare, S. R., Ottersen, G., Perry, R. I., Roy, C., Lingen, C. D. V. D., and Werneri, F. (2006) "Climate variability, fish and fisheries," *Journal of Climate*, 19: 5009–30.

Marks, K., and Howden, D. (2008) "The world's rubbish dump: a tip that stretches from Hawaii to Japan," *The Independent*, 5 February.

Mato, Y., Isobe, T., Takada, H., Kanehiro, H., Ohtake, C., and Kaminuma, T. (2001) "Plastic resin pellets as a transport medium for toxic chemicals in the marine environment," *Environmental Science & Technology*, 35: 318–24.

Miles, E. L. (2009) "On the increasing vulnerability of the world ocean to multiple stresses," *Annual Review of Environment and Resources*, 34(1): 17–41.

Mitchell, R. (1994) *International Oil Pollution at Sea: Environmental Policy and Treaty Compliance*, Cambridge, MA: MIT Press.

Mrosovsky, N., Ryan, G. D., and James, M. C. (2009) "Leatherback turtles: the menace of plastic," *Marine Pollution Bulletin*, 58: 287–9.

Mushita, A., and Thompson, C. B. (2007) *Biopiracy of Biodiversity: Global Exchange as Enclosure*, Trenton, NJ: Africa World Press.

Sheail, J. (2007) "Torrey Canyon: the political dimension," *Journal of Contemporary History*, 42: 485–504.

Steinberg, P. E. (2001) *The Social Construction of the Ocean*, Cambridge: Cambridge University Press.

Stewart-Harawira, M. (2005) *The New Imperial Order: Indigenous Responses to Globalization*, New York: Zed Books.

Tan, A. K.-J. (2006) *Vessel-Source Marine Pollution: The Law and Politics of International Regulation*, New York and Cambridge: Cambridge University Press.

Teuten, E. L., Rowland, S. J., Galloway, T. S., and Thompson, R. C. (2007) "Potential for plastics to transport hydrophobic contaminants," *Environmental Science & Technology*, 41: 7759–64.

VanDeveer, S., and Dabelko, G. (2001) "It's capacity stupid: international assistance and national implementation," *Global Environmental Politics*, 1: 18–29.

Vitousek, P. M., Mooney, H. A., Lubchenco, J., and Melillo, J. (1997) "Human domination of Earth's ecosystems," *Science*, 277: 494–9.

Wallerstein, I. (2004) *World-Systems Analysis: An Introduction*, Durham, NC: Duke University Press.

Wapner, P. (2002) "The sovereignty of nature: environmental protection in a postmodern age," *International Studies Quarterly*, 46: 167–87.

第九章　国际森林政治

David Humphreys

引　　言

森林保护和可持续管理在 20 世纪 80 年代中期成为一个重要的政治环境问题，当时国际社会对森林砍伐的关注增加，因此第一批解决这一问题的暂时国际倡议已经建立。本章开头运用公共产品理论解释森林砍伐为何是国际政治问题，然后介绍国际森林政治的概况：首先是 1992 年联合国里约环境与发展会议所进行的谈判，然后跟踪了解里约进程的善后工作，并分析已经建立的一系列联合国系统内的森林机构。这些机构已经通过了几项不具法律约束力的协议，虽然进行了多次尝试，但仍未就是否应该形成全球森林公约达成共识。

缺乏这样一个公约一定程度上解释了为什么国际森林政策分散在几个国际组织之中。有人认为，只有理解了新自由主义话语，才能充分理解国际政策对砍伐森林的回应。新自由主义促进了某些类型的环境政策的形成，特别是那些自愿的、商业主导的和市场化的政策。在这方面，新自由主义确立了国际森林政策的参数。本章最后提出，世贸组织是全球新自由主义扩张的强大动力，为新自由主义原则提供了全球环境治理中缺乏的政治和法律力量。因此，以森林为例，本章的目的是要提出一些与全球环境治理政治相关的更广泛的观点。

第一节　作为公共产品的森林

像其他国际环境问题一样，森林砍伐具有政治意义，因为森林具有公共产品性质。公共产品是指那些有利于广大公众的产品。根据公共利益的不同，从地方到全球，公平利益可能会有很大的变化。面对全球公共产品，全人类是公平的。森林在调节地球气候方面发挥着重要作用，这是一个经典的全球公益事业，因为每个人都从清洁和稳定的空气中受益，森林从大气中吸收二氧化碳这一主要温室气体，通过光合作用将其分解并储存在树木和植物中。公共产品有两个特点。首先，它们具有非排他性。例如，没有人可以被排除在干净和稳定的空气外。其次，公共产品在消费上具有非竞争性：一个人消费公共产品不会影响到其他的人。因此，"消耗"洁净空气并不意味着他人消费的可用性变小。

森林覆盖了世界陆地物种多达80%的栖息地，因此它们为保护生物多样性的全球公益事业，以及维护适应性强的物种和生态系统所必需的多样的全球基因库做出了突出贡献(Perrings & Gadgil，2003)。在地方一级，森林可以满足当地民众(如土著人或当地社区居民)的娱乐或精神需求，并为地方区域土壤保持和流域管理提供了不可或缺的有益条件。因此，森林为邻近使用者和远距离使用者提供了一系列公共产品。在这个意义上，森林可以被视作共享的，这不是指空间或所有权意义上的，而是为所有人提供生命支持意义上的功能。当发生森林采伐，特别是以燃烧的方式采伐森林时，二氧化碳被释放到大气层，造成人为的气候变化。二氧化碳的主要来源是燃烧煤和石油等化石燃料。其他温室气体有甲烷、氧化亚氮和含氯氟烃(CFCs)。人为的气候变化是一个公共危害。与公共产品一样，公共危害也是不具排他性的(最终地球上没有人能够逃避由于气候变化而产生的风险和危害)，而且具有非竞争性(气候变化给一些人带来痛苦，但却不会因此减轻其他人的痛苦)。当发生严重的或大范围的森林采伐时，其他公共危害可能包括河流淤积或枯竭、水土流失、山体滑坡和沙漠化。

森林砍伐这个国际政治问题的一部分矛盾在于，尽管森林有助于维护全球公共产品，如清洁大气和保护生物多样性，但在国际法中，森林是国家的主权资源。一些热带国家对此特别自信。例如，历届巴西政府已经明确表示，没有任何其他国家有权评论巴西亚马孙森林应该如何被使用，只有巴西政府才有这个权利。自20世纪60年代以来，巴西历届政府都为了促进亚马孙经济发展而采伐森林，允许木材和矿产私有化。私人产品是可以在市场上买卖的物品。与公共产品相比，私人产品在消费方面是相互竞争的(例如，一个企业从一个森林地区采伐的木材越多，其他企业能采伐的就越少)，同时还具有排他性(因为那些拥有私人产品的人至少可以在法律上防止他人使用这一产品)。森林提供的私人产品还包括木材、坚果、浆果、藤条和橡胶等。

在新古典经济理论中，私人产品的供给最好通过市场来实现。但是，当货物具有竞争性和排他性时，市场运作得最好，所以它们供不应求，或者根本不供应。此外，私人产品的过度采购可能导致公共产品的枯竭。砍伐森林尤其如此，它往往是为了清理木材或将土地用于替代方面的其他用途，如养牛、种植业、农业或开采矿物和石油。公共产品的退化是经济学家所说的市场失灵的一个例子，此时，市场的日常运作不能进行资源分配，进而不能使社会财富最大化。森林政治在很大程度上是为了缓解保护森林的公益属性和开发森林以得到私人产品之间的紧张关系。从全球到地方，在所有的森林政策和与森林有关的政治冲突中，这种紧张关系都有不同的表现。从概念上讲，至少这种紧张局势已经被可持续森林管理的思想所打破。可持续森林管理作为近二十年来国际合作的一个指导性概念，可以定义为：森林可以提供私人产品最大化的产量，但这只是在不消耗与森林有关的公共产品的情况下。

人们对如何更好地实现森林公共产品态势存在分歧。有人认为，像私人产品一样，公共产品应该由新一代的环境市场来提供（这一观点将在后面进行探究）。另一些人则认为，公共产品的供给需要督促市场和公共责任当局（如国家和政府间组织）采取严格的监管行动。在 1992 年《联合国环境与发展公约》制定（在里约热内卢举行的所谓地球问题首脑会议上形成的）之前进行的谈判中，有人建议森林应由一项全球公约来管理，旨在防止森林被过度砍伐、保护森林以及实现森林的可持续经营。下面我们将了解这些谈判的具体情况。

第二节　国际森林政治的非常规做法

1992 年，联合国环境与发展会议（环发会议）达成了两项最重要的成果——《生物多样性公约》和《气候变化框架公约》。由于森林是二氧化碳的主要汇集地，也是多种生物的重要栖息地，发达国家政府和联合国粮食及农业组织认为应该商定第三个公约，即一项支持与森林生物多样性有关的全球森林公约和气候变化公约的规定，以促进森林的养护和可持续管理。然而，各国甚至未能开始对这项公约进行谈判，最终只通过了一项通常被称为“森林原则”的不具法律约束力的文书（联合国，1992a）。

其主要原因是，联合国环发会议森林谈判对北美、欧洲的发达国家与亚洲（除日本外）、拉丁美洲、非洲等发展中国家进行了明确划分。一些国际关系文献往往夸大了南北差异。然而，在联合国环发会议上，所有北方发达国家都主张达成森林公约，而南方所有发展中国家则通过其联合国核心小组77国集团(G77)提出了反对意见。欧盟、美国、加拿大和日本宣称主权概念应该与另外两个原则联系在一起：管理权(拥有森林的国家应为人类的共同利益而进行管理的原则)和共同责任(所有国家共同承担可持续管理森林的责任)。北方的一些代表虽然没有在正式谈判中提出看法，但他们在会议间歇时提出，森林本身可以被视作人类的共同遗产，或者是全球共同的遗产。这是一个笨拙的尝试，承认森林对全球公共利益做出的贡献，但是这一公约代表77国集团发言，引起了马来西亚代表团的反对：全球公域这样的概念具有超国家性质，是一种北方发达国家侵蚀发展中国家的森林主权的尝试(Humphreys, 1996：95)。77国集团主张不应该通过与其他原则的联系来划定主权。

蒂莫西·埃雷斯曼和德米特里·斯蒂维斯(Timothy Ehresman & Dimitris Stevis)认为，南方政府以正义的视角来看待国际谈判，在环发会议森林公约审议期间就是如此，当时77国集团声明，立场应集中在公平和责任问题上。

77国集团认为，北美和欧洲国家对森林砍伐负有主要责任，因为自从工业革命以来，它们不仅大大减少了森林覆盖率，而且继续通过高水平的林产品消费来推动森林砍伐。因此，77国集团坚决维护自己的立场，认为自己不应该承担"共同责任"，而是应该承担"共同但有区别的责任"，这就意味着一些国家若在过去造成了这个问题，就要比别国承担更多的责任。但是，虽然发达国家同意在《气候变化框架公约》中列入"共同但有区别的责任"，那些工业化国家首先也承认了它们对全球变暖负有主要责任，但它们拒绝承认森林范围内的原则。

77国集团还引入了"机会成本已知的补偿"的概念。机会成本的概念起源于新古典经济学理论，如果以单一方式使用经济资源，机会成本就是下一个可以被使用的替代物的最佳价值资源。森林保护的机会成本是不能用于经济收益的，77国集团使用了机会成本的概念来预示效用最大化森林的所有者和森林国家的政府将会合理选择保护森林，如果它们能够得到一笔至少和保护森林所需相当的有利于减少森林砍伐的费用，那么森林保护是可以实现的。77国集团还介绍了外债问题，指出发展中国家向发达国家偿还的款项超过了发达国家对发展中国家的官方发展援助，导致了南方和北方的净转移。77国集团认为，任何有关森林保护的协议都应该与减免债务、提供更多的财政援助以及增加无害环境技术的转让联系起来。马来西亚总理马哈蒂尔·本·穆罕默德(Mahathir bin Mohamad)在环发会议召开前就总结了77国集团的谈判战略："如果不砍伐我们的树木是为了富人的利益，那么他们必须赔偿我们的损失。"(Mahathir，1992：3)因此，环发会议的森林谈判并不专门关注森林，而是长期针对发展中国家显著的经济问题。

联合国环境与发展会议未能就森林谈判达成森林公约的理论解释有两个。第一个涉及国际合作的认知理论。认知理论侧重于分析思想、信念、规范和价值观在促进国际协议方面的作用(Jonsson，1993；Hasenclever et al.，2000)。当国家可以就一个公式、一个原则或一系列的想法来达成协议并且这些与行动者的期望趋于一致时，国际协议才更有可能达成。然而，指导里约森林谈判的核心概念并没有达成一致。相反，不同的国家援引了不同的概念。但是这些概念上的差异暴露了南北之间在过去与未来的责任和分配正义之间的更深层的差异，尤其是在世界自然、金融和技术资源的公平和公正分配方面。谈判也可以被视作一种粗暴的价格谈判，北方要求南方以全球森林公约的形式实施强有力的森林保护政策，而77国集团则通过介绍其经济问题做出回应，认为所有问题都需要综合考虑。因此，77国集团提高了森林保护价格，而这是北方不愿意支付的价格(Humphreys，1996)。

这就导致了以权力为中心的第二种解释，即强大的国家拥有阻止其他国家(实现)抱负的物质能力。约翰·沃格勒(John Vogler)在本书第一章介绍了国际政治新现实主义观点。根据这一观点，各国将努力保持其相对于其他国家的优势，并在可能的情况下实现相对收益。热带国家和发达国家都有权力实现或阻止彼此的期望。热带国家以其热带雨林的形式拥有资源、私人产品(如热带木材)和其他参与者珍视的公共产品(如碳汇)。与此同时，北方有权满足南方对增加财政和技术转让以及债务减免的愿望。发达国家加强热带雨林保护的期望给热带雨林国家的政府提供了讨价还价的杠杆。

意识到这一点后，77国集团试图将发达国家对砍伐热带雨林的担忧转化为艰难的经济收益。但是，北方发达国家在不损害它们在国际贸易和金融方面的相对优势的情况下，不可能满足77国集团讨价还价的要求。北方的纳税人和企业将承担非常高的成本才能满足77国集团对金融和技术转让的要求。虽然北方各国政府准备在双边基础上适度增加援助，但它们不同意在多边基础上进行大规模的转让，它们只能接受使发展中国家实现相对的经济收益。无论如何，捐助国只有在南方提出一些关于森林保护目标的有约束力的承诺时，才会同意大规模的南北资源转让，这将触及许多发展中国家对主权的敏感性。在这一僵局中，不具法律约束力和极其草率的森林原则是赞成和反对公约的国家之间达成一致的妥协(联合国,1992a)。

联合国环境与发展会议关于森林的谈判是棘手和充满矛盾的。两年之后,加拿大政府的代表比其他所有国家都更强烈地要求在里约举行森林会议,而马来西亚则领导77国集团,邀请其他国家一起反对这项公约,并启动了一个建立信任的对话。最终,这一倡议在联合国可持续发展委员会的主持下建立了一个政府间森林小组,其有效期为两年。这个小组在1995年9月至1997年2月召开了四次会议,达成了一系列不具法律约束力的、供政府和其他行动者参考的提议和政策建议。在大多数发展中国家仍然对国际森林承诺保持警惕的情况下,大多数提案都想要在国家一级采取行动。事实上,政府间森林小组达成的主要协议之一是建议所有国家都制定和实施国家森林计划,这些计划应该是整体的、跨部门的、反复的,并且承认和尊重当地社区的权利(Humphreys, 2003)。77国集团还特别在专家组最后一次会议上提出了主导联合国环发会议谈判的金融援助和技术转让两个问题,当时各国又回到了是否应该制定森林公约的问题上来。自1992年以来,各国在这个问题上的立场已经发生了重大的转变。首先,美国现在反对这一项公约。之前美国似乎赞成里约的这项公约,并将其作为主要针对热带雨林的工具。但它并没有把一项公约设想为一种会为美国带来重大利益的工具,如向发展中国家提供财政援助,或者提高美国的林业标准(Davenport, 2006: 131)。但是在里约会议之后,美国转而反对这项公约,因为美国明确认识到,只有在北方和南方进行大规模援助转移时,这一目标才能实现。其次,马来西亚作为反对里约会议最强烈的国家,现在开始持赞成态度。与美国一样,其原因源自国内因素。马来西亚的立场发生了变化,其主要负责森林事务的部门把战略上视为主权资源的外交部转变为初级资源部。初级资源部认为这是一项可以促进国际森林产品贸易且对马来西亚有利的工具(Kolk, 1996: 162)。印度尼西亚和大多数中美洲国家也改变为支持公约的立场。与此同时,巴西及其《亚马孙合作条约》盟国仍然持反对立场。虽然77国集团成员之间没有达成一致,但达成了一个共同意见,即评估公约的可取性。此外,欧盟依然支持里约会议。

虽然没有对任何一项公约的协商达成一致意见,但各国之间在森林问题上的信心增强,并决定以另一个临时机构取代政府间森林小组,并向可持续发展委员会报告。这就是政府间森林问题论坛——为了达到自己的意图和目的,小组的名称和修改后的议程略有改变。1997年10月至2000年2月,政府间森林问题论坛共举行了四次会议,其活动与政府间森林小组的活动非常相似。它就进一步的行动提供建议并进行谈判。在这四次会议中，专家组和论坛达成了约 270 项行动建议，但确切的数字略有不清，因为不同建议之间存在重复和重叠的领域。政府间森林问题论坛再次审议了是否应该商定一个公约。在这个问题上，“支持”和“反对”的国家的分歧与森林小组三年前审议过的问题差不多。

在此期间，它们又发起了一项国际森林倡议，即组建世界森林与可持续发展委员会。这类委员会通常包括 20～30 名精英级的知名人士，他们从人道主义或公共产品层面着手审查国际问题。这些问题要么在国际政治中经常被忽视，要么需要一些创新思维。组建世界森林与可持续发展委员会是瑞典前总理奥拉·马尔斯滕(Ola Ullsten)的想法。该委员会组委会在联合国环发会议召开后不久就组建了，但直到 1995 年，它的第一次会议才成功召开，1999 年才发表最终报告。委员会努力扩大国际森林论述，强调全球和地方的公共利益以及保护森林的重要性。它认为，地方社区在维护和养护森林方面所起的监护作用并不总是受到重视。同时，它还为恢复森林在国际政治中的公共产品价值(WCFSD，1999)而做出了值得称赞的努力。

但是，这个委员会对主流国际政治的影响是微不足道的，其因有三。首先，组委会从森林公约的必要假设开始，这导致许多发展中国家对该倡议的客观性持怀疑态度，该倡议被认为是以预先确定的政治议程开始工作的。其次，该委员会没有得到联合国的正式认可。虽然寻求了时任联合国秘书长布特罗斯·布特罗斯-加利(Boutros Boutros-Ghali)的认可，但并没有被批准。这与被联合国大会批准的布伦特兰委员会形成对比。最后，创建政府间森林小组和政府间森林问题论坛(Humphreys，2006：48－65)使这项倡议黯然失色。总的来说，该委员会没有得到世界各国政府的大力支持，只有少数国家——加拿大、瑞典和荷兰——表示支持。

在政府间森林问题论坛最后一届会议上发出的委员会建议并没有形成任何影响。目前各国准备在联合国系统内提升国际森林政策对话的地位。2000 年，各国决定建立一个新的机构——联合国森林论坛(UNFF)，直接向联合国经济及社会理事会报告，而不是向低级别的可持续发展委员会报告。除了在联合国系统内部的地位提高，联合国森林论坛及其前身之间还存在两个分歧。首先，联合国森林论坛引入了多方利益相关者对话部分，森林企业、土著居民、农民和科学组织等利益相关者可以互相讨论，也可以与政府代表进行互动。其次，联合国森林论坛的会议包括一个部长级会议。2002 年至 2004 年，联合国森林论坛就森林健康和生产力等一些与森林有关的问题进行了谈判，保持了森林的覆盖率、促进了科学知识的传播，保护了森林的经济利益。但是，几乎没有证据表明，多方利益相关者对话和部长级会议对这些决议的谈判是有真正意义的。到目前为止，联合国森林论坛进入了边际效益递减的阶段，联合国森林论坛的决议几乎没有增加任何新的内容。

为了各方利益，联合国森林论坛于2005年开始商定一项新的国际森林文书。其在谈判之前曾经讨论过它到底应该是一个公约还是应该是没有法律约束力的文件的问题。到目前为止，人们对这件事已经失去兴趣了。巴西在玻利维亚、秘鲁和厄瓜多尔等其他《亚马孙合作条约》国家的支持下再次反对这项公约。美国也加入其中，反对一项以意识形态为由的公约。在小布什时期，美国同意不参与新的国际环境承诺，因为这将构成另一个不受欢迎的国际监管层，会干扰国际市场，并加大美国的工业成本。由于这些不同的原因，巴西和美国实际上形成了否决联盟。

由于没有就公约达成共识，各国同意就2007年缔结的那些缺乏想象力的“所有类型的无法律约束力的森林文书”进行谈判。在谈判期间，欧盟、加拿大、哥斯达黎加、墨西哥、挪威、韩国、瑞士则努力争取时间以达成可量化的目标。例如，各国将在规定的期限内，把砍伐森林的比例降低X个百分点，或者将其森林覆盖面积提高Y千公顷。但是，反常规国家——主要是美国和巴西——反对提及有期限的和可量化的目标，甚至反对自愿承诺这些目标。该文书只包含四个普遍的“全球目标”，并表示各国同意“到2015年实现进展”：

> ● 通过可持续森林管理扭转全球森林覆盖率的降低；
>
> ● 提高森林的经济、社会和环境效益，包括改善依赖森林的人民的生计；
>
> ● 显著增加全球和其他可持续森林管理地区的保护面积；
>
> ● 扭转官方在可持续森林管理方面援助的下滑趋势，并动员大量来自各方的财政资源，以实施可持续森林管理。
>
> （联合国，2007）

除了这些目标以外，1992年的“森林原则”、1995年至2000年商定的行动建议以及联合国森林论坛决议没有达成的无法律约束力的文书，也没有给予以上文件承诺。发达国家再次否决了任何暗示它们有义务或应承担向南方发展中国家转让金融和技术的法律责任的言论。赞成公约的国家要求在文书中提到公约或“具有法律约束力的文书”，但未获成功。

总之，联合国环发会议和各个联合国森林机构已经商定了一整套关于森林的不具有法律约束力的法律（或软法），其中，联合国森林论坛是现在（仍在发挥效力）的组织，这是在缺乏国际公约的情况下做出的最好选择。但国际森林政治并不仅限于联合国森林论坛。如下节所示，它也分散在各种公共和私人国际组织中。

第三节　新自由主义与国际森林政策的分裂

除了未能就任何森林公约达成一致之外，还有另外两个原因表明国际森林政策的协调如此困难。第一个原因是一个涉及森林性质的政治问题。由于森林提供了如此广泛的公共和私人产品，国际森林政治必然会侵犯具有森林相关义务的若干国际法律协定的管辖权，特别是《气候变化框架公约》《生物多样性公约》《防治荒漠化公约》和《国际热带木材协定》。国际森林政治的一个重要方面是制度性的“地盘战”，在这场战争中，没有森林政策执行预算的联合国森林论坛与其他国际组织同时进行合作和竞争。

第二个原因涉及更广泛的国际政治和经济背景。而这并不是森林所特有的，其与其他国际环境问题也有关。20 世纪 80 年代，森林被列入国际政治议程，这一时期也是新自由主义经济政策方兴未艾的十年。新自由主义的理论渊源可以追溯到弗里德里希·冯·哈耶克（Friedrich von Hayek，1944），他认为国家在经济中的强大作用会破坏个人和经济的自由，而货币主义者米尔顿·弗里德曼（Milton Friedman，1962，1963）则主张放松管制，实行私有化，削减政府开支，通过货币供给来控制经济。neoliberalism（新自由主义）的前缀“neo”（“新”）表明，新自由主义是自由主义在当代的一个变体。新自由主义对自由国际贸易的自由主义信仰是 19 世纪自由放任经济政策的基础，它借鉴了新古典经济学，特别借鉴了当个人在市场上竞争时最好实现共同集体利益的观点。根据大卫·哈维（David Harvey，2005）的观点，第一个实施新自由主义政策的国家是智利（1973 年 4 月），尽管只有在里根政府下的美国和以撒切尔夫人为首相的英国实行私有化、政府削减开支、放松管制以及新自由主义在各国兴起市场化的时候。随着时间的推移，美国和英国在其他发达国家与世界银行、国际货币基金组织等国际组织的支持下，成功地推广了新自由主义思想，如发展中国家的贸易和投资自由化。

新自由主义成为政策制定者思考和解释世界的托词(Castree, 2008a, 2008b; Heynen et al., 2007; Larner, 2000)。新自由主义是一种话语体系,就像米歇尔·福柯(Michel Foucault, 1994)所说的那样,它是一个或多或少连贯的理解和思想的集合,先后形成了思想与行动的界限。新自由主义的支持者赞成某些环境政策反应——以市场为基础的政策,自愿承诺和基于商业的解决方案——联合国森林论坛或任何单一的国际森林组织实际上在这些方面都装备不足。新自由主义在三个重要方面影响了国际环境政策。首先是强调基于市场的解决方案。新自由主义者认为,当自然资源的功能可以通过市场机制进行估价和定价时,它们最有可能得到保护。自由主义和新自由主义的一个重要区别在于,后者认为国家可以利用其机构来开启市场力量,运作新的空间。其中一个案例就是在《京都议定书》框架下建立的一个国际上可交易的排放许可证制度。在这个制度下,一些国家获得排放二氧化碳的许可证。这些许可证可以在国家之间进行交易,那些希望得到超过排放限额的国家需要从使用不完限额的低污染国家购买许可证。

其次,新自由主义主张加强私营部门的作用,将自然资源置于私人而不是国家所有权的管理之下并得到更有效的管理。发达国家在联合国森林论坛和其他国际组织中争辩说,如果实行私有化,发展中国家的森林将能得到更有效的管理。然而,大多数把森林视为主权自然资源的发展中国家一直不愿意将其私有化,因为根据目前的国际贸易和金融规则,任何企业都有权在其他国家购买森林,而发展中国家的森林会被发达国家的强大商业公司所控制,从而失去对森林的控制权。但是,私营企业可以通过森林特许权在发展中国家发挥主要作用。这是当局的一个公共机制,即把一片国有森林交给私营企业进行管理,或者在规定的时间内进行采伐。

最后,新自由主义强调自愿行动而不是监管。对于新自由主义的正统观念来说,公共监管造成了市场扭曲,因此这种监管既累赘又低效。放松管制可以释放市场的力量,使人们更有效地工作。如同自愿行为守则,设立目标应该是设立企业自己同意的目标,而不是公共部门制定的环境目标和标准。在需要监管的地方,如果市场能够最有效地开展工作,它应该是灵活的与可选择的。新自由主义对放松管制的强调有助于解释为什么一些国家厌恶森林保护的时限和量化目标。

由于这两个背景因素——大量具有森林相关任务的国际机构和新自由主义的国际政策环境——国际森林政策在各种国际组织中高度分散,下面的四个例子可以说明这一点。

一、 森林认证和标签

在20世纪80年代后期，由于担心热带雨林被过度砍伐，人们试图通过国际热带木材组织（ITTO）引进国际木材标签计划。国际热带木材组织创立于1985年，是迄今为止唯一一个具有保护任务的国际商品组织。1989年，"伦敦地球之友"游说英国代表团加入国际热带木材组织，提出一项关于木材标签计划的建议，该计划不会禁止不可持续管理的木材的国际贸易，但会为来自已认证的可持续管理森林里的木材提供标签。该提案在热带木材生产商核心小组（特别是马来西亚、印度尼西亚和巴西）的反对下遭到否决，后者认为这是掩盖国家主权和干涉热带木材国际市场的一种方式。然而，即使提案已经达成一致，目前还不清楚是否符合国际贸易规则，尤其是《关税和贸易总协定》（GATT）中的规定，即禁止区分"关税同类产品"制造的基础——这意味着区分可持续和不可持续采购木材的规定是违反关贸总协定的。还有人担心国际热带木材组织的计划会在国际贸易中区分热带木材和非热带木材。

国际热带木材组织（ITTO）在木材标签提案中明确指出，任何国际木材标签计划都必须适用于所有木材，而不仅仅是热带木材，而且任何此类计划都需要符合国际贸易法。1990年年初，支持"地球之友"提案的世界自然基金会与包括雨林联盟在内的其他非政府环保组织和若干环境相关企业合作，于1993年建立了森林管理委员会（FSC）（Cashore et al., 2004）。森林管理委员会是一个自愿的、非国家的、私人的计划，用于认证从管理良好的森林中获得的森林产品。它是由一个新的制度管理的组织，由社会、环境和经济三方商会组成，每个商会拥有三分之一的投票权，发达国家和发展中国家拥有平等的代表权。作为一个自愿的、非国有的私人组织，FSC不承认政府是组织成员。对于森林管理委员会来说，这种排除是必要的，可以避免对其是一种政府间组织形式的指控，因而会受到自1995年以来由世贸组织管理的国际贸易法的约束。

森林管理委员会和其他随后成立的国际木材标签计划，如"森林认证认可计划"等，被故意认定为符合国际贸易法。实际上，如果想避免世贸组织的挑战，所有认证和标签计划都必须在其范围内运作。欧盟处理非法采伐木材及其国际贸易的努力也是如此。

二、 遏制非法采伐的国际措施

非法采伐木材的国际贸易对热带森林构成日益严重的威胁。没有多边协议禁止非法采伐木材的交易，这样的禁令原则上是可能实现的。虽然可能会有技术上的困难，因为不同的国家对非法采伐有不同的定义。多边禁令需要通过国际环境协议或世贸组织达成一致。以环境为由的多边贸易禁令有几个先例，其中包括涉及臭氧物质消耗（1987 年《维也纳保护臭氧层公约》的蒙特利尔议定书）、危险废物处理（1989 年《关于控制越境转移的巴塞尔公约》危险废物及其处置）和濒危物种保护（1973 年《濒危野生动植物种国际贸易公约》或《濒危物种国际贸易公约》）等方面。

非法采伐木材的多边国际贸易没有受到禁止，因为任何国家都不能在违背世贸组织规则的情况下单方面实施禁令。因此，具有讽刺意味的是，根据国际贸易法，单方面禁止进口非法采伐的木材本身就是非法的。自 2003 年以来，欧盟一直在国际上率先推动打击非法采伐木材国际贸易的政策，并且采取符合国际贸易法的唯一行动，即自愿行动。根据其"森林、执法、治理和贸易行动计划"（欧盟委员会，2003），欧盟正在寻求与木材生产国缔结自愿但具有法律约束力的双边伙伴关系协定，这些国家承诺只从可核实的合法来源向欧盟出口木材。这些国家与欧盟之间的贸易将得到许可和监督。这个计划的明显弱点是，犯罪分子可以以向第三国出口非法采伐木材的方式来避开它，因为第三国不必遵守这样的自愿协议。欧盟于 2008 年与加纳签署了第一份（也是那时唯一的一份）自愿合作协议。随着时间的推移，欧盟的目标是建立一个这样的协议网络。由于各方不支持在全球范围内全面禁止非法采伐木材的国际贸易，欧盟的自愿合作伙伴计划是现行的国际贸易法规允许下力度最大的计划。

国际森林政治的第三个长期争论是：是否应该对个别物种的属性进行专利识别。在这方面，世贸组织起着核心作用。

三、 知识专利和利益分享

随着时间的推移，当地社区和土著居民已经积累了对构成其环境一部分的地球和树木物种（如食物和药物）的了解（Berkes，1999）。例如，位于森林的土著居民已经发现植物可以用来治疗烧伤和擦伤，可以用来治疗偏头痛和胃病等。它们通常被称为传统知识，可以一代一代地通过口头传播。实际上，这是一种可以免费向所有人提供的公共产品。但是，根据知识产权法，特别是根据世贸组织《与贸易有关的知识产权协定》(TRIPS)，商业公司对生物物种的知识享有专利权（前提是这一知识之前没有被提交专利），并向其他希望将这些知识用于商业目的的企业收取专利费。农业、制药和生物技术公司已经提交了数十项这样的专利。专利支持者提出的一个论点是，通过给生物资源分配经济价值并申请专利，这些资源更可能被保存和受到可持续管理。

根据《与贸易有关的知识产权协定》，知识产权的商业利用对专利持有者有利。《与贸易有关的知识产权协定》受到两大主要行为体的反对。首先，生物多样性丰富的国家（主要是拥有热带雨林的国家）的政府认为，申请专利所带来的经济收益的一部分应归属于发展该物种的国家的政府。其次，土著居民和当地社区反对《与贸易有关的知识产权协定》。这些行为体表达了两种不同的观点：第一种观点认为，生物物种的知识应该是免费的，不应该有这样的专利；第二种观点接受专利的做法，但坚持认为，当专利是以传统知识为基础的时候，一定数量的专利费应当流向那些最初发现或开发知识的社区和土著居民。

鉴于传统知识已经发展了许多代，并且已经传递给了许多不同的社会群体，就传统知识的持有者而言，其存在明确的归属问题，因此谁应该得到一定的利益就成了一个问题。但是，这并不能使一般原则失效。事实上，专利应分享的经济利益原则在国际法中具有这样的地位：《生物多样性公约》规定了原知识持有人利用知识所产生的“公平分享利益”（联合国，1992b）。然而，尽管《生物多样性公约》坚持公平分享惠益的原则，但没有指出三大主要索赔群体（商业专利持有人、政府和当地社区/土著居民）应该分享惠益的办法。

《与贸易有关的知识产权协定》和《生物多样性公约》在不同的法律文书之间展示了生物资源的专利权政治。毫无疑问，不同的政治行为体均喜欢最能促进其利益的工具。《与贸易有关的知识产权协定》反映了那些推动谈判的行动者的利益，即发达国家和企业试图促进自然的商品化和私人对生物资源的知识所有权；这些行动者希望将专利权像其他“贸易相关”问题一样，牢牢地置于世贸组织的管辖范围之内。同时，生物多样性丰富的国家和社区以及土著居民团体的政府认为，这个辩论应该由《生物多样性公约》的缔约方来解决。在解决这个问题之前，专利权的使用费应继续累积。尽管热带雨林国家的政府主张它们有权决定哪些公司可以获得其生物资源，哪些不可以。

四、重视森林的碳汇功能

自1997年《京都议定书》生效以来，市场的作用在新自由主义思想中占据中心地位，并且一直是国际气候政策的关键。2007年，《气候变化框架公约》缔约方就如何减少毁林和森林退化造成的碳排放，特别是发展中国家的情况展开了政策辩论(联合国，2008)。辩论由巴布亚新几内亚和哥斯达黎加发起，后来得到了玻利维亚、中非共和国、多米尼加共和国、尼加拉瓜和所罗门群岛的支持。这个决定的前提是应该实施财政奖励措施，鼓励发展中国家减少毁林率。

通过对储存在森林中的碳进行估价以防止森林砍伐来激励森林保护，这种做法被称为"减少森林砍伐和森林退化所致排放量"(REDD)。其基本思想是对减少森林砍伐到某一基线以上的国家创建碳信用额度，并允许它们将其出售给希望超过后京都基础市场全球碳交易计划中商定排放水平的国家。基准线是森林砍伐的背景(或"一切照常")。这样的方案有可能重组国际森林和气候政治。当森林砍伐的排放量被包括在内后，印度尼西亚和巴西分别成了世界第三大和第四大二氧化碳排放国(*The Economist*，2006)。

除了基线测量的方法和技术问题之外，还有一个潜在的政治问题：在同意实施上述做法之前，发展中国家可能会为"慷慨的"森林砍伐基线而讨价还价。欧盟排放交易计划(ETS)说明了国际减少毁林和森林退化造成的排放计划在这方面有可能面临的问题。为了建立欧盟排放交易计划，欧盟为一些二氧化碳排放量较高的企业分配了许可证。欧盟被指控通过高估这些企业过去的排放水平来使其达到这一"慷慨的"基准，以确保这些企业参与这项计划。那些在欧盟排放交易计划实施之前采取措施减少排放的企业并没有得到回报。对此，我们认为更严格的排放基线将会吸引更少的企业，从而影响欧盟排放交易计划的长期有效性。如何商定基线对于参与度和有效性来说都有影响。类似的考虑将关系到所有减少毁林和森林退化造成的排放计划。如果热带雨林国家估计的未来森林砍伐基准很"慷慨"，那么这个国家将有更大的动力参与这一计划，因为那时该国将能取得比实际更高程度的森林砍伐减少标准。在这种情况下，各国可以获得财政上的收益，因为它们会产生额外的碳信用额度，并出售给高排放国家（Humphreys，2008）。

就环境而言，这显然是自取灭亡。发展中国家不仅没有采取积极的政策来减少未来的森林砍伐，而且宽松的基准将导致 REDD 信贷供过于求，这可能会压低全球碳信用额度的价格。因此，高排放国家将能够以更低的价格购买碳信用额度，而不是使用更准确的基线来减少对清洁技术投资的动力，从源头上减少排放量。因此，"慷慨的"基线将降低发展中国家减少森林砍伐的积极性，也将降低高污染国家减少碳排放的积极性。

REDD 的辩论也引发了正义问题。有人可能认为，如果基准准确，减少毁林和森林退化造成的排放计划可以体现代际公平的原则，并认为环境风险和危害不应该传给子孙后代。反驳的观点认为，减少毁林和森林退化造成的排放计划只关注森林的碳储存价值，这将促使其狭隘地强调一个与森林有关的公共产品（气候调节）而牺牲其他因素（如生物多样性、栖息地、流域服务、社会文化价值等）。此外，可能有人认为，减少毁林和森林退化造成的排放计划违反了正义的另一个层面，即代内公平。这是当代不同群体和国家之间的公平原则，根据这个原则，任何一代人都能公平、平等地主张世界生态空间，包括大气公域（Dobson，2003）。在代内公平的原则下，可以将 REDD 视为一种道德上不公正的机制，一些国家通过向其他国家购买碳信用额度来继续污染环境，实际上对其他人的生态空间进行了殖民。土著森林民族团体——如"森林人民方案"——批评了减少毁林和森林退化造成的排放计划，声称这将导致精英对自然的控制，使大部分的经济利益流向国家财政而不是社区（Griffiths，2007）。

结　　论

人们常常认为，森林公约将使全球森林管理趋向合理化和协调一致。根据范德瓦格和麦金莱（VanderZwaag & MacKinlay，1996：2）的看法，这项公约将促进对全球森林的治理，并促使国际社会采取更加有效和全面的做法来解决国际森林组织活动日益分散的问题。反对者则认为，没有法律上的原因可以解释森林公约的地位为何应高于其他所有独立的法律文书。事实上，若增加另一层国际规定，森林公约会进一步导致法律的不确定性和复杂性。正如斯卡拉-库曼（Skala-Kuhmann，1996：23）所指出的，"超级公约"的概念旨在作为现有公约的一把保护伞协调其涵盖的领域，这在国际法中是前所未有的。无论如何,没有任何公约是有政治意愿的。一些主要国家,特别是《亚马孙合作条约》国家和美国,长期以来一直反对这样的文书。

像其在联合国系统的前身一样,联合国森林论坛一直未能提供国际森林管理问题的协调重点。全球森林政策的发展不是依据任何合理的设计,而是在多个国际机构之间逐步形成的。本章认为,国际森林政策受到新自由主义的强烈引导,新自由主义主张采取自愿行动和以商业为主导、以市场为基础的举措的同时,避开了监管和国家这一强有力的角色。

森林认证与减少毁林和森林退化造成的排放计划的理念都是基于国际市场自愿行动的原则。各国在森林认证方面没有起到任何作用。就国际可交易的排放许可而言,国家的作用仅限于创造新一代的产权(污染权),以为拥有这些权利的国际贸易创造条件——允许市场设定碳价格,希望能减少碳排放,鼓励森林保护。同样,各国也创造了生物资源专利知识的知识产权。自愿行动也是欧盟打击非法采伐的政策。然而,在这一原则下,可以得出这样的结论:欧盟成员国如果能够这样做,就会采取更强有力的行动来处理非法采伐。但是它们并没有这样做,因为它们受到了世贸组织规则的制约。因此,总的来说,新自由主义原则已经成为当代国际森林政策的核心。

这引出了一个更广泛的观点,不仅涉及国际森林政治,而且更广泛地涉及国际环境政治。国际环境法比促进新自由主义原则的国际法律文书的效力弱得多。目前,在一个国际组织(世贸组织)的主持下,关于贸易、投资和知识产权的国际法律文书已经得到巩固。斯蒂芬·吉尔(Stephen Gill, 1995,2002)认为,现在有一种"新的宪政主义",不是编纂人民和公众的权利,而是编纂商业和投资者的权利。对吉尔来说,世贸组织在推动其所谓的"新自由主义",即受强大的发达国家支持,并对国际组织产生影响和控制的新自由主义原则。国际环境法分散于若干法律文书和国际组织中,而世贸组织协定只由一个机构管理。对于商业公司和新自由主义的其他支持者来说,这具有优势,因为世贸组织具有比国际环境更强的执行机制。各国被要求执行世贸组织的法律,包括在受到制裁的痛苦中对国内法做出必要的修改。国际森林政策已经建立起来,以免受到世贸组织的干扰。在其他环境问题上,各国政府也逐渐开始进行自我审查,以避免任何可能无法应对世贸组织挑战的贸易限制措施(Eckersley, 2004)。世贸组织协定的规范性强于国际环境法,且在这方面确立了国际环境政策的界限。

推荐阅读

Cashore, B., Auld, G., and Newsom, D. (2004) *Governing through Markets: Forest Certification and the Emergence of Non-State Authority*, New Haven, CT: Yale University Press.
Humphreys, D. (2006) *Logjam: Deforestation and the Crisis of Global Governance*, London: Earthscan.
Smouts, M. C. (2003) *Tropical Forests, International Jungle: The Underside of Global Ecopolitics*, New York: Palgrave Macmillan.
Tacconi, L. (ed.) (2008) *Illegal Logging: Law Enforcement, Livelihoods and the Timber Trade*, London: Earthscan.

参考文献

Berkes, F. (1999) *Sacred Ecology: Traditional Ecological Knowledge and Resource Management*, Philadelphia and London: Taylor & Francis.
Cashore, B., Auld, G., and Newsom, D. (2004) *Governing through Markets: Forest Certification and the Emergence of Non-State Authority*, New Haven, CT: Yale University Press.
Castree, N. (2008a) "Neoliberalising nature: the logics of deregulation and regulation," *Environment and Planning A*, 40(1): 131–52.
—— (2008b) "Neoliberalisng nature: processes, effects, and evaluations," *Environment and Planning A*, 40(1): 153–73.
Davenport, D. S. (2006) *Global Environmental Negotiations and US Interests*, New York: Palgrave Macmillan.
Dobson, A. (2003) *Citizenship and the Environment*, Oxford: Oxford University Press.
Eckersley, R. (2004) "The big chill: the WTO and multilateral environmental agreements," *Global Environmental Politics*, 4(2): 24–50.
The Economist (2006) "So hard to see the wood for the trees," 19 December. Available: www.economist.com/world/international/displaystory.cfm?story_id=10329203 (accessed 27 May 2009).
European Commission (2003) "Communication from the Commission to the Council and the European Parliament: Forest Law Enforcement, Government and Trade (FLEGT), proposal for an EU action plan," COM (2003) 251 final, Brussels, 21 May.
Foucault, M. (1994) *The Archaeology of Knowledge*, London: Routledge.
Friedman, M. (1962) *Capitalism and Freedom*, Chicago: University of Chicago Press.
—— (1963) *Inflation: Causes and Consequences*, New York: Asia.
Gill, S. (1995) "Globalisation, market civilisation and disciplinary neoliberalism," *Millennium: Journal of International Studies*, 24: 399–423.
—— (2002) *Power and Resistance in the New World Order*, London: Palgrave Macmillan.
Griffiths, T. (2007) *Seeing "RED"?: "Avoided Deforestation" and the Rights of Indigenous Peoples and Local Communities*, Moreton-in-Marsh, Glos.: Forest Peoples Programme.
Harvey, D. (2005) *A Brief History of Neoliberalism*, Oxford: Oxford University Press.
Hasenclever, A., Mayer, P., and Rittberger, V. (2000). "Integrating theories of international regimes," *Review of International Studies*, 26(1): 3–33.
Hayek, F. von (1944) *The Road to Serfdom*. Chicago: University of Chicago Press.
Heynen, N., McCarthy, J., Prudham, S., and Robbins, P. (eds) (2007) *Neoliberal Environments: False Promises and Unnatural Consequences*, London: Routledge.
Humphreys, D. (1996) *Forest Politics: The Evolution of International Cooperation*, London: Earthscan.
—— (ed.) (2003) *Forests for the Future: National Forest Programmes in Europe – Country and Regional Reports from COST Action E19*, Luxembourg: European Communities.
—— (2006) *Logjam: Deforestation and the Crisis of Global Governance*, London: Earthscan.

—— (2008) "The politics of "avoided deforestation": historical context and contemporary issues," *International Forestry Review*, 10(3): 433–42.

Jönsson, C. (1993) "Cognitive factors in explaining regime dynamics," in V. Rittberger (ed.), *Regime Theory and International Relations*, Oxford: Clarendon Press.

Kolk, A. (1996) *Forests in International Environmental Politics: International Organizations, NGOs and the Brazilian Amazon*, Utrecht: International Books.

Larner, W. (2000) "Neo-liberalism: policy, ideology, governmentality," *Studies in Political Economy*, 63: 5–26.

—— (2008) "Neoliberalism, Mike Moore and the WTO," *Environment and Planning A*, 41(7): 1576–93.

Mahathir, M. (1992) "Speech by the prime minister of Malaysia, Dato' Seri Dr Mahathir bin Mohamad, at the official opening of the Second Ministerial Conference of Developing Countries on Environment and Development, Kuala Lumpur, on Monday, 27 April 1992" (mimeo).

Perrings, C., and Gadgil, M. (2003) "Conserving biodiversity: reconciling local and global benefits," in I. Kaul, P. Conceição, K. Le Goulven, and R. U. Mendoza (eds), *Providing Global Goods: Managing Globalization*, Oxford and New York: University Press and United Nations Development Programme.

Skala-Kuhmann, A. (1996) "Legal instruments to enhance the conservation and sustainable management of forest resources at the international level," paper commissioned by the German Federal Ministry for Economic Cooperation and Development and GTZ, July.

United Nations (1992a) "Non-legally binding authoritative statement of principles for a global consensus on the management, conservation and sustainable development of all types of forests," A/CONF.151/6/Rev.1, Rio de Janeiro.

—— (1992b) *Convention on Biological Diversity*, New York: United Nations.

—— (2007) "Non-legally binding instrument on all types of forest" A/C.2/62/L.5, New York: United Nations.

—— (2008) "Reducing emissions from deforestation in developing countries: approaches to stimulate action," in *Report of the Conference of the Parties on its Thirteenth Session, held in Bali from 3 to 15 December 2007*, FCCC/CP/2007/6/Add.1, Decision 2/CP.13, 14 March. Available: http://unfccc.int/resource/docs/2007/cop13/eng/06a01.pdf#page=3 (accessed 27 May 2009).

VanderZwaag, D., and MacKinlay, D. (1996) "Towards a global forests convention: getting out of the woods and barking up the right tree," in Canadian Council on International Law (ed.), *Global Forests and International Law*, London: Kluwer Law International.

WCFSD (World Commission on Forests and Sustainable Development) (1999) *Our Forests, Our Future: Report of the World Commission on Forests and Sustainable Development*, Cambridge: Cambridge University Press.

第十章　生物多样性

Antje Brown

“生物多样性”一词虽然被研究人员和从业人员广泛而宽泛地使用，但它指的是一个复杂的、研究不足的环境政策领域。森林砍伐、栖息地破坏、野生动物保护、过度捕捞、物种灭绝以及引入转基因生物，都需要采用1992年以生物多样性公约形式通过的联合国一级生物多样性制度和随后的2000年生物安全议定书以及各种特设工作组和专题方案。[①] 本章将探讨生物多样性辩论中涉及的不同方面，并明确所涉及的关键行动者及其利益。之后，本章将概述迄今为止联合国的政策，突出描述在不久的将来可能影响利益相关者的未解决的问题。最终，生物多样性被定位为处于政策边缘，没有正确地融入社会的政治和经济范式。这种忽视有点令人吃惊，因为生物多样性确实涉及地方和联合国等政府间组织的“全球视野—地方行动”的趋势，如联合国、欧盟和世贸组织。生物多样性多年来引起了很多争议，并继续引发了一些经济、政治和道德问题。

就政策而言，生物多样性指的是：共享自然资源的获取，经过几个世纪的不可持续的资源开发和退化之后的资源使用应该以可持续的方式进行认真和规范的管理。更重要的是，全球生物多样性的丧失意味着需要从国际层面，通过制度建设和全球治理体系来解决这个问题。

联合国政策的目标有三个方面：保护、可持续利用自然资源和惠益分享。这三个目标应该确保自然资源惠及当代和后代。然而，为了实现这一目标，政策必须在世界各地均适用，这又反过来表明，联合国的政策将影响(或干涉)国家和地方政府的主权和决策权。成员国的目的是通过议会投票批准国际协议，达成民主政策；然而，国际层面的复杂谈判涉及许多利弊权

① 关于《生物多样性公约》的全文，请访问：www.cbd.int。专题方案侧重于下列栖息地类别：海洋和沿海地区、森林、农业用地、内陆水域、干旱和半湿润地区以及山区。

衡。因此,通过制定政策提出公平正义的问题是不可避免的。首先,根据现代转基因技术和知识产权,生物多样性日益影响着代表环境和经济利益的跨国行动者之间的关系。在允许经济行为体申请自然进程专利的环境中,自然与商业之间的界限变得越来越模糊。这混淆了所谓的公开获取、"自然过程"的普遍特征,转化为私有财产并否认普遍获取等原则。其次,政策影响了南方环境丰富但经济贫困国家与北方经济丰富但环境贫乏国家之间的关系。因此,这一问题与多级治理、经济关系、发展和环境正义等问题相关。

本章将探讨生物多样性辩论的不同方面,并确定参与政权形成的关键行动者和他们的利益。在生物多样性领域里,人们清楚地认识到,传统的以国家为中心的组织和管理环境问题的方式面临着严峻的考验。本章还将评估国际关系和环境理论在多大程度上可以解释政策的发展,同时也将探讨从国际环境政治学科的生物多样性案例研究中可以吸取的教训。

第一节 定义生物多样性

根据 1992 年《联合国生物多样性公约》,生物多样性可以定义为:"来自所有生物体之间的变异性……包括物种内部、各个物种之间和生态系统之间的多样性。"简而言之,生物多样性涉及物种、生态系统、景观和遗传资源的多样性。这意味着它不仅仅关乎濒临灭绝的动物或植物,还涉及它们的遗传物质以及物种、动植物和人类在特定地区的关系。科学家估计,物种总数约 500 万～1 500 万,其中 175 万在世界范围内已经被正式认定,而且我们未知的数量比这个数字还要多。[①] 生态系统可以划分为森林、沙漠、河流、山脉、海洋、沼泽等——所有这些都由相互平衡和相互依存的部分组成。近几十年来,生态系统和物种受到越来越大的压力。压力可能以多种形式出现,主要是人为因素,可能是狩猎、过度捕捞、采伐、工业污染、气候变化、集约化耕作和特定地区的商业开采等。目前正式认定受到威胁的物种的数量很大。只要看一下《濒危野生动植物种国际贸易公约》(CITES)提供的清单就能意识到,生态系统和物种遭到破坏的程度是极为令人担忧的。

---

① 施潘根贝格(Spangenberg, 2007)指出,如果不是不可能完成的任务,定量多样性是困难的。这里预估的 175 万确定物种是基于联合国和欧盟的文献得出的。

《濒危野生动植物种国际贸易公约》是1973年3月在华盛顿特区，由80个缔约方签署的关于濒危物种的国际条约。它于1975年7月生效，现有175个缔约方。该公约是自愿性协议，“确保野生动植物标本的国际贸易不会威胁到其生存”。这是通过确定不同类型的濒危物种，并规范(并在必要时禁止)其全球贸易来实现的。迄今为止，《濒危野生动植物种国际贸易公约》已正式确定了5 000种动物和28 000种植物为濒危物种，并根据对其的威胁程度列入三个附录。需要说明的是，这些清单包括灵长类动物等整个物种群体，因此增加了公约所涵盖物种的实际数目。濒危物种的形成是生物多样性丧失最为明显的表现，而且比其他生物多样性问题更早地被认定为环境问题。

预计到2050年，整体生物多样性丧失的速度将加快10倍。联合国的一份报告《全球环境展望》(*Global Environmental Outlook*, GEO - 4)(UNEP, 2007)指出，许多动植物物种在数量上和地理传播上都大幅下降。例如，在人口稠密的地区，如受森林砍伐威胁的地区，存在着大量物种和遗传物质丧失的危险。四分之一的哺乳动物物种目前受到灭绝威胁。生物多样性的丧失不再仅限于是当地社区还是地方的问题；由于全球政治经济的性质以及生态系统的相互联系，这个问题现已成为一个需要采取国际一级集体行动的全球性问题。

因此，生物多样性丧失问题不仅被认定为一个科学事实，而且是一个需要集体行动的“人为”问题。正是在这一点上，生物多样性超越了纯粹的科学，成为政治和国际关系的问题。集体行动开始的前提是生物多样性需要一个旨在规范保护、获取和使用共享自然资源的政权。经过几个世纪的资源开发和退化，最终决定应以可持续和公平的方式进行。事实上，联合国文件确认并强调了这一思路。根据联合国的报告，当前的生物多样性丧失不仅是前所未有的，而且正以一个全新的形式出现：“所有的证据都表明，目前正在发生第六次重大灭绝事件。与以前的自然灾害和全球变化引发的五次事件不同，目前生物多样性的丧失主要是由人类活动造成的。”(UNEP, 2007)这些人为影响要么是直接干预的结果(如木材公司进行大规模的森林砍伐)，要么是气候变化及其对动植物的影响等更广泛发展的间接结果。

第二节　面对政治难题

有人可能会认为，保持物种和生态系统多样性的目标是简单而直接的。

但实际上，与其他遏制环境问题的企图相比，联合国一级的制度建设和实际的执行情况因其类似而独特的方式产生了一些难题。

首先，联合国公约力求确保资源的合理和可持续利用，从而给未来世世代代提供生物多样性的环境。换句话说，它确立了一个代际责任。但要想长期获得成功，就必须在各个国家和各级政府中平等有效地实施公约内容。因此，联合国的政策将触及国家与地方政府的主权和决策权，这是不可避免的。在这种情况下，应该如何理解"全球化思考、本地化行动"这个术语显得尤为重要。事实上，这项政策取决于对国家和地方行为体的承诺，或者正如勒·普勒斯特(Le Prestre, 2002)所说，"政策在国家层面上的成功或失败"。换句话说，它需要国际上的合作和承诺，因此，国家和地方一级必须采取行动来落实所达成的协议。但是，世界各地对生物多样性的这种承诺是难以实现的。许多研究人员已经记录了环境政策承诺的变化①，也曾经讨论过"公地悲剧"，这表明个人总是试图最大化他们的短期(经济)利益，即使这会长期损害环境和整个社会。② 生物多样性也不例外。事实上，在许多方面，生物多样性制度都体现了追求短期利益而不是长期目标的"悲剧"。

因此，国际社会未能建立有效的生物多样性制度，其中部分原因关乎行动者的利益及其关系。起初，这可能并不明显，但生物多样性涉及重要的经济利益，特别是在现代转基因技术和知识产权领域更是如此。联合国试图在经济利益和环境利益之间——也就是指为了经济利益而控制和使用动植物物种的行动者(如制药公司)与为了自身利益和更广泛的环境价值(如非政府组织)而保护物种和生态系统的行动者——进行调解。

虽然有经济利益和环境利益可以与可持续发展相结合的例子(如生态旅游)，但还存在很多经济利益和环境利益相冲突的情况，这将在下面进一步讨论。

另一个复杂的涉及代内关系和责任的关注点是：联合国的政策提出了关于公平和正义的问题，因为它挑战发达国家和发展中国家之间业已紧张的关系。矛盾的是，发展中国家在自然资源方面往往比较富裕，但经济贫困；而发达(工业)国家在自然资源方面往往比较贫穷，但在经济上比较富有。③ 换言之，潜在的有利可图的自然资源或遗传资源往往位于发展中国家，而能够利用这些资源的大型企业往往来自发达国家。多年来，发达国家

---

① 为比较可持续性承诺的变化，请参阅贝克的研究(Baker, 1997)。

② 哈丁(Hardin, 1968)、福格勒(Vogler, 2000)提供了一个更现代的版本。

③ 班纳吉(Banerjee, 2003)强调了这一矛盾。

的行为体已经证明其比参与联合国谈判的发展中国家准备得更充分。尽管来自发展中国家的行动者(如土著社区的代表)已经开始提高其在生物多样性制度建设方面的参与和代表能力,但仍然落后于北部发达国家的行动者。[①]

上述关系的复杂性和不同的利益诉求有助于一些制度的建设和一个远未奏效的联合国政策的制定。

第三节　利益多元化中的政权建设

毫无疑问,国际社会中生物多样性的丧失是真实的、人为的,其预防需要集体行动。国际社会也承认当代人有责任确保将来的生物多样性。但是,鉴于上述难题,主权、公平和利益代表性都存在重大问题,妨碍行动者就共同或共享的政策细节达成一致意见,进而影响到一个有效的制度的形成。实际上,差异主要体现在以下几个方面:

- 问题的优先顺序;
- 承诺规范自然资源的使用,并在必要时进行(经济)调整;
- 为了更广泛的国际利益而接受国家主权的让步。

迄今为止,这些分歧促成了一个有些不起作用的国际体制[②],而且在目前的政治和经济治理体系下,国际社会不可能长期采取制止生物多样性丧失趋势的体制。为了克服这些不足之处,有必要看看迄今为止的制度建设过程和制定政策的利益。

尽管生物多样性的丧失是一个跨越几个世纪的持续性进程,但是直到20世纪80年代初,国际社会才看到科学家们达成共识,认为生物多样性已经受到威胁。经过一系列行动之后——其中有趣的行动来自美国[③]——联合国环境规划署(UNEP)成立了一个工作组来制定一个国际生物多样性公约。现阶段,工作组已经在遗传资源和知识产权方面遇到了南北分歧。这在1992年里约首脑会议谈判期间重新出现。

---

① 关于土著社区如何提高谈判能力的进一步信息,请参阅帕查玛玛的研究(Pachamama, 2008)。另外,请访问土著居民生活议会理事会网站:www.ipcb.org.。

② 勒・普勒斯特(Le Prestre, 2002)专注于政策学习、能力建设和规范变更调查制度的有效性。他指出,其发展情况之所以不平衡,部分原因是缺乏适当的监测,并且指标的发展普遍缓慢,从而影响到衡量其效用。

③ 这一举措很有意思,因为美国是迄今为止尚未批准联合国公约的少数几个国家之一,因此它不是缔约国。

从根本上说，集体行动计划达成一致的主要障碍涉及遗传资源的所有权问题：发展中国家的政府和行动者想要保护其在获取和使用自然资源方面的（自主）权利，而北方发达国家的行动者认为，这些资源构成了“人类共同遗产”的一部分，简单说就是“没有人有权拥有”。换句话说，发达国家的观点认为自然资源是共同或共享的资源，应该是所有人都可以自由获取的。以前，发达国家的代表赢得了这个辩论，并从这一安排中受益。然而现在，南方国家试图重获对自然资源的控制，从而解决它们认为是“生物剽窃”和“遗传抢劫”的问题。[①] 决策者试图制定关于遗传资源的良好且连贯一致的政策，而这一政策继续面临着众多相互关联的问题。即使是筛选、保护和管理这些资源相关的问题，并将其纳入政策，也是极其困难的。

他们争论的一个基本问题是谁应该分享和利用遗传资源与生物技术带来的好处。这通常是在发达国家和发展中国家之间以及在国家内部、当地社区（通常是农村和土著居民）和他们更富裕和强大的同胞之间划出的界线。

这一点令人担忧。例如，有些人认为知识产权范围的扩大及其对生物材料的扩展，能够适当限制机构和研究人员获得农民和土著社区的资源和知识，而无须进行补偿或得到同意，特别是在发展中国家。另一些人则指出，正在开发、实施和推广各种技术手段的跨国种子公司的做法限制了农民从收获中获得收益和再利用种子的权利。这是在生物多样性加速丧失的背景下发生的，因为森林砍伐换取木材或为农业让路使渔业崩溃，并导致面临灭绝的动植物物种数量增加。

与这场所有权辩论相近的是关于“老”物种和“新”物种之间区别的辩论。在这里，北方代表坚持明确区分“老”物种和“新”物种。他们认为，最近确定的任何物种实际上都是那些发现它们的人（通常是大型跨国公司）拥有的私人财产，而长期建立并成为传统知识一部分的物种是共同的，因此是共享的（或免费的）财产。

换句话说，来自发达国家（如大型制药公司）的人员要求自由获得长期存在的遗传资源，但他们却要求控制（并从中受益）新确定的资源。这种做法导致了一些惊人的决定，最广为人知的是，美国 1995 年决定授予两名美国医生姜黄（一种草药）的专利，即使姜黄的抗发炎特性作为印度阿育吠陀

① 乃达纳·施瓦（Vandana Shiva）多次使用“遗传抢劫”一词，并被许多人引用。案例参见施瓦等人（Shiva et al., 1997）和哈梅里克（Chamerik, 2003）的研究。

(Ayurvedic)传统已经广为人知。[①] 因此，南方的行动者在谈判的时候试图重新平衡这种做法。同样，来自北方的那些人试图抵制压力，把注意力集中在争议较少但媒体友好的问题上，如保护哺乳动物和热带雨林。

包括联合国官员、国家政府和跨国行动者(跨国公司和非政府环保组织)在内的联合国公约，不仅要确保自然资源的可持续利用，还要公平和公正地使用这些资源。然而，受到各自“理性”及自身利益的影响，大部分政府都很好地把生物多样性保护和管理的具体约束性目标定量化了，正如一些政府和非政府环保组织提出的那样。设定无懈可击的目标，从而使各方都明确目标，这已被证明是对南北方的关键行动者来说太合适不过的了。

实际的公约条文反映了主要谈判者的态度和利益。这基本上是关于生物多样性的良好意图，也是维持现有经济的范式。它主张采取经济激励措施来鼓励保护生物多样性，而不是强加管制。公约由里约地球首脑会议的150个国家的政府于1992年签署，包括序言、四十二篇短文和三个附件，内容包括识别和监测、仲裁和调解。公约是不同利益方之间妥协的结果。它还强调了国家主权与国际责任之间的矛盾，而且不能掩盖其潜在的经济议程：

> 本公约的目标是保护生物多样性，可持续利用其组成部分，公平和公正地分享利用遗传资源所产生的惠益。考虑到有关这些资源和技术的所有权利，还包括适当获取遗传资源和适当转让，及提供适当的资金。
>
> (《生物多样性公约》，1992：第1条)

此外，第3条规定：

> 各国有……根据自己的环境政策开发自己的资源的权利，以及确保活动顺利开展的责任。在其管辖或控制的范围内，不得损害其他国家或超出国家管辖范围的地区的环境。

简言之，会议充分考虑了各方的利益关切。公约接着概述了生物多样

① 特别说明，该专利是在公约通过三年后由美国颁布的。该专利后来被撤销。更多信息见贝克(Baker，2008)的研究。

性固有的“生态、遗传、社会、经济、科学、教育、文化、娱乐和审美等内在价值”,并指出生物多样性加强了国家之间的友好关系,为人类的和平做出了贡献。这些目标将通过(松散的)诸如国家战略、计划等政策工具以及生物多样性识别、监测、保护和影响评估来实现。

除了良好的意图和更实际的意义外,公约还呼吁各国政府及其经济行动者在开采自然资源之前首先应考虑到环境问题。此外,它们应该考虑其地方或国家行为可能对国际环境产生的影响。而就获取遗传资源而言,该公约设法通过有关各方做出决定,从而在南北之间找到妥协方案: 它们应该按照“共同商定的条件”对资源的获取和使用进行管理,由此,这个妥协方案不限制资源开发;它只是要求感兴趣的各方——通常是南方政府和北方的跨国公司——明智地采取行动(不管其后果如何),并在彼此之间达成协议。

除了所有权和获得自然资源的问题外,还有两个问题亟须解决: 技术转让和资金筹措。首先,来自美国的谈判人员表示,他们担心技术转让将会危及北方的知识产权和经济利益。作为南方代表的印度提出了争端的另一面,最后达成妥协: 公约承认知识产权,但也坚持认为这些不应与生物多样性的目标和宗旨相抵触。

其次是围绕公约是否应该有自己的供资机制的问题。北方坚持认为应通过现有的全球环境基金(GEF)提供资金。从北方的角度来看,新的融资机制可能会涉及更多的财政承诺,但政策本身的控制力较弱,这是发达国家所不能接受的。时任环境署执行主任的穆斯塔法・托尔巴(Mostafa Tolba)向谈判人员施加压力,要求他们做出妥协。穆斯塔法・托尔巴提出,全球环境基金首先应设定供资机制,但也应以更加透明的形式向南方做出让步。迄今为止,全球环境基金仍然参与生物多样性筹资,实际上,生物多样性现在是全球环境基金的主要工作内容(Le Prestre, 2002)。

虽然托尔巴的提案被150个国家的政府正式采纳,但是在这之后,各国政府对约定细节的解释依然依赖于行动者各自的利益集团。值得注意的是,当时的美国总统乔治・H.W. 布什(George H. W. Bush)并没有签署这份文件,因为他仍然认为资金和知识产权的问题是不可接受的。当他的继任者比尔・克林顿(Bill Clinton)之后签署这份文件时,美国并没有发布批准这个公约的日期,因此美国也不是它的缔约国。考虑到2005年有188个国家已经批准了这份文件,可以说美国在生物多样性问题上是孤立无援的。

当然,这个公约标志着一个开端。多年来,各方不得不以议定书和后续工作方案的形式填补政策空白。迄今为止，我们只看到一个议定书，即2000年《卡塔赫纳生物安全议定书》，其重点是对改性活生物体及生物多样性进行管理。第一个工作方案是在1998年通过的，到目前为止，这样的方案已经被证明充其量是一种花言巧语。

用有效的政策细节填补公约缺口的一个主要障碍促成了所谓的否决联盟。这一联盟是用来追求它们自己的具体经济利益的。例如，在森林砍伐问题上，巴西、加拿大和马来西亚组成了否决联盟，各国政府需确保任何后续政策不会不必要地干预它们的大型木材和伐木工业(Chasek et al.，2006：163)。

上述有关自然/遗传资源所有权和获取权争议的一个受欢迎的分支是生物安全，更具体地说，是对转基因生物的管理。然而，由此产生的2000年《卡塔赫纳生物安全议定书》也不乏争议。该议定书由序言、四十项条款和三个附件组成，其中涵盖有关改性活生物体(LMOs)所要求的信息以及风险评估。最初它是为了规范转基因生物贸易及其对生物多样性的影响而达成的，但该议定书再一次成为跨国行动者之间淡化争议的妥协产物。这让非政府环保组织非常失望，因为它实际上将跨国公司的转基因生物的使用和贸易合法化了。其主要的政策工具是《事先知情协议》(AIA)，其中包括事先通知和同意程序。这一程序主要适用于转基因种子等改性活生物体。在议定书的制订阶段，它引发了很多争论：是否应纳入其他转基因生物，是否应将联合国议定书与世贸组织有关规则之间的关系问题之外的预防原则整合在一起。毫无疑问，这些问题将在最终版本的协议中通过折中妥协来解决。

除了环境跨国行动者和经济跨国行动者之间的典型分歧，谈判过程中也形成了两大类国家。这两类国家在一定程度上承担了环境和经济倡导者的角色。由美国、加拿大、澳大利亚、智利、阿根廷和乌拉圭组成的所谓“迈阿密集团”采取宽松的政策方针，将转基因生物纳入议定书的数量降至最低，同时反对预防原则。谈判桌的另一方是由发展中国家和欧盟成员国组成的“志同道合”小组，这个小组采取了一个更加规范的方法，将更多的转基因生物纳入议定书中，并坚持预防原则。

令人震惊的是，议定书的制定者不仅有政府代表和非政府环保组织(大多是通过后台运作)，而且也有跨国公司[如孟山都公司(Monsanto)、杜邦公司(DuPont)和先已达公司(Sungenta)，前身为诺华公司和阿斯利康公司]，它们对转基因技术十分感兴趣。这些跨国公司继续建立全球产业联盟，在谈判中形成更加协调一致的声音，并形成一股强大的力量。由加拿大生物科技公司主导的联盟涉及约 2 200 家企业，形成了前所未有的、统一的、积极的经济战线。这一情况与詹妮弗·克莱普在“增强游说力量”中所描述的相似。

考虑到生物多样性制度建设中的不同力量，议定书的最终版本成为各方相互妥协的产物也就不足为奇了。它涵盖了一些转基因生物，但是它们被置于不同的类别中，由不同的标准来管理，更重要的是具有豁免权。在第一次国际边界移动时，改性活生物体进入正式的“事先知情协议”流程。其他免受“事先知情协议”流程的转基因生物，通过单独的生物安全信息交换进行处理，这是一个通过互联网数据库来简化通知的机制。作为“志同道合”小组的让步，预防原则被纳入文件；然而，只有在提供科学证据来证明其适用的正当性，并且考虑到成本效益的问题时，才会使用这一原则。该议定书也使世贸组织的现有规定保持不变。可以说，它实际上给予了跨国公司更多的确定性和稳定性，而不是在转基因生物贸易中提供“绿色障碍”。

在其他方面，关于获取遗传资源问题的讨论仍在继续，这引起了谈判者是否真正致力于保护生物多样性或其真正的利益在于经济利益最大化的问题。2002 年，公约缔约方同意“关于获取遗传资源和公平公正分享其利用所产生惠益的波恩准则”。同时，南北双方对“绿色黄金”的开发寄予厚望，但最终却并没有实现。

近年来，联合国试图建立气候变化与生物多样性丧失之间的联系。环境署设立了一个生物多样性丧失和气候变化问题特设技术专家组，形成了题为“生物多样性与气候变化之间的相互联系：关于将生物多样性因素纳入执行《联合国气候变化框架公约》及其《京都议定书》的建议”，该文件确定了气候变化与生物多样性丧失之间的具体联系：例如，气候变化对物种迁徙的影响以及物种灭绝和生态系统变化的关系。此外，文件还考虑到通过调整人口产生的间接影响，建议形成一项包括政策一体化、可持续管理[包括植树造林(以防止毁林)]以及(最后但并非最不重要的)有效的气候变化政策。

2008 年 5 月，在波恩举行的第九次双方正式会议的主题是气候变化与生物多样性丧失之间的相互联系，会议将货币价值附加于自然资源，从而将自然资源内化为主要经济范式的一部分。自 20 世纪 90 年代以来，对生物多样性附加价值的措施越来越受欢迎，目前的发展势头越来越强。[①] 在不完

① 在努内斯和范·登·贝格(Nunes & van den Bergh, 2001)的研究中可以看到这种做法对生物多样性经济评估的困难。

全估计中，以下的数据值得参考：

- 年度世界渔获量——高达580亿美元；
- 来自海洋生物的抗癌剂——每年高达10亿美元；
- 全球草药市场——2001年约430亿美元；
- 作为农作物传粉媒介的蜜蜂——每年达到20亿～80亿美元；
- 渔业和旅游用珊瑚礁——每年30亿美元。

同样，预计成本也包括一些非常具体的估计，例如：

- 巴基斯坦的红树林退化——200亿美元的渔业损失、50万美元的木材损失、150万美元的饲料和牧草损失；
- 纽芬兰鳕鱼渔业倒闭——损失20亿美元，数万人失业。

（环境署，2007）

通过对自然资源赋予货币或经济价值，人们希望参与者以合理的方式利用这些资源或“资本”，而不是将其当作“免费的”商品或公共产品。[①] 为了对自然资源附加货币价值，联合国也正在考虑将所谓的碳汇转变为可以买卖的有利可图的保护区，就像碳许可证一样。这已经引起了一些投资者和企业的兴趣，因为碳汇交易可能成为抵消温室气体排放的便利方式，符合《京都议定书》及其气候变化的目标。然而，人们已经提出了一个熟悉的问题：一旦其被确定为市场上的商品，谁将拥有这些碳汇——私人投资者（比如来自北方的跨国公司）还是来自南方的地方社区或国家？目前，很多地方已对这一设想进行了试点工作，如刚果共和国的森林碳伙伴基金，它提供了有趣的测试场地。另一个例子是印度尼西亚的亚洲开发银行固碳项目，该项目由亚洲开发银行提供资金，旨在获得印度尼西亚的减排额度。全球森林联盟（成立于2000年）是一个由非政府组织和土著居民组织组成的联盟，目前正在研究这些碳汇项目，它们的初步评估似乎令人怀疑。[②] 这些项目并没有完全解决所有权问题，也没有帮助消除妨碍行动者建立适当的集体调解和警务系统的所有障碍。

然而，气候变化政策领域的发展已经引起了生物多样性领域的关注。

---

① 普瑞提和史密斯（Pretty & Smith，2004）更详细地研究了环境、经济和社会资本的概念。

② 若想了解亚洲开发银行关于印度尼西亚固碳项目，请访问：www.adb.org.。有关全球森林联盟的信息，请访问：www.globalforest coalition.org.。

两者确实存在明显的科学和政治上的相互联系。在“全球环境展望 4”(UNEP, 2007)中,关于生物多样性的章节提供了气候变化—生物多样性相互联系的例子。例如,它报告了两栖类动物的灭绝事件、物种(如北极狐、山地植物、北温带蝴蝶和英国鸟类)分布的变化以及气候变化引起的欧洲树木分布的变化。此外,它突出了物种行为的改变,其中包括较早的昆虫飞行时间以及两栖类动物的繁殖模式和树木开花的差异。最后,报告中指出了物种数量的变化,如爬行动物性别比例的变化。“碳和生物多样性地图集”(环境署,2008)从一个不同的角度传达了类似的信息,它突出了所谓的生物多样性热点或受到生物多样性丧失威胁的地区,这种保护不仅有助于维护生物多样性,而且有助于创造《京都议定书》下的碳汇。

气候变化与生物多样性之间联系的有趣之处在于,行动者不仅从科学的角度确定了这一联系,而且还开始从政治和经济这两个非常实际的方面把这两个政策领域联系起来。如采用许可证交易等经济政策工具,这种工具已经在气候变化领域进行过试验和测试,现在正设想用于生物多样性领域。显然,这给了人们一定程度的启示。联合国正计划引进一批类似于政府间气候变化专门委员会(IPCC)的生物多样性专家。

第四节 国际关系中生物多样性政策的评估

上述内容已经阐述了一些典型的环境制度建设的调查结果。一开始已经达成了一个国际共识,即生物多样性丧失是真实的(得到了科学证明),而且主要是一个需要集体行动的人为问题。国际行为体在良好意愿方面也有一些共同点,如帮助“贫穷”的土著社区保护栖息地和物种。但是,一旦谈判人员冒险进入政策细节协商过程,就会有许多领域的行为方式、优先事项和利益相互背离,甚至相互冲突。寻求妥协过程的结果是,生物多样性制度受到一定程度的削弱,从环保主义者的角度来看,这相当令人失望。从这个意义上说,生物多样性制度与其他国际环境制度(如气候变化)没有太大区别。

如前所述,保护物种和栖息地不是一项简单直接的环境任务。生物多样性不仅在科学方面是复杂的,在政治和经济方面也是如此。首先,它影响到所有层面的治理——从全球到地方。因此,它的制度涵盖了对集体行动和国际责任的自决问题(“思想上的共同困境”)。此外,它还涉及经济利益,特别是那些有兴趣获取遗传和自然资源以供应新技术和制药业的跨国公司的经济利益。最重要的是，生物多样性具有代内和代际的影响，引发了关于正义、公平和责任的争论：我们已经认识到，自然资源在人口之间的分配不均衡，正如它们的用途和益处一样，而这一代人对后代负有责任。只有采取有效的集体行动，才能确保濒危物种和生态环境不会永远消失。这也许是生物多样性脱离其他环境政策领域的地方。正是这种不可逆性和终结感，使生物多样性变得如此特殊。由于尚未采取有效的集体行动，生物多样性丧失问题不大可能在可预见的未来得到解决。因此，无论是代际还是代内问题，生物多样性都会涉及政治经济学、全球治理和环境正义等一系列更为广泛和基础的话语。在其他政策领域，这一点可能并不明显。

生物多样性政策的主要问题之一是行动者之间的“讨价还价”反过来又使他们偏离实际的环境目标（遏制生物多样性丧失的趋势），转而把注意力转向经济利益与自然或遗传资源。自从“公约”通过以来，各方都试图达到“到 2010 年大幅度降低当前生物多样性丧失速度”的官方政策目标。然而，随着 2010 年最后期限的临近，没有科学证据表明这一目标已经实现。生物多样性丧失的趋势没有停止甚至没有丝毫减缓。事实上，它继续以惊人的速度进行着。虽然国家一级的战略和计划可能与“公约”并存，但它们显然不足以遏制生物多样性丧失的趋势。与政府的其他优先事项（如处理国际恐怖主义和全球金融危机）和日常工作相比，这些战略似乎太微不足道，以致无法发挥作用。生物多样性定位于政策边缘，没有正确地融入社会的政治经济范式。

很多人表示在一开始就注意到生物多样性是一个被忽视的研究领域，本章（希望）表明这种忽视是不合理的。在许多方面，生物多样性的制度建设已被证明是环境制度“干预”的其中一个例子。然而，生物多样性也被证明是一项影响国际关系的有趣、复杂和紧迫的政策问题。我们只需要看一看在谈判过程中形成的国家“联盟”和全球工业联盟这样的跨国行为体以及它们更多地参与国际制度建设，就一目了然了。

从国际关系理论的角度来看，关于生物多样性制度建设的见解是有用的，原因如下：生物多样性是一个很好的例子，它强调了不同政府层面（从地方到联合国）的参与；它展示了环境和经济领域是如何相互关联的；这是一个政策领域，说明了跨国行动者如何在政策细节上两极化，进而影响制度建设和问题的解决的。

同样，国际关系理论能够帮助我们理解生物多样性制度的建立。起初，生物多样性丧失的问题对所有人来说显而易见，因此需要一个直截了当的解决方案。然而,为了理解这一政策在理想与现实之间的差距,我们需要采取以行动者为中心的方法,侧重于跨国行动者,关注他们的(环境或经济)利益,以及他们在复杂的全球环境中的地位。本章的一个发现是,跨国行动者对生物多样性的承诺以及政策方针和政策措施太多,以至于不能采取果断的集体行动。国际制度可能是纸上谈兵,但谈到有效解决问题的办法,若要实行集体制度,其可行性和有效性实在太差了。目前,生物多样性制度(的缺失)只是全球公民社会缺乏适当的承诺的反映。同样,政策工具方法可以提供对最近政策变化的理解。

本章描述了联合国是如何通过确定气候变化与生物多样性丧失之间的因果关系来寻求保护生物多样性的新动力的。这种深思熟虑的联系是有明显的科学依据的,也是在竞争激烈的全球治理背景下增加的对保护生物多样性的尝试。在这种背景下,许多政策问题为了能成为国际关系中"耳熟能详"的话题而展开竞争。这个策略是否会带来预期的效果还有待观察。此外,国际生物多样性日是每年的 5 月 22 日(2010 年 5 月 22 日为第一个国际生物多样性日)。然而,鉴于全球金融危机,国际社会和媒体几乎没有注意到这一点。全球生物多样性政策的成功将取决于更广泛的国际环境,其中不仅包括经济因素,还包括新的科学依据和社会变化。

推荐阅读

Le Prestre, P. (2002) "The CBD at ten: the long road to effectiveness," *Journal of International Wildlife Law and Policy*, 5: 269–85.
Pretty, J., and Smith, D. (2004) "Social capital in biodiversity conservation and management," *Conservation Biology*, 18(3): 631–8.
Vogler, J. (2000) *The Global Commons: Environmental and Technological Governance*, Chichester: Wiley.

参考文献

Baker, L. (2008) "Turf battles: politics interfere with species identification," *Scientific American*, 299(6): 22–4.
Baker, S. (1997) *The Politics of Sustainable Development*, London: Routledge.
Banerjee, S. B. (2003) "Who sustains whose development? Sustainable development and the reinvention of nature," *Organization Studies*, 24(1): 143–80.
Chamerik, S. (2003) "Community rights in global perspective," in X. Jianchu and S. Mikesell (eds), *Landscapes of Diversity*, Kunming: Yunnan Science and Technology Press.
Chasek, P., Downie, D. L., and Brown, J. W. (2006) *Global Environmental Politics*, 4th ed., Boulder, CO: Westview Press.
Hardin, G. (1968) "The tragedy of the commons," *Science*, 162(3859): 1243–8.

Le Prestre, P. (2002) "The CBD at ten: the long road to effectiveness," *Journal of International Wildlife Law and Policy*, 5(3): 269–85.

Nunes, P., and van den Bergh, J. (2001) "Economic valuation of biodiversity: sense or nonsense?," *Ecological Economics*, 39(2): 203–22.

Pachamama (2008) *Pachamama Newsletter*, 2(2,). Available: www.cbd.int/doc/newsletters/news-8j-02-02-low-en.pdf.

Pretty, J., and Smith, D. (2004) "Social capital in biodiversity conservation and management," *Conservation Biology*, 18(3): 631–8.

Shiva, V., *et al.* (1997) *The Enclosure and Recovery of the Commons: Biodiversity, Indigenous Knowledge and Intellectual Property Rights*, New Delhi: Research Foundation for Science, Technology and Ecology.

Spangenberg, J. H. (2007) "Biodiversity pressure and the driving forces behind it," *Ecological Economics*, 61(1): 146–58.

UNEP (United Nations Environmental Programme) (2007) *Global Environmental Outlook: Environment for Development (GEO-4)*, Malta: Progress Press. Available: www.unep.org/geo/geo4/report/GEO-4_Report_Full_en.pdf (accessed 17 November 2009).

—— (2008) *Carbon and Biodiversity: A Demonstration Atlas*. Cambridge: UNEP World Conservation Monitoring Centre. Available: www.unep.org/pdf/carbon_biodiversity.pdf.

Vogler, J. (2000) *The Global Commons: Environmental and Technological Governance*, Chichester: Wiley.

第十一章 农业和环境

Marc Williams

引 言

本章将探讨农业与环境之间的各种联系。研究这两者之间的关系十分重要，其原因是自然和物质环境会对农业和粮食生产产生重要影响。例如，气候变化会对农民和消费者产生重要影响(Gregory et al.，2005)。而且，特别是在发展中国家，农业是许多人的就业所在和主要收入来源。本章主要阐述可持续农业与食品生产和消费及其与健康问题密切相关的问题。简言之，农业和环境是可持续发展辩论的中心。其中包括环境正义和生态正义，这是许多将在这里讨论的问题的基础。

本章将介绍本书第一部分论述过的一些关键主题。首先考察的是农业和可持续性概念之间的一些重要联系，然后重点讨论农业生产、环境可持续性和全球经济之间的关系。接着分析有机农业与工业农业就生产方式的争论，通过农业生物技术和转基因生物(GMO)之间的争论来探讨农业与粮食安全、农业与消费的关系。在最后一节中，我们将探讨全球农业治理轮廓辩论的各个方面，即有关农业和环境可持续性问题的解决方式。

第一节 农业和可持续性

尽管布伦特兰委员会提出可持续发展的普遍定义已有二十余年，但关于可持续发展的概念仍然存在争议。其报告(WCED，1987)中提出了可持续发展定义的两个核心问题。该委员会关于可持续发展定义的一个关键方面是代际公平：当代人不能减少后代可利用的自然资源和人力资本。按照这一理念，莱曼等人(Lehman et al.，1993：143)称："可持续农业包括农业实践，及其不会影响我们未来从事农业的能力。”而且布伦特兰委员会定义的核心是生态、经济和社会可持续性方面的联系，这种三重方法仍然是所有试图理解农业生产与环境可持续性之间复杂关系的核心。因此，本节将从平衡经济、生态和社会需求的角度构思可持续发展。也就是说，这里所采取的农业和环境的研究方法将农业看作一种社会和政治实践，而不仅仅是一种经济活动。

农业可持续发展的核心是人与环境之间的关系，这种关系与人类文明一样古老。但农业文明的发展仅在大约一万年前才出现。农业活动必然与环境密切相关。本章将简要概述与审查农业可持续性这一复杂问题有关的三个方面。首先需要说明的是，尽管我们将讨论与环境可持续性有关的一些普遍问题，但全球农业仍具有复杂性、动态性和多样性的特点（Thompson & Scoones, 2009）。在全球范围内，争取农业环境可持续性的国际斗争将不尽相同。它们的一个共同点是，以往研究都认为发达国家和发展中国家的生产者所面临的情况不同（World Bank, 2007）。后文将讨论当前贸易谈判和当代农业治理的中心问题，即这些不同农业政策、农业制度的影响和粮食获得的供应方式之间的差异，但是，这样的贫富分化不应该被看作农民和农业在这两大范畴内都没有分歧的表现。

全球经济的一些变化影响了许多国家农业部门的发展，也影响了可持续发展的进程。虽然农业部门的经济表现在不同民族国家之间的差异很大，但是在大多数国家，农业已经变成了出口导向型产业，并且在世界市场中开展竞争（McMichael, 1994）。在当代全球政治经济中，市场压力和科技发展造成了一些与农业用地可持续利用相关的问题。与可持续性讨论相关的另一个重要发展是农业的工业化，特别是发达国家的农业工业化。这种工业化在20世纪就已加快了步伐，且没有显示出放缓的迹象。工业化导致农业产业采取更大规模、更加集约化的发展模式，这一发展模式在提高生产力和扩大人口供给方面发挥了核心作用。然而，这些发展并没有受到普遍赞扬，而是成为环境可持续性辩论的焦点。工业农业批评者提出了诸如野生动物栖息地丧失、水质下降和生物多样性丧失等问题（Horrigan et al., 2002）。

农业与自然资源之间的动态互动，是与当代农业可持续性相关的另一个关键问题。虽然在不同的国家环境中会出现不同的具体问题，但一些为人们所广泛关注的领域仍被提上议程：水和水的使用效率问题，如河流和溪流的水质；化学品和农药对食物、水和其他产品的影响；引入对自然植被有不利影响的动物和非本地植物对本地生态的影响；土壤侵蚀和土壤有机质丧失；生物多样性减少以及温室气体排放（Soule et al., 1990）。

影响农业的环境政策在不断演变。与可持续性问题直接相关的关键领域是可持续实践,如节水和适当的灌溉、经济生产力与农业部门的收入间的关系,特别是农业和其他经济部门之间的贸易条件。但这些政策和规定不仅仅是对上述经济和环境问题的回应,它们也反映了公民和政府对农业和自然环境的态度发生变化的倾向(Hall et al., 2004; Hyytia & Kola, 2005; Verbeke, 2010)。如后文所述,这种偏好与诸如食品安全和可持续消费等问题以及与土地有关的简单条例有所关联。

随着可持续发展作为一种全球规范被采用,各国政府和农业界的各个利益相关方都做出了实现长期环境可持续性的承诺。如上所述,这一承诺虽然值得称道,但却极具政治性和争议性。

第二节 农业生产、贸易和环境可持续性

农业生产的全球政治经济在许多方面与环境问题相互交织。本节将重点讨论贸易、农业和环境之间的关系,尤其是农业贸易和可持续发展之间的关系。自20世纪90年代以来,贸易与环境之间的关系一直是为人们所激烈争论的话题(Brack, 1998; Neumayer, 2004; Williams, 2001)。其中最有争议的话题是农业的作用和贸易自由化加深环境损害的程度,以及环境保护措施在多大程度上妨碍了贸易自由化(Dragun & Tisdell, 1999)。贸易自由化对农业的影响导致了相反的理论立场、相互竞争的方法论和相互矛盾的发现。在大量的官方报告、学术论文和其他研究中,可以看到两个广泛的立场。这两种"思想流派"在农业作用和贸易政策改革目标上有不同的假设。贸易自由化的支持者详细描述了国内农业保护对环境的负面影响,强调了农业贸易自由化在消除贫困和保障粮食供应方面发挥的积极作用(Wilson, 2002)。贸易自由化的批评者则强调新自由主义全球化的历史和政治背景。在这个背景下,自由化是嵌入式的,其倾向于详细描述农业的社会方面,比如它在景观管理方面的作用以及未能提供满意的就业、收入和食物安全的失败之处(Otero, 2008)。辩论双方都声称,他们所支持的政策将会提高福利、增强粮食安全和生态可持续性。

农业贸易自由化的障碍有两种形式:一是通过补贴直接进行政府干预,二是对农业部门进行间接支持。这两种形式会影响生产选择以及生产过程的投入和产出。补贴形式的国内支持在许多国家被广泛使用。出口补

贴虽然较少，但在限制农产品贸易方面也很重要。辩论双方都声称，对方(所支持)的政策可能会对环境造成负面影响。

自由主义的观点支持贸易自由化对农业以及环境可持续性带来的有益后果。自由主义理论家认为这种农业保护的形式会减少全球福利，破坏某些社区(的生态)并导致环境恶化。环境退化是市场扭曲的后果，它导致资源使用效率低下和不适当的使用。自由主义理论家认为农业贸易自由化适用于发达国家、新兴国家和发展中国家。换句话说，贸易自由化将提高经济效率，增加所有人的福利(Anderson & Martin, 2005)。

农业贸易自由化可以实现三个关键目标。首先，减少对工业化国家农民的补贴和其他形式的保护会减少对环境的破坏，因为补贴造成了比较优势扭曲，留住了相对低效的生产者，这些生产者更可能使用生产力低的土地。消除发达国家的农业保护将加强环境的可持续性，因为这种做法会使农业依靠农药和化肥，并尽可能地利用边际土地(来提高生产效率)。而且，补贴倾向于冻结生产，这可能会阻止向无害环境政策的转变。农业贸易自由化的总体影响是增加世界(粮食)总产量，更好地分配世界收入，通过生产多样化和加强农业生物多样性来增强环境的可持续性。其次，取消补贴将会增加目前以人力资源为低价进入世界市场的农产品成本。因此，减少补贴将创造一个“公平的竞争环境”，使发展中国家能够参与这类产品供应的竞争，从而获得更高的出口收益。也就是说，来自发展中国家的农产品将能进入工业化国家的市场，因为工业化国家的剩余产品将会减少。最后，有人认为，增加发展中国家的经济收益，将有助于通过促进其经济增长来消除饥饿和贫困。同时，这一举措将有助于加强发展中国家的粮食安全，也将有助于消除环境恶化。因为从这个角度来看，贫困是造成环境危害的一个主要原因。收入的增加将使发展中国家更加重视环境恶化的问题。

那些认为贸易自由化倾向于支持富人利益的分析家驳斥了这些观点，他们认为进一步的农业贸易自由化不可能实现自由主义理论家所说的目标(Sharma, 2005)。对于这些分析家来说，贸易自由化是支持工业化农业和自然商品化的新自由主义范式的一部分。他们认为，目前贸易自由化导致经济活动增加，这可能会增加而不是减少对自然资源的开采，从而导致环境退化(Gonzalez, 2006)。

有人认为，如果实现了农业贸易自由化，那么所有发展中国家将不会平等受益(Perez et al., 2008; Diaz-Bonilla et al., 2002: 18)。那些有竞争力的国家将会获益，但在食物方面依靠进口的许多国家(主要是最贫穷的发展中国家)将会受到影响,因为它们将面临更高的进口费用。还有一些批评者关注国内平等,声称社会内部的贸易自由化可能以牺牲农村穷人的利益为代价,从而使富裕的农民受益。因为某些情况会导致最贫穷的农民失去土地,农产品价格下降,从而导致土地整体流失。他们还认为,农村收入下降将导致发展中国家的土地进一步退化。此外,农业贸易自由化会导致粮食进口量增加,国内产品的价格下降,迫使农民放弃粮食补贴,这些都将进一步加速环境恶化。"小农"越来越没有竞争力,远不及大型出口型企业的市场份额,这迫使他们使用化学品和杀虫剂。总之,贸易自由化的批评者认为,进一步的自由化会对粮食安全、环境可持续性和农村生产产生不利影响。

与以往一样,这两种立场都通过实证研究来支持自己的主张。从现有的证据不可能得出一般性结论(Bureau et al., 2005)。农产品贸易自由化对环境的负面或正面影响程度各不相同,结果也不一致。在某些情况下,贸易自由化会阻碍环境的可持续性,而在另一些情况下则会有利于环境保护。

在世贸组织多边谈判陷入停滞的多哈回合的背景下,贸易自由化的支持者和反对者之间进行的这场辩论并不是无用的,而是具有实际意义的。世贸组织已经成为农产品自由贸易利益争议解决的组织场所(Colyer, 2003)。自由主义理论家支持将农业贸易自由化作为实现本轮发展目标的机制,而反对贸易自由化的学者则认为自由化的成本大于收益。农业在主要工业化国家经济中的敏感性确保了其免于《关税和贸易总协定》(GATT)引发的战后快速贸易自由化。然而,随着乌拉圭回合贸易谈判的开展及世贸组织的成立,农业也被列入议事日程。因此,《乌拉圭回合农业协定》的签定标志着农业贸易自由化迈出了第一步。

《乌拉圭回合农业协定》将保护农业的措施分为三类或称之为"三种盒子"。绿盒子代表允许的补贴;蓝盒子适用于某些生产限制计划下的直接支付;黄盒子表示应该减少的那些方面。除了这三个主要的"盒子"之外,协议还包括对发展中国家的特殊和差别待遇(有时被称为 S&D 盒),但最低限度的支持因涉及的补贴太低而无法进行谈判(WTO, 1994)。

《多哈宣言》鼓励成员国继续开展乌拉圭回合的工作——进一步推动农业贸易自由化。成员国同意"全面谈判旨在:大幅度改善市场准入,削减一切形式的出口补贴,大幅度减少扭曲贸易的国内支持"(WTO, 2001)。它们进一步强调,要把发展中国家作为"谈判不可或缺的各个要素",强调粮食安全、农村发展和非贸易问题的重要性,给予发展中国家特殊和差别待遇。

自那时以来的谈判，皆对多哈任务和工作方案提出了毫不动摇的要求和根本不同的假设。农业问题已经成为未能达成妥协的关键原因。这个讨论的目的不是提供世贸组织内部谈判的分析，但是我们应该知道，可持续发展是这种谈判的背景，因为《多哈宣言》明确承认，环境问题是一个关键问题。

第三节　工业农业、有机农业与环境可持续

发达国家主导的农业范式的可持续性是当代的一个重要问题，同时也是具有高度争议性的问题。工业化农业被视为科学技术机械化和产业组织在农作物、鱼类、畜禽等方面的应用。长期以来，工业化农业一直作为解决粮食安全和经济效率问题的方案而存在。它成功地满足了人口不断增长的需要，这使它在很大程度上避免了在21世纪受到挑战。工业化农业有许多好处，包括便宜丰富的粮食对养活不断增长的人口具有至关重要的作用。工业化的主要好处之一是能够发展收益可观的规模经济；其结果是农场工人数量不断下降，但食物的供应量增加，尤其是肉类等高蛋白食物(Roberts，2008：21－24)。现代农业商业的发展对发达社会的消费模式的形成产生了深远的影响(Pollan，2006)。

目前，这一制度的成功受到了持续攻击，因为追求短期利润和收益似乎与可持续性的长期目标不一致。由于对环境的破坏和一些健康风险，大规模集约耕作的挑战已经出现。换句话说，对环境可持续性和对食品安全的担忧，已经对工业化农业的地位提出了挑战(Lowe，1992)。

对工业农业的批判范围广泛而多样。有人认为：

> 工业化农业依靠农场外的昂贵投入(如杀虫剂和肥料)，其中许多投入产生了危害环境的废物；它使用了大量不可再生的化石燃料；趋向于生产集中，赶走小农场，破坏农村社区。
>
> (Horrigan et al.，2002：445)

以上内容总结了对工业化农业的双重打击。首先，有人指责这种做法危害了农业环境和工人健康(Arcury et al.，2002)，而且它建立在对地球资源的不可持续利用上，造成了环境恶化。例如，首先，工业化农业已经成功

地通过依靠单一栽培来提高产量，这将导致植物遗传多样性减少的不幸后果(Thrupp, 2000; 269 - 273)。其次，有人认为工业化农业的社会成本是不可接受的，因为它会滋生农村贫困，加剧社会不平等。一位评论家指责这个制度只关注经济方面的成功，而不关注生物或社会问题方面的问题(Brown, 2003: 238)。最后，有人批评工业化农业的某些做法给人类健康带来了附加成本，如被称为疯牛病的牛海绵状脑病(疯牛病)。

相反，批评家则认为有机农业是解决现代农业弊端和可持续发展的有效途径(Conford, 1992)。尽管目前可以断定有机方法在寻求可持续性方面已经受到破坏，但其并未侵蚀工业化农业，而它们对工业化农业的挑战则需要接受审查。在过去的十五年中，有机农业已经成为全球食品工业中最具活力和增长最快的部分，吸引了大量民众的兴趣和政府的参与。

长期以来，反对有机农业的观点之一是认为其无法满足人口不断增长的需求。然而，它的支持者最近提供了证据证明其能够养活世界人口(Badgley, 2007; Scialabba, 2007)。联合国贸易和发展会议/联合国环境规划署(UNCTAD/UNEP, 2008)的一项研究表明，有机农业在帮助非洲国家实现粮食安全方面发挥着重要作用，其增长与对可持续发展的承诺和寻求主导农业实践的替代方案有关。此外，它还与动物维权运动、对动物治疗的伦理关切以及食品安全问题有关。

但依靠有机农业并非没有问题。只要嵌套在资本主义生产体系中，有机农业就可能引发规模问题(Alroe et al., 2005)。例如，我们已经观察到，工业化农业受到批判的一部分大规模生产的许多特征也适用于有机农业的某些部分(Pollan, 2006)。与可持续性有关的关键问题也与“小农”和大公司之间的差异以及生产方式有关。

第四节 农业和粮食安全

农业是粮食安全辩论的焦点，它既是个人问题，也是国家问题。联合国粮农组织指出，“只有当所有人在任何时候都能够获得物质上和经济上的充足、安全和富有营养的食物以满足他们的饮食需要和食物偏好，从而获得积极健康的生活时，粮食安全才会存在”(FAO, 2002: 27)。从这个定义中可以看出，粮食安全包括四个关键组成部分。大多数定义的核心是没有饥饿和营养不良。世界粮食首脑会议于1996年讨论了粮食安全问题，并设定了到2015年将世界饥饿人口减少一半的目标。在其综合出版物《2009年世界粮食不安全状况》(FAO, 2009)中，粮农组织估计全世界共有十亿六千万营养不良的人口。粮农组织对粮食安全的定义的第二个组成部分是食品的安全性，因为足够不安全的数量会增加粮食的不安全性。第三个组成部分涉及食物的营养成分：没有营养的饱腹感并不有助于形成粮食安全。粮食安全的最后一个组成部分是指所消费食物的文化适宜性。简而言之，当一个人能“随时获得足够的食物以获得积极健康的生活”(美国农业部，2009)时，就可以实现粮食安全。从以上四个组成部分可以看出，农业是实现粮食安全所不可或缺的。因此，粮食安全在某种意义上与提高农业产量、促进环境可持续性和提高营养标准有关。一些国家政府、国际组织和私营部门大力推动粮食安全的一个办法是应用生物技术。

农业生物技术可以提供更强的粮食安全性，这与其对作物的革命性影响直接相关(Krimsky & Wrubel, 1996)。简而言之，生物技术在农业中的应用由称为“转基因”的过程组成，该过程改变了作物的遗传组成以产生人们所期望的结果，如创造对害虫、疾病和干旱具有抗性的作物。这种技术的广泛应用将对农业生产产生革命性的影响，因为转基因作物可以通过减少化肥、除草剂和杀虫剂的使用，而以较低的成本得到较高的产量。在提高产量和质量方面，使用传统培育方法使改善农业生产力受到限制，这使得农业生物技术成为一种有吸引力的解决方法。类似于20世纪60年代的绿色革命，农业生物技术是一种通过将科学应用于农业而超越传统方法的共同的国际尝试。具体而言，植物生物技术的使用可以促进植物的生长和发育。它可以加快繁殖过程，创造更健壮的作物以对抗自然的破坏。

农业生物技术的支持者认为，这种方法可以提高农业实践的效率，从而带来更高的产量，有利于环境可持续发展和粮食安全。它可以通过生产更多的食物来促进粮食安全(Serageldin, 1999)，还可以通过实现更高的产量和改善边际农地的使用来促进粮食安全(Victor & Runge, 2002)。换句话说，生物技术的益处创造了更可持续的耕作方式，提高了每英亩的产量，从而增加了世界粮食供应，并为粮食安全做出了直接贡献。

也有人认为，农业生物技术可以通过发展已经增强了营养的作物来促进粮食安全，并且已经试图培育符合这一目标的作物。到目前为止，最成功的是所谓的黄金大米——转基因大米中含有维生素A——有一些证据表明它有减轻维生素A缺乏的潜力(Stein et al., 2008; Zimmerman & Qaim, 2004)。

虽然支持者强调农业生物技术可以通过对土地、水和植物的影响带来潜在有益影响，但批评者仍认为这对环境有害，而且他们认为转基因解决方案比传统的耕作方法更昂贵。

批判农业生物技术的观点指出，采用这种技术的农民和社区会面临两大危险(Gonzalez, 2007)。首先，转基因生物技术可能会对生态系统产生负面影响。反对者强调，引入新物种会对自然栖息地造成潜在危害。据称，这会通过影响自然物种来破坏普遍的自然秩序，从而导致这些物种的减少和随后的生态系统退化。

批评者认为，新引进的植物和作物可能会主宰本地物种，因为它们就是专门为抵御自然发生的虫灾和威胁而生产出来的。这些新物种会通过改变生态系统的平衡来破坏土壤环境。批评者提出的第二个论点指出，转基因技术可能会造成严重的环境后果。换句话说，转基因作物会扩散，从而导致超级杂草难以控制。这种超级杂草将导致农作物产量下降、生物多样性丧失以及自然生态系统的破坏。

此外，人们对黄金大米是否对人体有益也争论不休。除了对食品安全、可获得性和经济承受能力的普遍关注之外，有人认为黄金大米本身不可能减少维生素 A 缺乏。一些研究人员认为，黄金大米虽然对消费者有益，但它只能起到补充作用(Dawe et al., 2002)。

农业生物技术的倡导者认为，批评者夸大了转基因作物对生态系统的潜在影响。由于转基因生物是现有生物的精细修饰形式，因而人们对其可能产生广泛的系统性损害的恐惧是错误的。而且，鉴于其使用的既定程序，在实施预防措施之前，对土壤的有害影响不可能不被发现。同样，有关超级杂草的说法也被驳回。虽然从驯化的转基因作物杂交到杂草与本土野生杂草亲缘的可能性仍然存在，但支持者断言这种事件发生的可能性非常低。此外，驯化的植物很少自然化，在自然生态系统中几乎不存在超级杂草。支持者认为，目前很难看出正在引入转基因生物的特性将如何改善其适应性，从而使这些植物对环境构成威胁。澳大利亚政府准备的权威性报告支持这些观点，其中总结道：

> 没有科学依据证明转基因植物和非转基因植物与病毒重组(怀疑新病毒的自然形成)的相关危害性质是不同的。携带病毒衍生序列的转基因植物与非转基因植物相比，只有前者中产生可存活重组的频率显著更高时，其风险才会增加。
>
> (CSIRO, 2002: 8)

第五节　农业食品安全和消费

如上所述，农业与环境之间的联系也与食品安全有关。本节将从农业生物技术的角度来讨论食品安全问题，因为这是一个值得关注的问题。食品安全是一个重要的公共卫生问题，可以清楚地传达给每个公民（Tansey & Worsley，1995）。我们吃的食物是否有助于维护我们的健康？食品安全问题的核心是独立的，但是与信任和风险问题相关。作为消费者，我们必须相信监管机构、农民、食品加工商、零售商以及所有参与食物链条（无论是熟食还是生食）的人。我们必须确保将导致疾病和死亡的污染风险降到最低。在阐述对食品安全的担忧时，农业生物技术的反对者援引了重要的关于文化、经济和政治敏感性的论述。

转基因食品供人食用是否安全？换句话说，消费转基因食品对人类的长期影响是什么？关于转基因食品的公众辩论往往是在没有冷静和充分准备的情况下进行的。下文列出了一些反对者和支持者提出的主要观点。

农业生物技术的批评者对转基因食品的安全性提出了担忧（Druker n.d.；Pusztai，2001）。他们认为，鉴于科学的不确定性，食品标准（制定）当局应该采用预防原则。与其让更多的转基因食品进入民众餐桌，还不如严格控制它们，直到有了关于安全性的确凿证据为止。安全性的中心论点涉及转基因食品的潜在致敏性、毒性以及细菌感染的可能性。批评者声称，创造新型毒物对人类健康有潜在的直接风险。遗传操作可能会导致现有蛋白质或毒理学活性成分的毒性更高，导致比人类在非转基因食品中遇到的毒素更多。转基因食品也有可能增加食物中天然存在的毒素水平。

那些担心转基因食品带来的潜在风险的人士指出，基因改造可能会增加自然产生的过敏原的水平，因此应该暂停基因改造，直到我们确信这些产品对人类和环境都是安全的为止。相关活动人士指出，现在有过敏症的人不得不考虑转基因食品的可用性，除非这些被明确标注出来，否则他们会采取唯一可能的预防措施，即避免食用。此外，这些人士认为，基因转移导致的过敏原转移所带来的潜在风险，可能会随着更多的食品接受基因转移而增加。批评人士担心，鉴于基因技术所衍生的食品的潜在致敏性难以预测，在主食中食用转基因食品可能导致对该转基因蛋白过敏反应的发生率提高。英国医学研究委员会对转基因食品和过敏原目前的大众认知状况非常担心，因此建议有必要进行进一步研究（Medical Research Council，2000）。

第三个健康问题是转基因食品中存在的基因可能会转移到消费者消化道中，并形成致病细菌，导致消费者对抗生素治疗有耐药性。虽然大部分被摄入的DNA和其他食物一样被消化系统消化，但一些研究表明基因太小的DNA进入了胃肠道的细胞中。

尽管转基因的反对者已经明确表示，消费这种食品有一系列风险，但他们的主张并非毫无争议。转基因监管的支持者认为，从来没有食品的来源是百分之百安全的。在这个意义上，寻求零风险是一个毫无意义的且转移人们注意力的行为。他们认为，关键的问题不在于转基因食品是否存在健康风险，而在于基因改造对已经存在的过敏原和毒素的影响。虽然不否认基因技术可能会对毒素造成影响，但支持者认为许多传统食品中都存在有毒物质，除非将其清除，否则将留在传统产品衍生的转基因食品中。从他们的角度来看，真正的问题是应用基因技术导致毒性的增加。有人认为，这是一个可以进行安全调节的问题(WHO，2005)。这不是应用预防原则去禁止食用转基因食品的理由，而应限制任何转基因产品的销售，因为基因技术的应用增加了食品中过敏原和毒素的水平。

此外，全球机制的支持者重申，传统食品本身即含有致敏蛋白质，会影响1%～2%的成人和6%～8%的儿童。不同的人对不同的食物过敏——如坚果、小麦和鱼——因人和过敏性质而异。因此，问题的要害不是食物中存在过敏原，而是基因转移对天然存在的过敏原的影响。如果可以证明转基因食品中自然产生的过敏原的水平已经超过了传统食品的自然范围，那么转基因食品应该被禁止。转基因食品的支持者虽然接受食品安全具有重要地位的论调，却认为转基因食品不安全的这种想法是多余的。例如，他们认为，迄今为止，并没有临床证据表明任何商业上可获得的转基因食物存在过敏原(美国疾病控制和预防中心，2001)，因此设置禁用期是不必要的。而且，英国皇家学会在2002年也得出结论：

> 目前，还没有证据表明转基因食品会引起过敏反应。转基因植物造成的过敏风险，原则上不高于传统衍生作物或从世界其他地区引进的植物造成的风险。
>
> (英国皇家学会，2002：3)

在细菌感染问题上，支持转基因食品许可并反对设置禁用期的科学家得出的结论是，尽管研究显示食物中存在的DNA可以转移到哺乳动物的细胞中，但其生物学影响可能很低。澳大利亚和新西兰的食品监管机构指出："目前在转基因食品中存在的大多数抗生素抗性基因对人类使用抗生素的总体威胁实际上是零。"(Odgers, 2000: 10)英国皇家学会的上述报告得出了这样一个结论："鉴于各种来源的DNA消费历史非常悠久，我们得出这样的结论，这种消费对人类健康没有显著的危害，而且额外摄入的转基因DNA对人类健康也没有影响。"(Royal Society, 2002: 3)

第六节　全球农业治理

没有一个全球治理机构将农业和环境问题联系起来。管理农业问题的主要组织是1945年成立的联合国粮农组织(FAO)。作为联合国的一个专门机构，粮农组织是第一个负责农业政策国际协调的主要国际组织，另外还有11个政府间组织在明确或含蓄地协调与农业和农业资源有关的国际合作。如表11-1所示，农业治理包括农业投入(如土地利用、植物多样性和农药)和农业产出(包括国际贸易、食品安全和粮食安全)。

表11-1　国际协定和农业治理

机构/协议	农业治理方面
联合国粮食及农业组织(粮农组织)	一个论坛和专家咨询组织，旨在改善农业、林业和渔业的治理方法，纳入环境管理和农村发展
《生物多样性公约》/《卡塔赫纳生物安全议定书》	旨在保护生物多样性
全球环境基金	协助适应气候变化，包括水、可持续农业、粮食安全和土地利用、促进生物多样性
《国际新植物保护公约》	旨在保护具有知识产权的植物品种，同时鼓励新品种的发展以及创造出能够适应气候/环境变化的新品种
国际农业发展基金会	资助主要依靠农业(生存及发展)的农村贫困地区的农业发展项目
《国际植物保护公约》	旨在防止有害生物在植物中的传播，并推广防治害虫的措施
《粮食和农业植物遗传资源国际条约》	旨在保护、保存与扩大粮食和农业的植物多样性，包括利用植物多样性对冲不可预测的环境变化

续　表

机构/协议	农业治理方面
《关于在国际贸易中对某些危险化学品和农药采用事先知情同意程序的鹿特丹公约》	涉及农药和工业化学品的国际贸易和信息共享，包括一些农业应用
《联合国气候变化框架公约》/《京都议定书》	根据气候变化促进可持续农业发展和通过农业适应技术缓解气候变化
世界粮食计划署	主要目的是防止饥饿和提供粮食援助
世界贸易组织《农业协定》	旨在限制农业贸易壁垒，开放农业市场准入
世界贸易组织《卫生和植物检疫措施实施协议》	关注食品安全和动植物卫生标准

不同文献对全球农业治理的主题采用了不同的分析方法。本部分将探讨三种不同的观点。首先是作为职能合作的治理。这一角度关注国际组织在帮助国家解决集体行动问题上的作用(Macer et al., 2003)。因此对粮农组织的审查应将重点放在该组织的起源和主要职能上(Shaw, 2007: 3-11)。粮农组织是因认识到第二次世界大战对农业生产、贸易和分配的破坏而成立的。由于生产化肥、农药和农业机械的工厂被用于战争，农业生产受到严重限制，粮农组织的成立是对这场危机的一种功能性应对方式。正如其宪法序言所指出的那样，该组织的目标是确保人类免于饥饿。为此，它具有通过研究创造和传播知识、保护自然资源、改善农产品加工、销售和分配等重要功能。

世界银行在《2005年世界发展报告》(World Bank, 2004)中阐述了一个不同的解决问题的观点。农业治理明确地与旨在解决贫困的更广泛的治理议程挂钩。因此，粮农组织的治理功能是针对所有国家的；而在世界银行的讨论中，它是针对那些缺乏适当的自我管理能力的国家(即发展中国家)的活动。全球农业治理将秉持"公平贸易规则，保护遗传资源，控制流行病传播和管理气候变化"，这一愿景由各机构进行支持。其核心是在国内建立良好的管理理念。

希金斯和劳伦斯(Higgins & Lawrence, 2005)反对解决问题的功能性方法，他们将全球农业治理视为对全球化的政治反应。他们认为，国家制度已经被包含着准政府当局、私人组织、非政府组织和地区组织在内的混合行为体所取代。公共和私人监管的结合有效地促进了支持新自由主义全球化的治理私有化。因此，农业治理是对全球化的具体的政治回应。这种侧重于治理的方法是对食品安全和可持续性等新问题的回应，同时也产生了新的非统计形式的监管。

结　论

本章讨论了与当前农业和环境可持续性辩论有关的一些问题。农业和农业食品系统是许多争议的焦点，其中包括农业贸易自由化的好处、工业化农业的可持续性、转基因食品的安全性、世界性饥饿的斗争问题以及治理安排的范围。本书第一部分讨论的关键问题适用于本章的案例研究，包括可持续发展、贸易和环境保护下的政治经济、与正义有关的问题、消费政治以及国际组织的作用。

推荐阅读

McMichael, P. (ed.) (1994) *The Global Restructuring of Agro-Food Systems*, Ithaca, NY: Cornell University Press.

Pollan, M. (2006) *The Omnivore's Dilemma: A Natural History of Four Meals*, New York: Penguin.

Shaw, D. J. (2007) *World Food Security: A History since 1945*, Basingstoke: Palgrave Macmillan.

Weiss, T. (2007) *The Global Food Economy: The Battle for the Future of Farming*, London: Zed Books.

参考文献

Alrøe, H. F., Byrne, J., and Glover, L. (2005) "Organic agriculture and ecological justice: ethics and practice," in N. Halberg, H. F. Alrøe, M. T. Knudsen and E. S. Kristensen (eds), *Global Development of Organic Agriculture: Challenges and Promises*, Wallingford: CAB International, pp. 75–112.

Anderson, K., and Martin, W. (eds) (2005) *Agricultural Trade Reform and the Doha Development Agenda*, Washington, DC: World Bank.

Arcury, T. A, Quandt, S. A., and Russell, G. B. (2002) "Pesticide safety among farmworkers: perceived risk and perceived control as factors reflecting environmental justice," *Environmental Health Perspectives*, 110(2): 233–9.

Badgley, C. (2007) "Organic agriculture and the global food supply," *Renewable Agriculture and Food Systems*, 22(2): 86–108.

Brack, D. (ed.) (1998) *Trade and the Environment: Conflict or Compatibility?* London: Earthscan/RIIA.

Brown, A. D. (2003) *Feed or Feedback: Agriculture, Population Dynamics and the State of the Planet*, Utrecht: International Books.

Bureau, J.-C., Jean, S., and Matthews, A. (2005) *The Consequences of Agricultural Trade Liberalization for Developing Countries: Distinguishing between Genuine Benefits and False Hopes*, Working Paper 5, Paris: CEPII.

Centers for Disease Control and Prevention (2001) *Investigation of Human Health Effects associated with Potential Exposure to Genetically Modified Corn: A Report to the US Food and Drug Administration from the Centers for Disease Control and Prevention*, available: www.cdc.gov/ncen/

ehhe/Cry9cReport/complete.htm.

Colyer, D. (2003) "Agriculture and environmental issues in free trade agreements," *Estey Centre Journal of International Law and Trade Policy*, 4(2): 123–43.

Conford, P. (ed.) (1992) *A Future for the Land: Organic Practice from a Global Perspective*, Bideford, Devon: Green Books.

CSIRO (Commonwealth Scientific and Industrial Research Organization)(2002) *Environmental Risks associated with Viral Recombination in Virus Resistant Transgenic Plants: Final Report*, Canberra: CSIRO.

Dawe, D., Robertson, R., and Unnevehr, L. (2002) "Golden rice: what role could it play in alleviation of vitamin A deficiency?," *Food Policy*, 27: 541–60.

Díaz-Bonilla, E., Robinson, S., Thomas, M., and Yanoma, Y. (2002) *WTO, Agriculture, and Developing Countries: A Survey of Issues*, Washington, DC: International Food Policy Research Institute.

Dragun, A. K., and Tisdell, C. A. (1999) *Sustainable Agriculture and Environment: Globalisation and the Impact of Trade Liberalisation*, Cheltenham: Edward Elgar.

Druker, S. M. (n.d.) "Why concerns about health risks of genetically modified food are scientifically justified," available: www.biointegrity.org/health-risks/health-risks-ge-foods.htm.

FAO (Food and Agriculture Organization) (2002) *The State of Food Insecurity in the World 2001*, Rome: FAO.

—— (2009) *The State of Food Insecurity in the World 2009*, Rome: FAO.

Gonzalez, C. G. (2006) "Markets, monocultures, and malnutrition: agricultural trade policy through an environmental justice lens," *Michigan State Journal of International* Law, 14: 345–82.

—— (2007) "Genetically modified organisms and justice: the international environmental justice implications of biotechnology," *Georgetown International Environmental Law Review*, 19(4): 583–642.

Gregory, P. J., Ingram, J. S. I., and Brklacich, M. (2005) "Climate change and food security," *Philosophical Transactions of the Royal Society: Biological Sciences*, 360: 2139–48.

Hall, C., McVittie, A., and Moran, D. (2004) "What does the public want from agriculture and the countryside? A review of evidence and methods," *Journal of Rural Studies*, 20: 211–25.

Higgins, V., and Lawrence, G. (eds) (2005) *Agricultural Governance: Globalization and the New Politics of Regulation*, London and New York: Routledge.

Horrigan, L., Lawrence, R. S., and Walker, P. (2002) "How sustainable agriculture can address the environmental and human health harms of industrial agriculture," *Environmental Health Perspectives*, 110(5): 445–56.

Hyytiä, N., and Kola, J. (2005) *Citizens' Attitudes towards Multifunctional Agriculture,* Discussion Paper no. 8, University of Helsinki, Department of Economics and Management.

Krimsky, S., and Wrubel, R. (1996) *Agricultural Biotechnology and the Environment: Science, Policy and Social Issues*, Urbana and Chicago: University of Illinois Press.

Lehman, H., Clark, E. A., and Weise, S. F. (1993) "Clarifying the definition of sustainable agriculture," *Journal of Agricultural and Environmental Ethics*, 6: 127–43.

Lowe, P. (1992) "Industrial agriculture and environmental regulation: a new agenda for rural sociology," *Sociologia Ruralis*, 32(1): 4–18.

Macer, D. R. J., Bhardwaj, M., Maekawa, F., and Niimura, Y. (2003) "Ethical opportunities in global agriculture, fisheries, and forestry: the role for FAO" *Journal of Agricultural and Environmental Ethics*, 16: 479–504.

McMichael, P. (ed.) (1994) *The Global Restructuring of Agro-Food Systems*, Ithaca, NY: Cornell University Press.

Medical Research Council (2000) *Report of a Medical Research Council Expert Group into the Potential Health Effects of Genetically Modified (GM) Foods*, London: Medical Research Council.

Neumayer, E. (2004) "The WTO and the environment: its past record is better than critics believe, but the future outlook is bleak," *Global Environmental Politics*, 4(3): 1–8.

Odgers, W. (2000) *GM Foods and the Consumer*, Canberra and Wellington: Australia New Zealand Food Authority.

Otero, G. (ed.) (2008) *Food for the Few: Neoliberalism and Biotechnology in Latin America*, Austin:

University of Texas Press.
Pérez, M., Schlesinger, S., and Wise, T. A. (2008) *The Promise and the Perils of Agricultural Trade Liberalization: Lessons from Latin America*, Medford, MA: Global Development and Environment Institute, Tufts University. Available: www.ase.tufts.edu/gdae/Pubs/rp/AgricWGReportJuly08.pdf.
Pollan, M. (2006) *The Omnivore's Dilemma: A Natural History of Four Meals*, New York: Penguin.
Pusztai, A. (2001) "Genetically modified foods: are they a risk to human/animal health?," ActionBioscience, June. Available: www.actionbioscience.org/biotech/pusztai.html.
Roberts, P. (2008) *The End of Food*, Boston: Houghton Mifflin.
Royal Society (2002) *Genetically Modified Plants for Food Use and Human Health – An Update*, London: Royal Society.
Scialabba, N. E.-H. (2007) *Organic Agriculture and Food Security*, Rome: FAO.
Serageldin, I. (1999) "From green revolution to gene revolution," *Economic Perspectives: An Electronic Journal of the US Department of State*, 4(2): 17–19.
Sharma, D. (2005) *Trade Liberalization in Agriculture: Lessons from the First 10 Years of the WTO*, Brussels: APPRODEV.
Shaw, D. J. (2007) *World Food Security: A History since 1945*, Basingstoke: Palgrave Macmillan.
Soule, J., Carré, D., and Jackson, W. (1990) "Ecological impact of modern agriculture," in R. C. Carroll, J. H. Vandermeer, and P. M. Rosset (eds), *Agroecology*, New York: McGraw-Hill, pp. 165–88.
Stein, A. J., Sachdev, H. P. S., and Qaim, M. (2008) "Genetic engineering for the poor: golden rice and public health in India," *World Development*, 36(1): 144–58.
Tansey, G., and Worsley, T. (1995) *The Food System: A Guide*, London: Earthscan.
Thompson, J., and Scoones, I. (2009) "Addressing the dynamics of agri-food systems: an emerging agenda for social science research," *Environmental Science & Policy*, 12(4): 386–97.
Thrupp, L. A. (2000) "Linking agricultural biodiversity and food security: the valuable role of agro-biodiversity for sustainable agriculture," *International Affairs*, 76(2): 265–81.
UNCTAD/UNEP (2008) *Organic Agriculture and Food Security in Africa*, New York and Geneva: United Nations.
US Department of Agriculture (2009) *Food Security in the United States: Measuring Household Food Security*, available: www.ers.usda.gov/Briefing/FoodSecurity/measurement.htm.
Verbeke, W., Pérez-Cueto, F. J. A., de Barcellos, M. D., Krystallis, A., and Grunert, K. G. (2010) "European citizen and consumer attitudes and preferences regarding beef and pork," *Meat Science*, 84: 284–92.
Victor, D. G., and Runge, C. F. (2002) *Sustaining a Revolution: A Policy Strategy for Crop Engineering*, New York: Council on Foreign Relations.
WCED (World Commission on Environment and Development) (1987) *Our Common Future*, Oxford: Oxford University Press [Brundtland Report].
WHO (2005) *Modern Food Biotechnology, Human Health and Development: An Evidence-Based Study*, Geneva: WHO.
Williams, M. (2001) "Trade and environment in the world trading system: a decade of stalemate?," *Global Environmental Politics*, 1(4): 1–10.
Wilson, J. S. (2002) *Liberalizing Trade in Agriculture: Developing Countries in Asia and the Post-Doha Agenda*, Policy Research Working Paper 2804, Washington, DC: World Bank.
World Bank (2004) *World Development Report 2005: A Better Invesment Climate for Everyone*, Washington, DC: World Bank.
—— (2007) *World Development Report 2008: Agriculture for Development*, Washington, DC: World Bank.
WTO (1994) *Final Act of the Uruguay Round: Agreement on Agriculture*, available: www.wto.org/english/docs_e/legal_e/ursum_e.htm#aAgreement.
—— (2001) Ministerial Declaration: Adopted 14 November 2001, WT/MIN(01)/DEC/1, Doha, 20 November. Available: www.wto.org/english/thewto_e/minist_e/min01_e/mindecl_e.htm.
Zimmermann, R., and Qaim, M. (2004) "Potential health benefits of golden rice: a Philippine case study," *Food Policy*, 29: 147–68.

第十二章　持久性有机污染物和农药

Peter Hough

引　　言

过去三十年来，出现了许多为农药和其他化学污染物的全球监管做出贡献的国际制度。这些发展证明了压力群体和知识群体在强调危险化学品的环境污染影响方面做出了卓有成效的工作，这些制度也帮助我们缓解了危险化学品的环境污染影响。然而，这与 20 世纪 60 年代北美和西欧国内农药立法出现的生态中心限制不同：这些制度是可以实现的，因为它们也满足了以人为中心的价值观，而且在全球范围内享有更高的优先地位。人类健康、经济价值，以及动植物环境的保护已经受到威胁。至关重要的是，跨国公司已经开始支持世界范围内的监管，并将其当作一种规避变量的、有时更严格的限制化工生产和贸易的国内手段，因而很难达成(新的)共识，也很难迈出采取全球治理的第一步。

第一节　你的毒药是什么？农药、持久性有机污染物及其对环境的影响

术语“杀虫剂”是指用于控制由人类定义的害虫的所有物质。这种害虫包括昆虫(因此被称为杀虫剂)、杂草(除草剂)以及真菌(杀真菌剂)。杀虫剂也可能以不杀死害虫的方式使用。该术语还包括用于去除树叶和植物叶子的脱叶剂、植物生长调节剂以及驱除某些地方的昆虫(如驱蚊剂)或将其从农作物中吸走(如通过使用信息素)的物质。由植物提取物如尼古丁衍生而来的天然农药，以及由砷等矿物质衍生而来的无机农药已经在农业中使用了很多个世纪，而且它们可能是使人类和动植物中毒的原因。但是过去

七十年来，有机害虫杀虫剂在工业化农业和公共卫生运动中的使用更为普遍，对环境和人类健康也具有重大影响。

有机农药起源于第二次世界大战。1939 年，瑞士化学家保罗・穆勒(Paul Muller)博士发现了最原始且最臭名昭著的杀虫剂——双对氯苯基三氯乙烷(DDT)——的杀虫特性，并迅速获得了专利。很快，一系列其他氯基化合物——有机氯——就被发现具有相似的性质，使得如六氯化苯(BHC)、艾氏剂和狄氏剂等杀虫剂纷纷进入市场。德国科学家格哈德・施克拉德(Gerhard Schrader)博士指出，有机农药的第二个分支——基于磷酸盐的"有机磷"化合物——是战时有毒气体研究的副产品。战后，施克拉德把他的研究成果与盟国共享，揭示了这些化合物潜在的杀虫功能。对硫磷是第一种投入市场的杀虫剂，马拉硫磷等其他杀虫剂也很快出现。随后开发的有机农药的其他分支还包括氨基甲酸酯(由氨基甲酸衍生而来)，如涕灭威和苯氧基乙酸(苯酚)。

最近几十年来，以工业目的发明的对环境最有害的有机农药和一些其他有机化合物被称为持久性有机污染物(POPs)。联合国环境规划署将其定义为："环境中存在的化学物质，通过食物链生物积累，对人类健康和环境造成不利影响。"(UNEP, 2009)

一方面，自 20 世纪 40 年代左右 DDT 推出以来，有机化学农药的扩散在世界范围内产生了深远的社会、环境和政治影响。作为七十年"绿色革命"的一部分，它的使用无疑有助于提高作物产量，并且还协助人类抗击昆虫传播导致的疾病，特别是大大减小了疟疾造成的巨大死亡规模。

另一方面，农药也以各种有害的方式影响着人类和其他生命形式：喷洒化学物质的现场工作人员中毒；食物受到污染；生产和运输过程中意外释放化学物质造成数千人死亡；很多动植物、水和大气被污染。每年大约有 22 万人死于急性农药中毒，其中不包括因癌症和其他长期疾病[①]而更难以量化的死亡人数(Hart & Pimentel, 2002)。98%的杀虫剂和 95%的除草剂通过喷洒并不会达到这种效果，但是它们会污染空气、水和土壤，造成各种环境后果。那些到达预定目的地的杀虫剂，进入食物链并被其他生物摄取时，最终可能杀死更多的目标。美国对化学品使用的限制是世界上最严格的。据估计，每年有 600 万～1 400 万条鱼和约 5%的蜜蜂种群因接触到农药而丧命(Pimentel, 2005)。在全球范围内，从证实杀虫剂对环境产生影

① 值得注意的是，还有因自杀而造成的死亡。

响的数据中可以粗略地预见其造成的严重后果，但是某些记录在案的案例却暗示了其危害的程度。例如，法医分析已经证明，1995 年至 2006 年夏季，由于捕食了(体内含有)新进口的有机磷杀虫剂——久效磷——的毛虫，阿根廷至少有4 000只斯温森鹰死亡(Goldstein，1999)。在肯尼亚，已有数百头狮子和秃鹫在 2004 年至 2009 年因摄入一种被称为虫螨威的氨基甲酸酯杀虫剂(被认为是持久性有机污染物)而遇害。呋喃丹产品完全被禁止在欧盟国家使用，在美国也同样受到高度限制，目的是保护玉米和其他作物，但其毒性对其他动物物种来说也是致命的。据了解，养牛的牧民曾经使用这种物质在动物尸体上画上“花边”，并以它们为陷阱来诱捕哺乳动物猎物(Howden，2009)。

除了化学品意外错过预定目标造成的这种“间接损害”或者以没有预定目标的方式故意使用化学品，持久性有机污染物的化学特性意味着它们可能远离了已经存在的应用领域。由于它们分解缓慢并多储存于脂肪中，因此它们最终可能沉积在离使用地点数千千米的动物身上。在一种被称为“蚱蜢效应”的现象中，像 DDT 和克百威这样的化学物质在温暖的气候中蒸发之后，可能会在大气或水中以一系列“啤酒花”的形式蒸发和沉积，然后在远离施用地点的食物链中堆积起来。因此，处于北极食物链顶部的北极熊也已经被持久性有机污染物污染了(Tenenbaum，2004)。

第二节 农药政治的出现

20 世纪 40 年代末到 60 年代，农药的生产和使用日益频繁，粮食产量猛增，许多热带病得到控制，但政治生态的兴起带来了诸多副作用。在许多方面，农药引起的环境污染是在国际政治议程中出现整个环境变化问题领域的催化剂。美国海洋生物学家雷切尔·卡森(Rachel Carson)于 1962 年发表了《寂静的春天》(*Silent Spring*)一书，虽然这本书的科学真实性遭到公然攻击，但却被公认为有助于推动环境政治的起飞。这本书的书名暗示了一种未来世界，在这个世界里，人们再也听不到鸟鸣，因为书中表明有机氯的使用对鸟的蛋壳有害。正是这种以生态为中心的信息引起了人们的强烈反应。在美国和西方大部分地区，拯救生命的技术毫无疑问是有利可图的，尽管这本书也突出了与有机氯农药使用有关的人类健康危害(Carson，1962)。美国在越战期间对有争议的丛林落叶剂橙剂(除草剂 2,4,5 - T 的商品名）的喷洒也增加了人们对农药的担忧。那时，化学品的使用甚至进入了“高级政治”的世界。在1972年联合国人类环境斯德哥尔摩会议上，时任瑞典首相的奥洛夫·帕尔梅（Olaf Palme）谴责了橙剂代理商的申请，称其为“生态灭绝”，引起了瑞典与美国的外交争端。与其他环境问题一样，20世纪60年代和70年代初期，国际上有关农药生产、贸易和使用的全部领域从相对不受质疑和预示的技术发展转变为高度政治化的问题。

自20世纪60年代以来，有机氯杀虫剂对野生动物的影响日益受到关注，这促使大多数发达国家禁止或严格限制使用DDT、狄氏剂和其他臭名昭著的化学品。美国政府于1969年颁布法案以限制DDT的使用，并于1972年将其完全取缔。杀虫剂在发达国家的国内政治舞台上不断引起一定的政治争议，这些国家逐步淘汰了致癌和造成污染最严重的化学品，并用毒性较小的配方替代。它们建立了严格的消费者标准和健康与安全法规，使人们大大减少了对环境和健康的担忧。在这些国家的法律变化中，出现了一些值得人们注意的环境效益，如自20世纪70年代以来，英国的雀鹰在其几乎要灭绝之后终于“归巢”。然而，正如前面提到的美国的情况那样，野生动物仍然处于农药的严重威胁中。

自20世纪60年代以来，农药使用、生产和贸易的跨国问题就成了社会、环境和政治意义最大的领域。被广泛称为“绿色革命”时期的20世纪60年代到70年代，西方农业科技被引入发展中国家，开辟了大量的农药南向贸易。在发达国家使用的许多化学品已经继续向全球南方市场销售，在那里，监管标准往往比较宽松。前面提到的阿根廷使用的久效磷是从美国进口的，但被禁止在美国使用。北方的卫生和环保组织对其农产品进行了更严格的审查。许多农用化学品公司的应对方式是将其产品重新定向到限制较少的市场，这些市场正是第三章所述的“工业飞行”和“种族底线”的那些国家。

在20世纪60年代后期和70年代，化学品首先在一些发达国家受到法律限制，主要是因为它们对鸟类和其他野生动物的（危害）效应已经被记录在案，但这本身并没有为制定全球规则提供充分的基础。农药治理中出现了全球性制度，只有在既定的贸易标准统一之后，既有的工业和政府才会在制度监管方面拥有一些优势。

1984年的博帕尔灾难是一项运动的催化剂。这项运动涉及众多的环境和消费者活动家，旨在规范全球农药的生产、贸易和使用。它由两年前成立的全球压力小组农药行动网络（PAN）牵头。世界上有史以来最严重的工业事故发生在美国的跨国公司联合碳化物公司拥有的印度化工厂。用于生产氨基甲酸酯类杀虫剂甲硫氨酸的 40 吨高毒性化学品甲基异氰酸酯(MIC)被意外释放,短期内造成 2 500 多人死亡,并在接下来的几年中通过长期的健康影响和出生缺陷造成数千人死亡。这次灾难凸显了人们对农药毒性的担忧,其严重性超出了以前发生的无数次小规模灾害。博帕尔灾难还为农药行业揭示了一个清晰的国际政治经济学问题,因为该厂的安全标准远远低于该公司在弗吉尼亚州本土所允许的标准。

最为关键的是,全球北方的自我利益和同情心开始倾向于在 20 世纪 80 年代和 90 年代加强对农药贸易的国际监管,因为各国政府发现国内立法不足以保护公民。在全球南方市场上有利可图地喷洒的农药,可能通过从这些国家进口食品返回给北美的消费者,或者由于蚱蜢的影响而导致长期的大气污染。此外,为了在博帕尔灾难之后提高自己的声誉,化工企业看到了制定全球标准的成本要低于国内对其行业的进一步法律限制,这从长远来看甚至可能是有利的。因此,农药政治领域的强大参与者——化学公司和北方政府——逐渐被说服,承认需要对其进行监管,这为 20 世纪 90 年代国际法的发展铺平了道路。

当前有关农药和持久性有机污染物的全球管理主要集中在四个方面:监管贸易食品中允许残留化学品的数量,监管某些农药的出口,禁止最有毒的化学品的使用和生产,以及将特定农药设定为臭氧制度的一部分。

第三节　贸易食品中的农药残留

全球杀虫剂政策的起源可以追溯到 1963 年,当时粮农组织(FAO)和世界卫生组织(WHO,以下简称“世卫组织”)共同建立了一个旨在“保护消费者健康并确保公平”(CAC, 1989: 31)的食品法典委员会(以下简称“食典委”),它是粮农组织和世卫组织食品标准计划的执行机构,它设立了一个农药残留法典委员会(CCPR),该委员会为贸易食品的建议最高农药残留水平制定了全球标准,而起初设定为不高于自愿准则。

长期以来,环境和消费者组织一直认为,人们对食品法典标准了解更多的是两个既定目标中的后一个,食品法典标准并不能只按保证消费者的安全(来执行),因为农药残留法典委员会的判断并不公正。这一机构的主要目的是协调国家食品标准达到商定的最低限度，以促进国际贸易。食典委的成员资格向粮农组织和世卫组织的所有成员国或准成员国开放，可以以多数票为基础对食品质量问题标准草案进行通过表决。由于世界卫生组织的责任范围更为广泛，农药残留法典委员会与粮农组织的关系一直比与世卫组织更近。并且，由于受到与食品工业有关的跨国公司的过度影响，农药残留法典委员会还受到了与食典委类似的批评（Avery et al., 1993）。的确，在 2007 年 7 月举行的第三十九次农药残留法典委员会会议上，有 23 个被列为与会者的“国际非政府组织”就是商业代表（CAC, 2007）。

由于世贸组织的成立以及法典技术标准突然提高到准国际法的高度，这也加剧了对企业影响力过大的担忧。1995 年，世贸组织“应用卫生和植物检疫措施和技术性贸易壁垒协定”引用食典标准，并将其当作确定成员国是否将国家食品标准作为自由贸易不公平障碍的基准。但是，上述担忧并没有发生。全球北方的食品仍然按照国家农药残留标准继续生产，因为在公民社会和媒体上活跃的民主国家若要降低消费者安全标准，其在政治上是不可行的。

国际农药法典标准虽然不如许多发达国家的国内标准那么严格，但现在几乎足以防止对人类健康造成重大风险。尽管企业的影响力很大，但农药残留法典委员会的标准是比照世卫组织和粮农组织关于农药残留问题联席会议（JMPR）的成果制定的。JMPR 是一个备受尊重的世界卫生组织和粮农组织论坛，没有任何来自商业企业的代表。粮农组织在 JMPR 中对食品中可接受的残留限量的建议虽然不如某些国家的国内标准那么严格，但它们在预防原则方面却非常突出，其限值标准远低于已知对健康有害的标准。

与许多其他环境和健康问题一样，在 1992 年联合国环境与发展大会上，各国政府在促使预防原则合法化的同时，也在其适当性方面有了一些突破。这一点在 2001 年最为显著，当时美国代表团在法典总原则委员会第十六届会议上带头抗议在法典标准中进一步使用该原则，美国代表团争辩说这将是一个“非科学的”贸易壁垒。自那时以来，美国政府和全球化学工业界的代表们一直专注于商讨全球统一法典中的最大残留限量（MRLs），但迄今为止，各国仍有权修改自己的最大残留限量——以使其有更多的预防性。法典对农药残留限制最有影响力的地方，是为缺乏自主确定最大残留限量能力的发展中国家提供一个标准。因此，尽管它们并没有在贸易食品中的农药残留方面达到某个统一标准，但广泛的企业游说和世贸组织的合作反而使它们平稳起来，并在世界各地增强了公共安全。预防原则迄今为止一直存在。目前，农药残留制度代表着“私贩和浸信联盟”[①]（Yandle，1983），其规则是从一个承诺维护人类健康和工业经济利益的认知社会出现的原则发展而来的。

第四节　甲基溴制度

一个不受环境变化驱动的全球农药政策规范是一个例外的存在，即自20世纪90年代初以来的管理向大气中排放土壤熏蒸剂甲基溴的制度。甲基溴广泛用于西红柿和草莓的种植，特别是在美国，这种应用更加广泛。多年来，人们对甲基溴的环境影响表示关注（荷兰政府于1992年逐步停止其使用），直到人们意识到这种化学物质对人类生命构成了威胁，它才受到国际管制。甲基溴是一种会严重消耗臭氧层的物质，1992年11月，关于其使用和生产的全球协议在哥本哈根达成，作为《关于消耗臭氧层物质的蒙特利尔议定书》的一部分，它的重点条约是处理臭氧耗竭。

哥本哈根会议决定，从1995年开始，甲基溴的生产和消费应该保持在1991年的水平。而在1997年9月，第九次《蒙特利尔议定书》缔约方会议就160个国家的政府制定了完全淘汰甲基溴的时间表。根据联合国环发会议商定的“共同但有区别的责任”原则，发达国家同意在经过一系列中间削减过程后于2005年停止使用该化学品，而发展中国家是在2002年保持一定的水平后于2015年淘汰。然而，与环境和人道主义全球治理的其他领域一样，美国在小布什政府的监督下似乎完全停止了对甲基溴的使用；但自2005年以来，美国对协议中的“关键用途豁免”条款的使用远远超过预期。考虑到替代土壤熏蒸剂的成本，加利福尼亚州的草莓行业向美国代表团艰难地游说，辩称以前商定的替代方案不适合西海岸的气候——这激怒了大多数其他《蒙特利尔议定书》的缔约方（Gareau，2008）。因此，在美国和其他11个国家，甲基溴继续得以使用。淘汰甲基溴的全球工作仍在进行，尽管比原先设想的要困难和缓慢。

---

① 这个术语源于美国禁酒的日子，当时教会和黑市都以不同的方式使禁酒令获得通过。

第五节　化学品交易的事先知情同意

1998 年生效的《关于在国际贸易中对某些危险化学品和农药采用事先知情同意程序的鹿特丹公约》(以下简称《鹿特丹公约》)可能是化学污染物全球治理最重要的发展。这项公约规定了具有法律约束力的承诺，限制政府企图通过事先知情同意(PIC)程序出口本国禁用的化学品。事先知情同意化学品制度就是私营治理(见本书第三章)如何成为更严格的以消费者为中心的监管基础的一个例子。《鹿特丹公约》对粮农组织 1986 年《国际农药供销与使用行为守则》第 9 条具有法律约束力，该守则是一套自愿的农药处理和运输安全标准。

事先知情同意最初受到了公司权力的抵制，但最终却能够克服这种既得利益。在英国和美国的强烈劝说下，尽管事先知情同意原则出现在八个草案中的七个草案中，但是在 1985 年批准《粮农组织法典》之前，第 9 条中的相关 PIC 条款被撤销了，限制了其贸易的前景。没有任何一个国家的代表团要求删除事先知情同意的条款，而有 30 个国家对撤销这一规定表示抗议，但似乎秘密的压力使参与会议的代表们相信：如果不接受对第 9 条的妥协，整个守则都将面临风险(Hough，1998：113－120)。在农药行动网(PAN)的领导下，一场无视 1985 年批准原则的游说将事先知情同意重新纳入《粮农组织法典》第 9 条。荷兰成为第一个在 1985 年正式将事先知情同意纳入国内立法的国家，最终欧洲共同体在 20 世纪 90 年代将包括事先知情同意在内的整个粮农组织行为准则纳入欧洲法律[1]。

事先知情同意原则，作为有约束力的国际规则，最终在 20 世纪 90 年代初得到了农业化学工业的支持。农业化学工业的全球政治喉舌——国际农业化学联合会(GIFAP)——在其 1991 年的年度报告中宣布，其 1992 年的目标之一是“继续与粮农组织/环境署合作，执行事先知情同意”(GIFAP，1991：11)。“事先知情同意”出现这种明显的 U 型转折似乎是出于对替代品的恐惧，比如彻底禁止某些农药的出口。美国于 1991 年 2 月起草的农药出口管制条例草案引起了农业化工行业的恐慌，促使国际农业化学联合会采取了批评该法案的非凡步骤，理由是它违反了粮农组织的行为守则。国际农业化学联合会强烈反对道：

---

① EC 指令 EEC2455/92。

> 一个主要的问题是……美国出现了一个关于农药出口管制的法案草案，与《粮农组织法典》中的事先知情同意很不一样，该草案是以出口管制而不是以进口管制为导向的。
>
> (GIFAP，1991：13)

国际农业化学联合会在这里看到了一个机会，应确保所出现的所有化学品贸易法规只会依据进口限制而不是出口限制。在美国国会所讨论的事先知情同意和出口限制之间，化学工业选择了接受这一原则，因为在追求自由贸易的主要目标方面，事先知情同意是两害之中的较小者。因此，国际社会通过"私贩和浸信联盟"形成了一个农药制度，行动者同意以不同价值的名义实施规范：维护人类健康和达至经济回报最大化——前者是主要目的。

《鹿特丹公约》规定，出口受本国法律限制的任何化学品的缔约方应将决策指导文件(DGD)送交进口当局，并详细说明此种限制的依据。该过程还应包括 DGD 自动分发给公约附件三所列化学品的所有各方。化学品审查委员会(CRC)审议缔约方提交的关于在自动触发的事先知情同意清单中列入新化学品的提案。到 2008 年，包括 28 种农药在内的 39 种化学物质被列入附件三。CRC 认可所提供证据的可靠性以及与所使用数量相比的报告效果的重要性，查明是否有任何已报告的不良影响可以通过适当应用化学品来遏制。秘书处除了从政府那里收到报告之外，还能从非政府组织处收到报告。这种做法是在农药行动联盟的压力和自愿计划下形成的，它强调发展中国家可能会因使用某些特有药品引发特有的健康问题。有争议的问题是，如果发生冲突，世贸组织规定的自由贸易条款是否可以超越"公约"的规则。而这正是美国政府所支持的。取而代之的是，一些政府允许在序言中列入一项声明，即公约不会"损害在其他国际论坛和谈判中处理与环境和贸易有关的问题的各自立场"。有人反对在谈判中加入"环境"一词，但他们最终认为，事先知情同意将扩大到所有"在使用条件下经单次或多次暴露后，短时间内可产生严重的健康或环境影响的化学制剂"。

自公约生效以来，由于公司和国家的利益已经成为各方关注的焦点，并且在缔约方大会上阻碍了必要的"共识"(达成)，所以没有新的化学品被添加到附件三中。即使在美国尚未批准的情况下，单边主义在不太可能的地方也已经扼杀了自 2004 年以来的进展。加拿大代表团对该国著名的环境的恐惧和对人类安全活动的极大担忧，导致公约的一小部分成员方阻止把温石棉加入事先知情同意名单中[①]。温石棉是世界上几乎所有形式的石棉的组成部分，这是一种在 60 个国家完全禁止使用的物质，它被世卫组织认为是每年导致 9 万人死亡的原因所在。不过，它也是加拿大政府利润丰厚的出口创汇产品——石棉水泥制品制造商协会在会议上强调了这一点。

此外，即使是对于附件三中所列的化学品来说，事先知情同意是否减少了与贸易有关的问题也是值得商榷的。虽然该程序规定为进口商提供信息，但实际上并不禁止危险化学品的交易。此外，一些人表示关切的是，事先知情同意程序非但没有赋予全球南方进口国家权力，反而起到了增强依赖性的作用，因为其所使用的科学评估来自北方（Barrios，2004；Karlsson，2004）。事先知情同意作为危险化学品贸易的一项规则，是全球治理迈出的重要一步，但其本身并不代表实现了与许多发达国家自 20 世纪 60 年代以来已经建立的以环境和消费者为重点的安全标准相当的安全标准。

第六节　持久性有机污染物的政治

受事先知情同意制度的进展及其实际限制的启发，在《鹿特丹公约》制定之后出现了一个全球运动，旨在消除世界范围内毒性最大的持久性化学品的使用和生产。联合国环发会议通过的《21 世纪议程》第 19 章提出了压力集团运动的设想，得到了世卫组织认知社区的支持，并最终形成了与《甲基溴公约》相似的、针对一系列化学品（包括臭名昭著的有害农药如 DDT、艾氏剂和狄氏剂）的条约。经环境规划署理事会于 1997 年批准后，由环发会议设立的政府间化学品安全论坛专门负责执行该提案，该提案在其第一次会议上作为“行动重点”的主要部分正式通过。

而且，新制度的发展可以看作是在压力集团运动和国际经济合作组织（IJN）机构领导的认知合作的漫长过程中出现的。自 20 世纪 50 年代以来，世卫组织专家委员会一直处于制定全球化学毒性测量标准的前沿，1975 年启动的“按危害分类计划”是粮农组织《杀虫剂使用和分发行为准则》和《鹿特丹公约》的关键参考内容。由于它们已经准备签署粮农组织准则，农药行

---

① 印度、乌克兰、吉尔吉斯斯坦、秘鲁和伊朗也反对在 2006 年第三届缔约方会议上将温石棉加入事先知情同意名单。俄罗斯政府强烈反对禁令，虽然其不是《鹿特丹公约》的缔约方。

动联盟在1985年发起了"十二罪恶"运动，要求彻底禁止许多相同的化学品的使用，这项运动为随后制定禁用持久性有机污染物制度打下了基础（参见表12-1）。

表12-1 属于《斯德哥尔摩公约》规定禁用的化学品

故意制作		
奥尔德林农药	农药	除实验室规模研究外，禁止使用和生产
氯丹	农药	
狄氏剂	农药	
异狄氏剂	农药	
七氯	农药	
六氯代苯	农药	
灭蚁灵	农药	
毒杀芬	农药	
多氯联苯	工业化学品	
DDT	农药	使用限于疾病载体
无意中产生		
二噁英/呋喃		使用和生产最小化以达到淘汰目的
六氯苯	农药	
多氯联苯	工业化学品	

16年后，"十二罪恶"中的很多化学污染物已经形成。2001年5月，在斯德哥尔摩举行的一次外交会议上，由127个国家的政府签署的《关于实施持久性有机污染物国际行动的国际法律约束力文书》（*POPs Treaty*）于2004年生效。

该公约第8条规定，持久性有机污染物审查委员会评估了向原来的"十二罪恶"添加新化学品的建议。[①]《斯德哥尔摩公约》与环境规划署的成果《控制危险废物越境转移及其处置的巴塞尔公约》（以下简称《巴塞尔公约》）呼吁各方尽量减少持久性有机污染物的产生和流动。《巴塞尔公约》是"软

① 例如，拟列入各缔约方的化学品中有六溴联苯（六溴联苯）、六氯代氯代环己烷（六氯环乙烷，如林丹）、十氯酮和多环芳烃（PAH），这些化合物在欧洲被欧洲经委会长期议定书认定为自2003年以来影响最大的越境空气污染物。

国际法”的一个案例，因为它具有法律约束力，但不包括执法措施。

非法化学品的生产和使用在大多数发达国家已经停止了，但是它们的特性却使它们对本国人口仍会造成危害。由于发达国家人民的分化和旅行倾向缓慢，因此发达国家人民的不育、神经失调和癌症可归因于地球上其他地区的持久性有机污染物的使用。其政治意义就在于，即使在布什政府宣布退出《京都议定书》缔约后不久，美国总统乔治·W. 布什也于 2001 年宣布美国支持有关持久性有机污染物的国际环境合作。持久性有机污染物制度不是由生态中心主义推动的，这就证明了这样一个事实：与机构签订协议的政府可以不禁止臭名昭著的对环境不友好的 DDT 的使用，因为它们宣称需要使用这种化学品来消灭蚊子、对抗疟疾。这一行动是由公共卫生专家共同开展的。因此，相对于环境价值，维护人类健康的价值观和碰巧符合企业的利益，再一次形成了政治行动的动力。

国际农业化学联合会的继任者全球作物保护联盟(GCPF)和其他全球游说团体的代表化学工业联合会出席了斯德哥尔摩会议，它们再次支持达成协议，限制持久性有机污染物的使用自由，以防止出现更多的限制性措施。在斯德哥尔摩的谈判中，这个行业比在全球化学品贸易问题的其他会议上更为低调，它在很大程度上承认了环境/消费者群体的需求。持久性有机污染物和农药不值得化学行业为之奋斗，因为它们现在很少由全球北方的大型农药公司生产；它们的专利保护大多已经过期，只有南方的小公司还在生产更廉价的仿制药。因此，在全球范围内禁止使用持久性有机污染物，甚至可以为农业化学巨头的利益服务，因为这将使它们有机会在市场上投放新型、可替代和受专利保护的农药。因此，在斯德哥尔摩会议上，它们致力于确保构成持久性有机污染物清单的化学品清单局限于之前生产的有机氯杀虫剂(Clapp, 2003)。化学工业和美国代表团在《斯德哥尔摩公约》谈判中努力争取的“预防原则”一词没有出现在最后的文案中，且其最终被更为含糊的妥协性措辞“预防性办法”所取代。工业家们希望能够打开一扇不那么广泛的“科学”毒性评估的大门(Olsen, 2003: 99－100)。

考虑到布什政府对联合国环发会议上美国政府原先承认的原则的看法，其意图十分清晰：“美国政府支持风险管理的预防方法，但我们不承认任何预防原则。”(Graham, 2002)到 2008 年，美国还没有批准《斯德哥尔摩公约》，布什政府最初的热情受到遏制，因为呋喃和二噁英被列入了美国大型氯工业重要的副产品名单中。

结　论

如第三章所述，全球持久性有机污染物和农药政策的进展非常符合环境治理的“中间立场”概念，即不一定与自由贸易和工业化直接对抗。全球化的规则已经在化学公司和环境压力集团领导的竞争对手与政府之间的辩论中产生。[①] 在这个政策领域，自由贸易治理和世贸组织并没有超过社会和环境驱动的治理，尽管这种可能性仍然存在。

由于联合国协调了压力团体和认知团体的行动，农药管制成为全球议程的一部分。强大的政府和商业利益集团试图抵制这一点，但最终被说服，因为它们害怕自己对消费者实施的不道德行为被曝光，会因此而走上谈判桌。以农药行动联盟为首的压力小组成功地把农药问题列入全球议程，以提升环境保护价值，维护人类健康。然而，在这一过程中出现的规则并不是纯粹由社会和环境问题所驱动的，而是受到了化工行业利益冲突的“磨合”——化工行业对政府签署和批准国际协定的影响通常较大。与处理内政相比，政府参与国际政治时更有可能受到国家经济利益的驱使，处理内政时政府只需对消费者权利和生态政策负责（至少在发达的民主国家是这样）。因此，在全球北方大部分地区，与发达国家国内的环境健康政策相比，全球治理在持久性有机污染物和农药方面仍具有局限性，并且不足以消除环境污染和人类污染，尤其体现在全球南方的大部分中毒事件中。

全球农药管理迈出的第一步可能极其微小，但仍至关重要。规范一旦建立，就不容易被抹去。从人与环境利益的角度来看，清楚地表达出来协议比阻止它们要困难得多，因为它让追求私利者更为明显地暴露出来，而其名声在当代相互依存的世界中确实比较重要。美国的化学工业不能避免采取预防性原则，尽管美国政府采取了越来越绝望的后卫行动，但甲基溴仍将被逐步淘汰。食典标准仍然建立在对人体毒性的预防性计算的基础上，即使它们被大企业当作规避更严格的国内标准的手段。秉持“国际禁用石棉”原则的欧盟开展的强大的全球公民社会运动，可能最终会成功迫使加拿大政府陷入困境，并迫使其将温石棉列入《鹿特丹公约》知情同意单。目前，虽然控制持久性有机污染物使用的制度的作用有限，但以后会得到继续扩大和

① 在处理全球农药问题时，美国政府代表了一种“跨政府关系”的经典案例，代表们在食典、PIC和POPS制度会议上所持的立场促进了国际协调，且与对化学毒性进行分类的较少的预防性方法和环境保护局的标准不符。

深化。《斯德哥尔摩公约》缔约方大会已经形成了一个工作履约机制来改进执行情况。这都归功于农药行动联盟会议和其他许多以观察员身份出席审议委员会会议的独立小组的一致游说，五种新化学品被列入持久性有机污染物清单，由没有既得利益的认知群体进行独立评估。

虽然化学工业没有以直接的利益参与来遏制其选择农药贸易的自由，但博帕尔灾难和公众对继续接触可能过时的化学品的恐惧使他们走上了民间社会行动者的谈判桌。一旦摆在桌面上，工业界就能够站在一个有利的位置上进一步推进自己的利益，但迫使它们必须坐上谈判桌这件事仍然是全球治理发展的一个重要突破。最终，杀虫剂的全球治理得以符合双方的利益，即使它们的动机不同。但受不同价值观驱使的行动者还是可以达成互利的协议。正如走私者和浸信会都支持美国的禁酒令一样，环保主义者和身处化学工业的人也发现他们将全球农药监管措施视为了达成不同目的的同一种手段。

推荐阅读

Hough, P. (1998) *The Global Politics of Pesticides: Forging Consensus from Conflicting Interests*, London: Earthscan.
Johansen, B. (2003) *The Dirty Dozen: Toxic Chemicals and the Earth's Future*, Westport, CT: Praeger.
Selin, H. (2010) *Global Governance of Hazardous Chemicals: Challenges of Multilevel Management*, Cambridge, MA: MIT Press.

参考文献

Avery, N., Drake, M., and Lang, T. (1993) *Cracking the Codex: An Analysis of Who Sets World Food Standards*, London: National Food Alliance.
Barrios, P. (2004) "The Rotterdam Convention on Hazardous Chemicals: a meaningful step toward environmental protection?," *Georgetown International Environmental Law Review*, 16(4): 679–762.
CAC (Codex Alimentarius Commission) (1989) *Procedural Manual*, 7th ed., Rome: Joint FAO/WHO Food Standards Programme.
—— (2007) "Report of the thirty-ninth session of the Codex Committee on Pesticide Residues," Beijing, China, 7–12 May, ALINORM 07/30/24-Rev.1, Rome: Joint FAO/WHO Food Standards Programme.
Carson, R. (1962) *Silent Spring*, Harmondsworth: Penguin.
Clapp, J. (2003) "Transnational corporate interests and global environmental governance: negotiating rules for agricultural biotechnology and chemicals," *Environmental Politics*, 12(4): 1–23.
Gareau, B. (2008) "Dangerous holes in global environmental governance: the roles of neoliberal discourse, science and California agriculture in the Montreal protocol," *Antipode*, 40, 1 January: 102–30.
GIFAP (Groupement International des Associations de Fabricants de Produits Agrochemiques) (1991) *GIFAP Annual Report 1991*, Brussels. GIFAP.
Goldstein, M. I., Lacher, T. E, Woodbridge, B., Bechard, M. J., Canavelli, S. B., Zaccagnini, M. E., Cobb, G. P., Scollon, E. J., Tribolet, R., and Hopper, M. J. (1999) "Monocrotophos-induced mass mortality of Swainson's hawks in Argentina 1995–96," *Ecotoxicology*, 8(3): 201–14.

Graham, J. (2002) "The role of precaution in risk management," remarks prepared for the International Society of Regulatory Toxicology and Pharmacology Precautionary Principle Workshop, Crystal City, VA, 20 June. Available: www.whitehouse.gov/omb/inforeg/risk_mgmt_speech062002.html (accessed 13 March 2008).

Hart, K., and Pimentel, D. (2002) "Public health and costs of pesticides," in D. Pimentel (ed.), *Encyclopedia of Pest Management*, New York: Marcel Dekker.

Hough, P. (1998) *The Global Politics of Pesticides: Forging Consensus from Conflicting Interests*, London: Earthscan.

Howden, D. (2009) "Kenyan lions being poisoned by pesticides," *The Independent*, 3 April: 29.

Karlsson, S. I. (2004) "Institutionalized knowledge challenges in pesticide governance: the end of knowledge and beginning of values in governing globalization and environmental issues," *International Environmental Agreements: Politics, Law and Economics*, 4: 195–213.

Olsen, M. (2003) *Analysis of the Stockholm Convention on Persistent Organic Pollutants*, Dobbs Ferry, NY: Oceana.

Pimentel, D. (2005) "Environmental and economic costs of the application of pesticides primarly in the United States," *Environment, Development and Sustainability*, 7: 229–52.

Tenenbaum, D. (2004) "POPs in polar bears: organochlorines affect bone density," *Environmental Health Perspectives*, 112(17): A1011.

UNEP (2009) "Persistent organic pollutants," available: www.chem.unep.ch/pops (accessed 7 July 2009).

Yandle, B. (1983) "Bootleggers and Baptists: the education of a regulatory economist," *Regulation*, 7(3): 12–16.

结论：全球环境政治的未来

Gabriela Kütting

至此，读者们可以从本书的第一部分和第二部分中得出结论并思考全球环境政治的未来。全球环境政治不仅是一门学科，也是 21 世纪最大的政治挑战之一。正如本书中的许多章节所论述的那样，这两者相互关联，但在一定程度上也彼此独立。

作为一个学术领域，全球环境政治将在未来几年面临一些挑战，本书的第一部分也已经向读者提出警示。虽然全球环境治理的研究非常重要，并继续在全球环境政治中占据主导地位，但本书的许多章节已经表明，治理目标的角度非常重要，我们不能忘记它们的局限性。如露西・福特在第二章中所述，当我们认同非国家行动者的重要性时，全球治理就成了一个更广阔的领域。实际上，有许多治理形式要么完全不涉及国家，要么由国家或政府间行为体和非国家行为体组成。然而，近年来，不仅是行动主体，行动的领域也发生了很大的变化。在不久之前，虽然尝试规范环境问题起因的行动试图让各国同意某些目标，但我们现在有了经济手段（如限额与交易）这一选择，从而更方便让非国家行动者参与寻找解决方案的过程，并利于将如何使问题概念化的新观点纳入考虑范围。例如，多丽丝・福克斯和弗雷德里克・波尔（第五章）解释道，可持续消费的概念表明，社会以及个人同时作为政治和经济实体的主体给这个领域带来了重要的新维度，这个维度越来越重要，但它有很长一段时间都被忽略了。正义和公平的想法也是一样。在就某一问题签署国际环境协定、要求国家之间公平分担责任时，正义一直备受重视。但显而易见的是，正义或公平还远不止于此，而应对全球问题的解决方法需要更加负责任、更加尊重所有人的权利。蒂莫西・埃雷斯曼和德米特里・斯蒂维斯（第六章）讨论了与国际或全球正义和公平有关的各种问题和概念，主要谈及在地方、地区、国家和全球层面上，环境问题（特别是气候变化领域的环境问题）的合理解决方法必须尊重社区权利。

最重要的是，第一部分展示了政治与经济、理论与实践、个人与制度、地方与全球的联系。约翰·沃格勒的理论和概念（第一章）及詹妮弗·克拉普关于全球政治经济学和南北问题（第三章）与露西·福特的非国家行动者的重点、对消费和正义的关注相辅相成。在第四章中，关注环境安全的施洛米·第纳尔展示了地缘政治层面如何对国家看待环境问题的方式产生影响。所有这些章节共同向我们展示：多种方法帮助我们把全球环境政治设想为一个整体，我们也需要这种多样化来分析、阐释和寻找全球环境问题的解决方案。近年来，学术讨论越来越广泛，这种拓展将带来更深入、更富有成果的学术分析。

全球环境政治发展中的这些成果，自然与我们在全球化社会中该如何面对挑战相辅相成，这也是我们的地球、我们的生活、我们的子女和子女的生活以及我们所有人的生活将面临的挑战。本书的案例研究给出了重要的线索。这些案例涉及一些最紧迫的问题，其中一些是特殊问题、一些是特定部门面临的困难，而且这些问题的范围和复杂程度各不相同。案例研究表明，使用一刀切的解决方法应对全球环境问题显然无效，因为每一个问题和挑战都各不相同，需要不同的解决方案。然而，所有的问题和挑战都需要在全球层面上寻求解决办法——解决办法必须以政治学家和决策者掌握的现有工具为基础。因此，全球治理方式仍然是主要的方式，但仍需要其他方面的补充。彼得·霍夫关于农药和持久性有机污染物的研究（第十二章）说明了工业压力与科学标准制定之间相互制约的困难。这也表明，因为农药和其他污染物，使用监管性方式可能是唯一有意义的方法。当我们将持久性有机污染物的管理与气候变化的挑战进行比较时，显然遏制气候变化要复杂得多，且影响更加深远——因此需要采取不同的应对方法。虽然温室气体可以通过监管方式加以遏制，但正如保罗·G. 哈里斯（第七章）所讨论的那样，释放这些气体的行业性质不同，使得限额和交易方式成为一个政治上更能接受的解决方案。与此同时，更多的环境问题，如与海洋污染、森林或农业生产有关的问题，都非常清楚地表明了正义和消费问题的重要性，也阐释了如何解决其所带来的挑战。研究表明，环境政治与政治经济问题密切相关；因此，要想有效地进行环境治理，需要以最广泛的方式理解政治经济学。

对于谁来负责应对 21 世纪的环境挑战这一问题，最响亮的回答是所有政治、社会和经济领域的人们。政治行动不能只是通过自上而下的方式来开展（政府告诉公民要做什么），也必须通过自下而上的方式来开展（公民告诉代表对他们的期望）。只有生产者采用更环保的生产方式，经济才能变得更加可持续；我们也必须重新思考作为人类应如何消费和消费什么，以及我们希望经济如何运行。我们是想要一个基于无限增长概念的经济，还是想要更稳定的国家经济？我们是希望环境问题成为安全威胁并等待着它们以这种方式到来，还是在新自由主义政治经济的组织中看到问题的根源？我们能通过激进主义来实现变革吗？我们是想通过非国家渠道行动起来，还是需要采取政治行动？……这些问题均需要诸多思考。但是，21 世纪的环境问题不能单靠全球环境治理来解决：它们的机制、根源和可能的解决办法如此复杂，以至于需要在多个方面、从更广泛的角度采取行动。本书的目的是为读者提供了解这个复杂网络的工具。

事实上，全球环境政治作为一个学术领域，它给未来最强有力的警示是：全球环境治理不能与政治经济分开，不能孤立地分析一个特定的环境问题。这是几乎所有案例研究和大多数概念性章节已经确认的事情。那么，21 世纪的环境挑战是什么呢？当然，最大的挑战是气候变化，因此我们讨论的许多问题都与气候变化有着直接或间接的关系。气候变化可能是全球决策者在人类历史上面临的最复杂的问题。只有运用本书所讨论的所有工具，全球社会才有希望合理地解决这个(早已)存在的问题。

缩 写 词

AIA	advanced informed agreement	事先知情协议
BCSD	Business Council for Sustainable Development	可持续发展工商理事会
CCPR	Codex Committee on Pesticides Residue	农药残留法典委员会
CEC	Commission on Environmental Cooperation	环境合作委员会
CITES	Convention on International Trade in Endangered Species	濒危物种国际贸易公约
CO_2	Carbon dioxide	二氧化碳
COP	Conference of the Parties	缔约方会议
CSD	Commission for Sustainable Development	可持续发展委员会
CTE	Committee on Trade and Environment	贸易与环境委员会
DGD	decision guidance documents	决策指导文件
DSD	Division on Sustainable Development	可持续发展司
DTIE	Division of Technology, Industry, and Economics	技术、工业和经济司
ECA	export credit agency	出口信贷机构
ECIC	European Chemical Industry Council	欧洲化学工业委员会
EPA	Environmental Protection Agency	环境保护署
ETS	emissions trading scheme	排放交易计划
EU	European Union	欧盟
FAO	Food and Agriculture Organization	联合国粮食及农业组织
FSC	Forest Stewardship Council	森林管理委员会

G77	Group of 77 developing countries	77 国集团
GATT	General Agreement on Tariffs and Trade	关税与贸易总协定
GEF	Global Environmental Facility	全球环境基金
GEP	global environmental politics	全球环境政治
GMO	genetically modified organism	转基因组织
ICC	International Chamber of Commerce	国际商会
IEJ	international environmental justice	国际环境正义
IISD	International Institute for Sustainable Development	国际可持续发展研究所
IMF	International Monetary Fund	国际货币基金组织
IMO	International Maritime Organization	国际海事组织
INGO	International Non-Governmental Organization	国际非政府组织
IPCC	International Panel on Climate Change	国际气候变化委员会
ISMO	International Social Movement Organization	国际社会运动组织
ISO	International Organization for Standardization	国际标准化组织
ITTO	International Tropical Timber Organization	国际热带木材组织
IUCN	International Union for the Conservation of Nature	国际自然保护联盟
LMO	living modified organism	改性活生物体
MARPOL	International Convention for the Prevention of Pollution	国际防止污染公约
MEA	Multilateral Environmental Agreement	多边环境协议
MNC	Multinational Corporation	跨国公司
NAFTA	North American Free Trade Agreement	北美自由贸易协定
NATO	North Atlantic Treaty Organization	北大西洋公约组织
NGO	non-governmental organization	非政府组织
OECD	Organization for Economic Cooperation and Development	经济合作与发展组织
OILPOL	Convention on Oil Pollution	石油污染公约

PAN	Pesticide Action Network	农药行动联盟
PCB	Polychlorinated biphenyl	多氯联苯
PIC	prior informed consent	事先知情同意
POP	persistent organic pollutants	持久性有机污染物
ppm	parts per million	百万分率
REDD	reducing emissions from deforestation and forest degradation	减少毁林和森林退化造成的排放
TBT	technical barriers to trade	技术性贸易壁垒
TNC	transnational corporation	跨国公司
TNGO	transnational non-governmental organization	跨国非政府组织
TRIPS	Trade Related Intellectual Property Right	贸易相关知识产权
UN	United Nations	联合国
UNCED	UN Conference on Environment and Development	联合国环境与发展会议
UNCTC	UN Center on Transnational Corporations	联合国跨国公司中心
UNDESA	UN Department of Economic and Social Affairs	联合国经济和社会事务部
UNDP	United Nations Development Programme	联合国开发计划署
UNEP	United Nations Environment Programme	联合国环境计划署
UNFF	United Nations Forum on Forests	联合国森林论坛
WBCSD	World Business Council for Sustainable Development	世界可持续发展商业理事会
WSSD	World Summit on Sustainable Development	可持续发展问题世界首脑会议
WTO	World Trade Organization	世贸组织
WWF	World Wide Fund for Nature	世界自然基金会

索　引[①]

① 为方便读者查阅，本书按原版复制索引，且其所标页码均为原版书页码。

译　后　记

近年来，全球环境治理研究的中心问题逐渐发生偏移，呈现出从围绕国际政治制度的政权理论领域转向全球治理的趋势，越来越多的主体与跨国行动者参与全球治理过程，全球治理也愈发决定着全球环境治理的质量与效率。这些既包含政府机构，也包含非正式的非政府机制的主体参与国际协议的制定与环境治理，并为其提供意见与参考。在面对跨国抗议运动及由民间社会和公司领域的非政府行为体组成的“现实世界”中，它们作为国际公民社会的组成部分，不断创新全球治理的机制与内容，为学术界对这一问题理论与概述的研究提供了丰富的实证基础。本书的第一部分和第二部分，理论研究与实证讨论相辅相成：从发现全球环境治理的问题入手，基于理论背景讨论全球环境治理的具体问题与专注点，关注全球化，关注环境和发展之间的联系以及全球行动者在其中的作用，并引入相当新颖的可持续消费观念。我们认可环境和生态正义在全球环境政治领域的重要地位，并通过对案例的研究展现全球环境政治研究与各领域的错综复杂状况。全书逻辑清晰，理论实证布局合理，对全球治理背景下多主体发挥作用、积极参与全球环境政治进行了思考，是一本值得研读的佳作。

本书从拿到原文到翻译初稿大约经历了半年时间。半年的翻译工作对一个并非专职的译者来说是一个不小的挑战，在翻译过程中也难免受阻。但是相对于投入，译者也收获甚多。该书契合全球化背景下国际公民社会积极以各种形式参与全球治理的政策制定的现状，真切希望中文译本的出版能够为国内相关课题的理论研究提供支持，为我国作为国际社会的重要主体参与国际规则的制定提供理论上的思考与启发。

李　琼

内 容 提 要

本书采取广泛的全球环境政治的观点，在全球治理的背景下考虑更多种类的环境挑战，将消费、社会正义和南北问题的讨论等纳入全球环境政治概念问题的分析中，并通过研究案例展现机构或环境行动者忽视主要问题的实例或将机构分析扩大到其他问题的实例。

大多数与环境有关的国际关系以治理概念为中心。许多全球治理组织与全球环境治理密切相关，对环境治理产生了强大影响。本书第一部分侧重理论的发展分析，包括环境进入学术议程，全球环境治理中各类行动者的作用与意义及环境和生态正义。第二部分侧重案例和政策研究，将气候变化、海洋污染、物种保护等与理论案例相结合，为全球环境治理提供实证经验。